空中交通管理基础

张晓燕　张亮　主编

清华大学出版社

北京

内 容 简 介

本书以民航规章、标准、规范性文件为依据,围绕空中交通管理,从空中交通管理的组成和任务、实施空中交通管理工作的机构和人员、空中交通管理工作的设备设施、空中交通服务、空域管理、空中交通流量管理、空中交通运行服务、非正常情况等方面进行讲解。

本书共十一章,分别为民航法规体系、空中交通管理概述、民航管理体系、空中交通运行保障设施、飞行动态固定格式电报、空中交通服务、空域管理、空中交通流量管理、空中交通运行服务、飞行组织与实施、安全信息分类标准与事件调查。全书逻辑性强,内容全面,条理清晰,结构紧凑,深入浅出,图文并茂,通俗易懂,讲练相辅,结合智慧空管等空管发展现状,注重理论与实践的融合,既可以作为机坪管制、空中交通管制、机场运行和飞行签派等民航专业的教材,也可以作为民航一线工作人员的业务培训用书。

图书在版编目(CIP)数据

空中交通管理基础/张晓燕,张亮主编.—北京:清华大学出版社,2024.1(2025.1重印)
ISBN 978-7-302-65235-9

Ⅰ.①空…　Ⅱ.①张…②张…　Ⅲ.①空中交通管制—教材　Ⅳ.①V355.1

中国国家版本馆 CIP 数据核字(2024)第 018975 号

责任编辑:聂军来
封面设计:刘　键
责任校对:袁　芳
责任印制:杨　艳

出版发行:清华大学出版社
　　　网　　　址:https://www.tup.com.cn,https://www.wqxuetang.com
　　　地　　　址:北京清华大学学研大厦 A 座　　　邮　　　编:100084
　　　社 总 机:010-83470000　　　邮　　　购:010-62786544
　　　投稿与读者服务:010-62776969,c-service@tup.tsinghua.edu.cn
　　　质量反馈:010-62772015,zhiliang@tup.tsinghua.edu.cn
　　　课件下载:https://www.tup.com.cn,010-83470410
印 装 者:三河市天利华印刷装订有限公司
经　　　销:全国新华书店
开　　　本:185mm×260mm　　　印　　　张:17.25　　　字　　　数:411 千字
版　　　次:2024 年 2 月第 1 版　　　印　　　次:2025 年 1 月第 2 次印刷
定　　　价:59.00 元

产品编号:103328-02

本书编写组

主　　编：张晓燕　张　亮

参　　编：陆　周　郭　淼　李冰雪　宁北杰　丁继婷
　　　　　谢　丽　黄龙杨　吴　青

主　　审：王兴隆

前 言

党的二十大提出："建设现代化产业体系。坚持把发展经济的着力点放在实体经济上，推进新型工业化，加快建设制造强国、质量强国、航天强国、交通强国、网络强国、数字中国。"空中交通管理(下文简称"空管")是民航强国建设的重要支柱，是民航实现高质量发展的基本保证。近年来，民航空管系统全面加大强安全、强效率、强智慧、强协同"四强空管"建设力度，努力实现空管高质量发展。航空器机坪管制移交工作是顺应当前民航发展变化而进行的一次民航运行模式的重大变革，也是进一步提升民航运行安全和效率的重要举措。根据《航空器机坪管制移交工作总体方案》要求，自 2019 年第四季度起，对机坪管制人员纳入管制员资质管理范畴，实施"机坪管制"执照签注。同时明确，将"机坪管制人员基础培训纳入现有院校管制专业养成教育和大学生学习管制培训，逐步建立完善机坪管制人员的岗位培训和复训管理制度，形成资质能力保持的长效机制"。截至 2023 年 1 月 1 日，全国 39 个机场已经完成了机坪管制移交。为了保障机坪管制移交后机坪管制工作的安全运行，对机坪管制人才的需求越来越迫切。民航院校紧跟民航行业发展，相继开设了航空器机坪管制专业，以建立机坪管制专业人才的长效培养机制。

机坪管制作为空中交通管制工作中的重要一环，在保障航空器安全运行方面起着至关重要的作用。作为我国民航的新生行业，机坪管制行业面临着专业教材匮乏的问题。本书秉持为民航培养高素质的机坪管制专业人才的初衷，将努力建立健全规范的机坪管制培养体系。

本书由多年来坚守在民航院校管制专业一线教学的资深教师和民航管制运行单位的资深管制员共同编写。本书以《民用航空空中交通管理规则》《航空器机坪管制移交工作总体方案》《民用航空空中交通管制培训管理规则》等民航规章、标准、规范性文件为依据，围绕空中交通管理，从空中交通管理工作的依据、空中交通管理的组成和任务、实施空中交通管理工作的机构和人员、空中交通管理工作的设备设施、空中交通运行程序、安全信息分类标准与事件调查、飞行组织与实施等方面，结合空管实际运行现状而编写。

本书的全部章节由张晓燕、张亮进行统筹规划，共十一章。第一章从宏观上介绍国际民航组织及中国民航法规体系，由李冰雪编写；第二章为空中交通管理的基本概念及发展历程，由宁北杰、丁继婷编写；第三章为我国民航的管理体系及空中交通管制员，由张晓燕、张亮编写；第四章从通信设施、监视设施、导航设施、机场设施、航空气象设施、航空情报设施及空管自动化系统等方面介绍了空中交通管理中使用的运行保障设施，特别介绍了塔台管制室和机坪管制室的设备配置，由陆周编写；第五章介绍了航空固定通信设施中报文通信的飞行动态固定格式电报，第六章依据相关法律规章介绍了航空器及基于空中交通管制的航空器分类，并从空中交通管制服务、飞行情报服务及告警服务三个方面详细介绍了空中交通服务，由张晓燕编写；第七章介绍了空域管理，第八章介绍了空中交通流量管理，由郭淼编写；第九章以航空器运行流程为主线，详细介绍了空中交通运行服务，由张晓燕编写；第十章讲述了飞行的组织与实施，由谢丽、吴青编写；第十一章介绍了安全信息分类标准与事件调查，由郭淼编写。

在本书的编写过程中，参考了很多业内外人士的观点、书籍和文章，在此谨向他们表示真诚的感谢。同时，本书得到了上海民航职业技术学院各级领导和同事的大力支持，并提出了很好的建议；华东空管局宁北杰、丁继婷，中国民航飞行学院黄龙杨为本书提供了大量材料和中肯的建议，在此一并表示感谢！

由于编者水平有限，书中难免存在疏漏和不妥之处，恳请读者和专家批评、指正，以便在以后的版本中加以改进。

编　者

2023 年 5 月

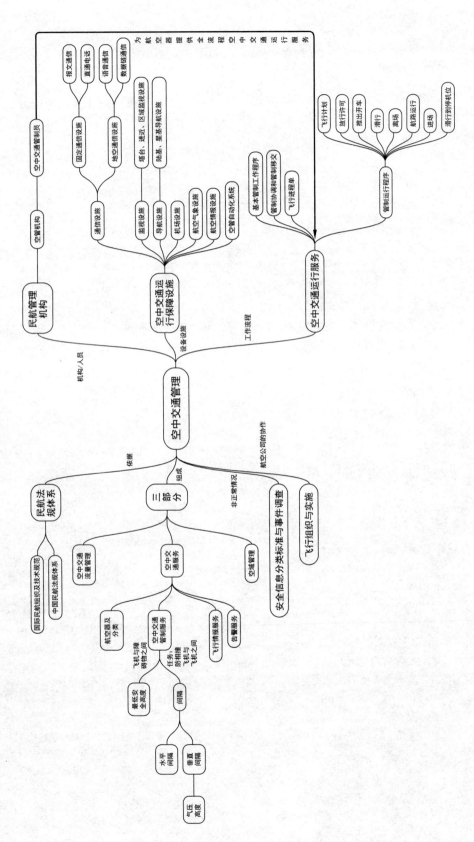

本书知识框架

目 录

第 一 章

民航法规体系

【本章主要内容】
(1) 国际民航组织的发展及《国际民用航空公约》附件的组成。
(2) 中国民用航空法规体系的组成。
(3) 法律、行政法规、民航规章的定义及组成。
(4) 民航规范性文件和标准规范的组成及分类。

民航法规体系

空中交通管理工作依据民航法律、行政法规、民航规章、规范性文件、标准规范等展开，本章介绍民航法规体系的组成。

第一节　国际民航组织与国际标准和建议措施

一、国际民用航空组织

国际民用航空组织简称国际民航组织（International Civil Aviation Organization，ICAO），成立于1947年，是联合国中负责处理国际民航事务的专门机构，总部设在加拿大蒙特利尔。截至2023年2月，国际民航组织有193个缔约国。国际民航组织由大会、理事会和秘书处三级框架组成，其中，大会是国际民航组织的最高权力机构，由全体成员国组成。理事会是向大会负责的常设机构，由大会选出的36个缔约国组成。秘书处是国际民航组织的常设行政机构，由秘书长负责保证国际民航组织各项工作的顺利进行。

国际民航组织前身为根据1919年的《巴黎公约》成立的空中航行国际委员会（International Convention for Air Navigation，ICAN）。由于第二次世界大战对航空器技术发展起到了巨大的推动作用，使得世界上已经形成了一个包括客货运输在内的航线网络，但随之也引起了一系列急需国际社会协商解决的问题。因此，在美国政府的邀请下，54个国家于1944年11月1日至12月7日参加了在芝加哥召开的国际会议，签订了《国际民用航空公约》（即《芝加哥公约》），按照公约规定成立了临时国际民航组织。1947年4月4日，《国际民用航空公约》正式生效，国际民航组织也因之正式成立。同年5月13日，国际民航组织正式成为联合国的一个专门机构。

《国际民用航空公约》规定了ICAO的宗旨和目的在于发展国际航行的原则和技术，促进国际航空运输的规划和发展，以便实现下列各项目标。

（1）确保全世界国际民用航空安全和有秩序地发展。

（2）鼓励为和平用途的航空器的设计和操作技术。

（3）鼓励发展国际民用航空应用的航路、机场和航行设施。

（4）满足世界人民对安全、正常、有效和经济的航空运输的需要。

（5）防止因不合理的竞争而造成经济上的浪费。

（6）保证缔约各国的权利充分受到尊重，每一缔约国均有经营国际空运企业的公平的机会。

（7）避免缔约各国之间的差别待遇。

（8）促进国际航行的飞行安全。

（9）普遍促进国际民用航空在各方面的发展。

中国是《国际民用航空公约》创始缔约国之一，于1946年成为正式成员。1971年11月，国际民航组织理事会通过决议，承认中华人民共和国政府的代表为中国驻国际民航组织的唯一合法代表。1974年2月，中国政府正式恢复参加该组织并于当年当选为二类理事国后一直连任。2004年第35届大会上，中国当选为一类理事国并连任至今。

2015年3月11日，国际民航组织第204届理事会选举产生下任秘书长，中国政府提名的候选人柳芳成功当选。2018年3月16日，柳芳在国际民航组织第213届理事会上成功连任。柳芳是国际民航组织历史上首位中国籍秘书长，也是首位女性秘书长。2022年9月27日至10月7日，国际民航组织第41届大会在加拿大蒙特利尔举行，中国民用航空局局长率中国代表团与会。

图1-1　国际民航组织的出版物体系架构

国际民航组织的出版物体系架构如图1-1所示，分为以下四个层级。

（1）《国际民用航空公约》。

（2）国际标准和建议措施（standards and recommended practices，SARPs）即《国际民用航空公约》的附件（annex）。

（3）空中航行服务程序（procedures for air navigation services，PANS）/地区补充程序（regional supplementary procedures，SUPPs）。

（4）指导材料（技术手册/通告等）。

二、附件

附件（即"国际标准和建议措施"）是指由国际民航组织在国际民用航空公约的原则下制定，包括民航各个活动的具有约束力的技术文件，是实施公约所述原则的具体规定和指导国际航行的基本文件。附件通常由定义、标准、建议措施、规定、表格与数字、附录等部分组成。

国际标准是指物理特性、构形、材料、性能、人员或程序的任何规范，其一致应用被认为是对国际飞行安全或正常所必需的，缔约国根据公约要符合它们；在不能符合时，必须根据公约的规定通知理事会。

建议措施是指物理特性、构形、材料、性能、人员或程序的任何规范,其一致应用被认为是对国际飞行安全、正常或效率是有好处的,缔约国按照公约将力求符合它。

《国际民用航空公约》目前共有 19 个附件,具体如下:附件 1——人员执照的颁发、附件 2——空中规则、附件 3——国际空中航行气象服务、附件 4——航图、附件 5——空中和地面运行中所使用的计量单位、附件 6——航空器的运行、附件 7——航空器国籍与登记标志、附件 8——航空器适航性、附件 9——简化手续、附件 10——航空电信、附件 11——空中交通服务、附件 12——搜寻与援救、附件 13——航空器事故和事故征候调查、附件 14——机场、附件 15——航空情报服务、附件 16——环境保护、附件 17——保安—保护国际民用航空免遭非法干扰行为、附件 18——危险品的安全航空运输、附件 19——安全管理。

三、空中航行服务程序

空中航行服务程序是由国际民航组织航行委员会根据专业航行会议的建议制定,经国际民航组织理事会批准后建议各成员国采纳和应用的文件,内含配合国际标准和建议措施的具体操作程序,航行服务程序是对附件的细化和补充。

空中航行服务程序包括 PANS-ABC《国际民航组织缩略语和代码》(Doc 8400)、PANS-OPS《航空器运行》(Doc 8168)、PANS-ATM《空中交通管理》(Doc 4444)、PANS-TRG《培训》(Doc 9868)和 PANS-Aerodromes《机场》(Doc 9981)。

当空中航行服务程序中的部分内容成熟到被大多数缔约国承认,专家认为其一致应用是对国际飞行安全或正常所必需的,按一定的法律程序,其部分或全部内容将被上升法律等级而列入附件。

四、地区补充程序

地区补充程序是由国际民航组织理事会批准仅在各分支地区范围内适用,其目的是满足特定分支地区的特定要求而制定的程序方面的规定,并建议成员国在与其相关的飞行情报区内实施。地区补充程序是载有关于地区适用的空中规则和空中服务、航空电信及气象服务等各种具体的地区程序,目前仅颁布了一份地区补充程序,即《地区补充程序》(Doc 7030)。

五、指导材料

指导材料(guidance materials)是指除上述层级以外的出版物,包括空中航行规划、技术手册、ICAO 通告等。其中,空中航行规划是对国际民航组织各空中航行地区及与其相关地区目前及未来运行需求而制定的业务规划,如《全球空中航行计划》(Doc 9750)。

技术手册是为了补充国际标准和建议措施及航行服务程序并促进其执行而制定的,帮助各缔约国实施标准与建议措施的指导性文件,如《安全管理手册》(Doc 9859)、《适航性手册》(Doc 9760)等。

ICAO通告是发给缔约国参考的特殊资料,通常包括技术课题的研究成果、有关国家非正式文件的再版或摘录、标准与建议措施实施情况的报告及航空器事故摘要等,如《新型大飞机对无障碍物区的侵入:运行措施和航空研究》(Cir 301)。

第二节　我国民航法规及规范性文件体系

提供空中交通管制服务的单位及其人员应当按照法规和规章的要求履行职责,对危及或影响空中交通安全的行为,可以采取适当有效的措施保障航空器的安全。

我国民用航空法规体系分为三级,分别是法律、行政法规和民航规章。我国民航法规体系框架如图1-2所示。

图 1-2　我国民航法规体系框架

一、法律

法律是指由全国人民代表大会或全国人民代表大会常务委员会制定的规范性法律文件。根据法律的效力等级,法律的效力高于其他法规和规章。民航相关的法律包括《中华人民共和国民用航空法》等,如图1-3、图1-4所示。

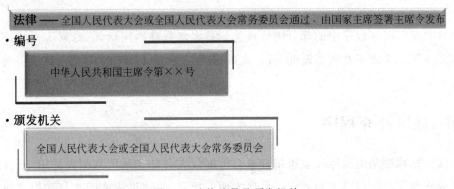

图 1-3　法律编号及颁发机关

法律名称	中华人民共和国民用航空法				
法规编号	中华人民共和国主席令第八十一号				
颁发机关	全国人民代表大会常务委员会	颁发时间	2021年4月29日	施行时间	2021年4月29日
专业类型	综合管理类	法律效力位阶	法律	适用范围	全国

2021年4月29日第十三届全国人民代表大会常务委员会第二十八次会议 第六次修订

图 1-4　中华人民共和国民用航空法

二、行政法规

行政法规专指我国最高行政机关即国务院依照宪法规定的权限和法定程序制定和修改的规范性法律文件的总称,其法律地位仅次于宪法和法律。民航行政法规经国务院通过后以国务院令发布或授权中国民航局发布,用于约束民航及与民航相关的部门。与民航相关的行政法规共 35 部,如《民用航空器适航管理条例》《中华人民共和国民用航空安全保卫条例》《中华人民共和国飞行基本规则》等,如图 1-5、图 1-6 所示。

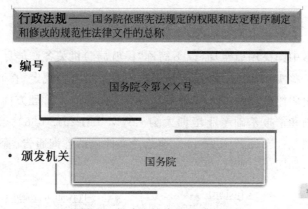

图 1-5　行政法规编号及颁发机关

法律名称	中华人民共和国飞行基本规则			
法规编号	中华人民共和国国务院、中华人民共和国中央军事委员会令第509号			
颁发机关	中华人民共和国国务院、中华人民共和国中央军事委员会	颁发时间	2007-10-18	施行时间	2007-11-22
专业类型	综合管理类	法律效力位阶	行政法规	适用范围	全国

图 1-6　中华人民共和国飞行基本规则

三、民航规章

民航规章以国际民航组织的 19 个附件为依据,以航行服务程序等国际民航组织的技术规范为参考,结合本国实际制定,通常编入中国民用航空规章(China Civil Aviation Regulations,CCAR)。按 CCAR 部号划分,民航规章如表 1-1 所示。

表 1-1　民航规章按部号划分表

行政程序规则(1~20 部)	学校、非航空人员及其他单位的合格审定及运行(140~149 部)
航空器(21~59 部)	
航空人员(60~70 部)	民用机场建设和管理(150~179 部)
空域、导航设施、空中交通规则和一般运行规则(71~120 部)	委任代表规则(180~189 部)
	航空保险(190~199 部)
民用航空企业合格审定及运行(121~139 部)	综合调控规则(200~250 部)

续表

航空基金(251~270部)	科技和计量标准(356~390部)
航空运输规则(271~325部)	航空器搜寻援救和事故调查(391~400部)
航空保安(326~355部)	

其中,CCAR-93部为《民用航空空中交通管理规则》,全称为《中华人民共和国民用航空空中交通管理规则》(CCAR-93TM-R6),于2022年10月25日颁发,自2023年1月1日起施行。

四、规范性文件

规范性文件是指中国民用航空局(以下简称"民航局")机关各职能厅、室、司、局(以下简称"职能部门"),为了落实法律、法规、民航局规章和政策的有关规定,在其职责范围内制定,经民航局局长授权由职能部门负责人签署下发的有关民用航空管理方面的文件。例如,《民用航空空中交通管制和情报基础专业培训大纲》(WM-TM-2012-003)。截至2023年4月,中国民航局颁布的规范性文件共1096份。规范性文件包括咨询通告、管理程序、管理文件、工作手册、信息通告,如图1-7所示。

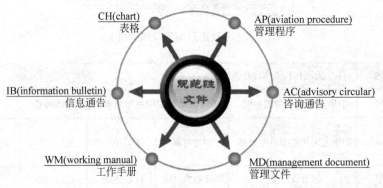

图1-7 规范性文件的种类

(1) 咨询通告(advisory circular,AC)是各职能部门下发的对民用航空规章条文所作的具体阐述。例如,适用于空中交通管制员的体检鉴定工作的《空中交通管制员体检鉴定医学标准》,办文单位为飞行标准司,文号为AC-67-FS-003。

(2) 管理程序(aviation procedure,AP)是各职能部门下发的有关民用航空规章的实施办法或具体管理程序,是民航行政机关工作人员从事管理工作和法人、其他经济组织或者个人从事民用航空活动应当遵守的行为规则,例如,《民用航空空中交通管制员执照管理办法》(AP-66I-TM-2010-01)。

(3) 管理文件(management document,MD)是各职能部门下发的对有关民用航空管理工作的重要事项作出的通知、决定或政策说明。例如,《民用无人驾驶航空器系统空中交通管理办法》(MD-TM-2016-004)。

(4) 工作手册(working manual,WM)是各职能部门下发的规范和指导民航行政机关工作人员具体行为的文件。

(5) 信息通告(information bulletin,IB)是各职能部门下发的反映民用航空活动中出现的新情况以及国内外有关民航技术上存在的问题进行通报的文件,如《变更管制方式安全评估指导材料》(IB-TM-2011-006)。

AC、AP 的编号由文件种类英文简称、所属规章编号、职能部门英文代码、年份、顺序编号以及修订序号等依次排列组成。MD、WM、IB 的编号,由文件种类英文简称、职能部门英文代码、年份、顺序编号依次排列组成。民航局机关各厅、室、司、局英文名称两字代码一览表如表 1-2 所示。

表 1-2 民航局机关各厅、室、司、局英文名称两字代码一览表

名　　称	英 文 全 称	两字代码
办公厅	General Office	GO
航空安全办公室	Office of Aviation Safety	AS
政策法规司	Department of Policies,Laws and Regulations	LR
规划发展司	Department of Planning	PL
财务司	Department of Finance	FI
人事科教司	Department of Personnel,Science,Technology and Education	PE
国际合作司	Department of International Affairs and Cooperation	IA
运输司	Department of Air Transportation	TR
飞行标准司	Department of Flight Standard	FS
航空器适航审定司	Department of Aircraft Airworthiness Certification	AA
机场司	Department of Airport	CA
公安局	Aviation Security Bureau	SB
空中交通管理局	Air Traffic Management Bureau	TM

五、标准规范

标准规范主要包括三个类别:行业标准、技术标准规定和专用条件和豁免文件。截至 2023 年 4 月,共有行业标准 665 份,技术标准规定 189 份,专用条件和豁免 89 份。其中,指导我国机场的建设和运行的《民用机场飞行区技术标准》,办文单位为机场司,文号为 MH5001—2021。《民用机场飞行区技术标准》是一部规范我国民用机场规划、设计、建设和运行,保障机场安全有序发展的重要的基础性标准;是我国履行国际公约缔约国义务,执行《机场——机场设计和运行》(《国际民用航空公约》附件 14 第 I 卷)的技术文件。

空中交通管制员要牢固树立"敬畏生命、敬畏规章、敬畏职责"的意识,筑牢安全底线。其中,敬畏规章体现了民航业的运行规律,是安全理论与实践经验的高度统一。空管的每一部规章制度,不仅是日复一日的实践总结,更是一次又一次血的教训。只有敬畏规章、尊崇规章,严格遵守规章制度,做到规章标准执行令行禁止,才能始终如一确保空中交通运行安全,保障飞行秩序正常。

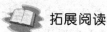 拓展阅读

国际民航组织修订国际标准——空中交通服务

2016 年 2 月 22 日,国际民航组织第 207 届理事会第 5 次会议审议通过了《国际民用航空公约》附件 11《空中交通服务》第 50 次修订案,内容涉及基于性能的通信和监视

(performance based communication and surveillance,PBCS)、程序设计和监督的标准和建议措施、关于航空气象的相应修订以及空中交通管制员疲劳管理。

附件 11 的第 50 次修订主要内容:一是提供基于通信和监视性能的空中交通服务,制定一个基于性能的通信和监视监测方案;二是建立关于仪表飞行程序设计服务的监管框架和界定缔约国提供安全飞行程序的责任;三是修订 SIGMET 情报的定义以反映这些情报是针对如火山灰和放射性粒子等非气象现象发布的事实;四是关于空中交通管制员疲劳管理的标准和建议措施。

国际民航组织为各国实施附件 11 的修订提供了下列流程建议。

(1) 关于基于性能的通信和监视(PBCS)的修订:第一,在考虑适用日期的情况下,明确将修订内容转化为国家要求所需的规则制定过程;第二,查明和通知差异;第三,起草对国家要求的修改和遵守措施;第四,通过国家要求和遵守措施;第五,修改监视方案以纳入新的要求;第六,修订监察员的指导材料和检查单;第七,根据经修订的监察员指导材料进行监察员培训;第八,确定希望实施基于通信和监视性能的空中交通管理运行的空中航行服务提供者;第九,制订实施计划,包括时间表,以确认每个适用的航空运营人的遵守情况;第十,对空中航行服务提供者遵守适用要求的政策和程序进行运行验收。

(2) 关于程序设计和监督的标准和建议措施的修订:第一,明确将经修改的国际民航组织规定转化为国家规章所需的规则制定过程;第二,制订一项虑及经修改的国际民航组织规定的国家实施计划;第三,起草对国家规章的修改和遵守措施;第四,通过国家规章和遵守措施;第五,对运行人员进行提供和使用新规定方面的培训;第六,向国际民航组织申报差异。

(3) 关于航空气象的相应修订:第一,明确将经修改的国际民航组织规定转化为国家规章所需的规则制定过程;第二,制定一项虑及经修改的国际民航组织规定的国家实施计划;第三,起草对国家规章的修改和遵守措施;第四,通过国家规章和遵守方式;第五,向国际民航组织申报差异。

(4) 关于空中交通管制员疲劳管理的修订:第一,确保参与制定针对空中交通管制员的规范性限制规章以及对其实施监督的人员有足够的学科知识,并在必要时提供教育;第二,制定针对空中交通管制员的规范性限制规章。如果有预先存在的针对空中交通管制员的规范性限制规章,应根据新的标准和建议措施对其进行审查,强烈建议进行行业咨询;第三,决定是否制定疲劳风险管理制度规章和编写相关流程及必要的指导材料,民航安全监察员可能需要接受进一步的教育;第四,将空中交通管制员疲劳管理的监督转化为正常监督方案。

国际民航组织于 2016 年 3 月更新《疲劳管理做法的监督手册》(Doc 9966 号文件),与民用空中航行服务组织和空中交通管制员协会国际联合会共同编制《空中交通服务提供者疲劳管理指南》。国际民航组织还于 2016 年 11 月更新《全球运行数据链(GOLD)手册》(Doc 10037 号文件)、《基于性能的通信和监视(PBCS)手册》(Doc 9869 号文件)、《空中航行服务程序—航空器的运行》(Doc 8168 号文件)等文件,编制《关于仪表飞行程序设计服务的监管框架制定手册》等,以提供适当指导。

对附件 11 的第 50 次修订生效日期为 2016 年 7 月 11 日。关于基于性能的通信和监视、程序设计和监督的标准和建议措施以及有关航空气象的相应修订,于 2016 年 11 月

10 日开始适用；有关空中交通管制员疲劳管理内容的适用日期为 2020 年 11 月 5 日。

资料来源：中国民航局. 国际民航组织修订国际标准——空中交通服务［EB/OL］.（2016-02-23）［2023-05-16］. http://www.caac.gov.cn/XWZX/GJZX/201602/t20160226_29215.html.

思 考 题

1. ICAO 出版物体系包括哪些内容？
2.《国际民用航空公约》的附件一共有哪几个？
3. 简述中国民用航空法规体系。
4. CCAR 第 93 部全称是什么？主要内容有哪些？
5. 中国民航规范性文件包括哪几类？

第 二 章

空中交通管理概述

【本章主要内容】

(1) 空中交通管理的组成。

(2) 空中交通服务的组成。

(3) 空中交通管制服务的目的。

(4) 国内外空中交通管制情况。

空中交通管理概述

飞机作为民用航空运输实现运营的唯一载体,能够反映我国民用航空运输的空运能力。近十年来,我国民航飞机保有量总体保持快速增长态势。截至 2022 年年底,民航全行业运输飞机在册架数 4165 架,比上年底增加 111 架,如图 2-1 所示。

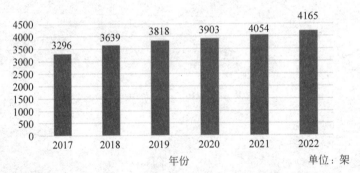

图 2-1　2017—2022 年中国民航全行业运输飞机期末在册数量统计

截至 2022 年年底,全国通用航空器在册总数为 3186 架,其中,教学训练用飞机 1157 架;全行业注册无人机共 95.8 万架。截至 2022 年年底,我国境内运输机场(不含我国香港、澳门和台湾地区)为 254 个,比上年底净增 6 个。

机场更多,航线更密。2022 年,我国共有定期航班航线 4670 条,其中,国内航线 4334 条(含港澳台航线 27 条),国际航线 336 条。随着我国民航业的蓬勃发展,空中交通管理在确保空中交通安全、推动我国民航事业发展方面,体现出越来越重要的作用。

组织与实施民用航空空中交通管理工作,应当保证安全第一,改善服务工作,争取飞行正常,遵循集中统一、分工负责、协调高效、优质服务的原则。

第一节 空中交通管理

空中交通管理的目的是有效地维护和促进空中交通安全,维护空中交通秩序,保障空中交通顺畅。空中交通管理包括空中交通服务、空中交通流量管理和空域管理。

一、空中交通服务

空中交通服务包括空中交通管制服务、飞行情报服务和告警服务。空中交通服务由空中交通管制单位提供。

(一)空中交通管制服务

空中交通管制服务的目的是防止航空器与航空器相撞及在机动区内航空器与障碍物相撞,维护和加快空中交通的有序流动。

空中交通管制服务包括机场管制服务、进近管制服务和区域管制服务。机场管制服务是向在机场机动区内运行的航空器以及在机场附近飞行且接受进近和区域管制以外的航空器提供的空中交通管制服务。进近管制服务是向进场或者离场飞行阶段接受管制的航空器提供的空中交通管制服务。区域管制服务是向接受机场和进近管制服务以外的航空器提供的空中交通管制服务。

(二)飞行情报服务

飞行情报服务的目的是向飞行中的航空器提供有助于安全和有效地实施飞行的建议和情报。

飞行情报服务应当提供下列有关各项情报。

(1)重要气象情报和航空气象情报。

(2)关于火山爆发前活动、火山爆发和火山灰云的情报。

(3)关于向大气释放放射性物质和有毒化学品的情报。

(4)关于无线电导航设备可用性变化的情报。

(5)关于机场及有关设施变动的情报,包括机场活动区受雪、冰或者深度积水影响等情况的情报。

(6)关于无人自由气球的情报。

(7)起飞、到达和备降机场的天气预报和天气实况。

(8)与在进近管制区、机场塔台管制区中运行的航空器可能发生的相撞危险。

(9)对水域上空的飞行,并经驾驶员要求,尽可能提供任何有用的情报,如该区内水面船只的无线电呼号、位置、真航迹、速度等。

(10)其他任何可能影响安全的情报。

为目视飞行规则的飞行提供飞行情报服务时,除上述内容外,还应当包括航路上可能导致其不能继续按目视飞行规则飞行的交通情况和气象条件。

(三)告警服务

告警服务的目的是向有关组织发出需要搜寻援救航空器的通知,并根据需要协助该组织或者协调该项工作的进行。

告警服务由民航局指定的管制单位提供,并按照规定程序予以公布,管制单位应当向下列航空器提供告警服务。

(1) 已接受其空中交通管制服务的航空器。

(2) 如可行,已申报飞行计划或者其了解情况的其他航空器。

(3) 已知或者相信受到非法干扰的航空器。

二、空中交通流量管理

空中交通流量管理是在空中交通流量接近或者达到空中交通管制可用能力时,适时地进行调整,保证空中交通最佳地流入或者通过相应区域,提高机场、空域可用容量的利用率。

空中交通的需求超过或者将要超过空中交通管制可用能力时,应当实施空中交通流量管理。空中交通流量管理由三个阶段组成:战略阶段、预战术阶段和战术阶段。

战略阶段,通过空域用户与空中交通服务、机场等的对话,共同分析空域、机场和空中交通服务限制,季节性气候条件改变以及重要的天气现象。同样,应尽可能寻找确定空中交通管制可用能力和需求之间的不平衡,以对交通流影响最小的原则来寻找可能的解决途径。这些解决方案并不是最终方案,应当根据这个阶段预期的需求进行调整。战略阶段一般采用航路规划、航班时刻管理和空中等待程序设计等方法。

预战术阶段研究该日的运行需求,将之与预计的空中交通管制可用能力对比,并对战略阶段形成的计划进行必要的调整。预战术阶段的主要目标是通过资源的有效组织优化空中交通容量。这个过程通过利益相关方的协同决策过程来实现。这个阶段的产物通常是一份空中交通流量管理计划,这份计划描述了必要的容量资源和可能采取的流量管理措施。预战术阶段一般采用航路规划(临时调整飞行计划航路)、流量管理预告的方法。

战术阶段是在行动生效之日,根据当日的运行情况采取措施。由于人员问题、重要天气现象、险情和特情、突发的基础设施故障和限制、更精确的飞行计划数据、扇区容量值的修正等因素影响,需要根据这些因素去调整原来的计划措施。战术阶段一般采用改航(改变计划航路、改变计划高度)、航空器尾随间隔(时间间隔、距离间隔)、地面停止、空中等待等方法。

空中交通流量管理目前常用的系统有协同决策系统(collaborative decision making,CDM)、进场管理(arrival manager,AMAN)、离场管理(departure manager,DMAN)和全国流量管理系统(national air traffic flow management,NTFN)等。

三、空域管理

空域管理是依据国家相关政策,逐步改善空域环境,优化空域结构,尽可能满足空域用户使用空域的需求。

空域管理(air space management,ASM)依据既定空域结构条件,实现对空域的充分利用,尽量满足经营人对空域的需求。空域应当分类划设,符合航路结构、机场的布局、飞行活动的性质和提供空中交通服务的需要。

空中交通管理的构成如图 2-2 所示。

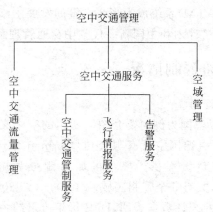

图 2-2　空中交通管理的构成

第二节　空中交通管制

空中交通管制(以下简称空管)服务是空中交通管理单位的核心工作内容,本节主要介绍空中交通管制的历史沿革、国外空中交通管制情况及我国的空中交通管制情况。

一、空中交通管制的产生和发展

20 世纪,随着航空器设计制造技术的两次飞跃,航空运输的快速发展,通信、导航、监视设备和计算机及网络技术的发展,空管技术手段进行了多次更新。

空管是由航空运输的需要而产生的,它的发展与通信、导航和监视(communication navigation surveillance,CNS)新技术的应用密不可分。

空管主要设备和技术经历了以下由低级到高级的过程:旗帜和灯光(目视)、无线电(通信、导航)、雷达(监视)、计算机、卫星。随着空管设备和技术的进步,空中交通管制手段也出现了由低级到高级的几次革命:从最初利用两面旗在跑道头指挥(类似于地面交警的指挥棒),到灯光和信号弹时代;从 20 世纪 30 年代美国采用无线电管制、目视飞行时代向仪表飞行过渡,到 1935 年随着飞行流量的增大、航线管制中心应运而生;从 1945 开发民航雷达,到 1956 年远程航路雷达安装使用、1960 年机场监视雷达投入运行;随着流量的增加和计算机技术的发展,1969 年纽约开始实行流量控制,1970 年管制计算机联网、成立流量控制中心和终端区;1988 年美国与 IBM 公司协作开发自动管制研究;美国的全球定位系统(global positioning system,GPS)、俄罗斯的格洛纳斯全球卫星导航系统(global navigation satellite system,GLONASS)、欧洲的伽利略卫星导航系统(Galileo satellite navigation system,GSNS)和我国的北斗卫星导航系统(Beidou navigation satellite system,BDS)实现了地基导航到星基导航的转变;集成广播式自动相关监视(automatic dependence surveillance-broadcast,ADS-B)、区域导航(area navigation,RNAV)、基于导航的性能(performance based navigation,PBN)、空管协同决策系统(collaborative decision making,CDM)、进场管理(arrival manager,AMAN)、离场管理(departure manager,DMAN)、4D 航迹等新技术、新设备、新理念的空中交通管理(communication navigation surveillance/air traffic management,CNS/ATM)系统成为当今空管的发展主流,如美国的新一代空中交通管理系统、欧盟的"单一天空"计划和中国新一代空中交通管理系统等。

二、外国空中交通管制情况

(一) 欧洲的空中交通管制

欧洲的空中交通管制以德国为例简要介绍。德国的空中交通管制服务从 1993 年 1 月 1 日起(共 17 个国际机场)由德国空管有限公司(German Air Traffic Control Navigation Service Corporation,DFS)负责提供。整个区域管制分为中低空和高空,24 500ft(约 8000m)以下为低空管制区,共有 5 个管制区域;24 500ft(约 8000m)以上为高空管制区,共 4 个管制区域。据 2002 年的统计数据表明,DFS 每年流量约为 255 万架次,高峰日流量约 8000 架次,平均日流量约 3500 架次。

在德国,军民航管制已经完成一体化进程。和平时期,DFS 同时提供军用和民用飞行的管制服务,但军用机场的进离场及塔台管制除外。DFS 除雇佣民航管制员外,也同时雇佣军方派出的管制人员(以合约的形式进行)。如果出现战事或战争前的紧急状况,全国所有的空管服务完全由军方接管,民航派出部分管制员协助工作。德国只设一个飞行情报服务中心,但功能非常强大,大量的飞行计划申请、批复都通过计算机网络进行,增加了效率,节省了成本,且方便快捷。

(二) 美国的空中交通管制

美国在空中交通管制体制方面的改革大体分为两个阶段。

第一阶段是 1958 年以前,全国分为民航和军航两个系统,分别实行管制,并设立了航空协调委员会,负责协调军民航空中交通管制方面的关系。

第二阶段是 1958 年以后,美国设立了联邦航空局(Federal Aviation Administration,FAA),制定各种规章制度和法律,并管理国家空域。

美国的空中交通由 FAA 实施统一管制。全国分为三级管制,即航路、进近和塔台管制。FAA 和军航分别设立进近管制中心和塔台管制中心,在特定情况下,军用机场的塔台和管制设备也可以由 FAA 建设和管理。无论是军航还是民航,管制程序和标准都是一样的。FAA 设有空管系统指挥中心 1 个、航路管制中心 21 个、终端进近管制中心 242 个、塔台管制中心 463 个、飞行服务站 175 个。

美国空域归国家所有,为实现国际民航组织"一个特定空域只能由一个管制单位负责"的原则,将空域分为管制区和非管制区两种类型。管制空域分为 A、B、C、D、E 共 5 个类别,非管制空域划为 G 类。

(三) 俄罗斯的空中交通管制

由于俄罗斯受其传统空管体制、经济发展等的影响,俄罗斯的空中交通管制具有自己的一些特性。

1962 年以前,空中交通管制工作由军方负责,民航只负责民用飞机和军用运输机在航路上的飞行指挥。1962 年以后,苏联颁布了航空法,空中交通管制工作改由军民两家分别负责。1974 年,苏联政府批准成立"空中交通管制统一系统"。苏联政府于 1990 年又成立了"空域使用及空中交通管制委员会"。在 1997—1998 年,俄罗斯的空中交通管制机构又进行改革,成立了俄联邦空域使用跨部门委员会,负责空管体制改革与空管现代化建设。

俄罗斯管理的空域划分为 8 个管制大区,大区内又划分为若干个管制小区。全国设有"空中交通管制统一系统"总中心 1 个、区域管制中心 8 个、分区管制中心 64 个以及若干个机场塔台管制室。俄罗斯空管系统军民航的协调主要体现在"空中交通管制统一系统"的各级管制中心。总中心(一级)、大区管制中心(二级)、小区管制中心(三级)都是军、民合署办公,在具体负责对空指挥的小区管制中心,军、民双方管制人员使用同样的管制设备在一起值班,可以及时协调空域使用中出现的矛盾。

三、中国的空中交通管制

(一)空中交通管制概况

1949 年 10 月前,我国民航空中交通管制人员较少,民航空中交通管制台站也屈指可数,又分属几个不同部门,设备既不齐全也不标准化。当时我国空中交通管制业务虽已有一定的历史,但远远未能在全国范围内建立起一个统一、完整的空中交通管制系统来有效地实施空中交通管制业务,而这项目标也只有在新中国成立后才能达到。

1950 年,中央军委颁发了《中华人民共和国飞行基本规则》。20 世纪 60 年代初,修改《中华人民共和国飞行基本规则》,此次规则规定:我国境内一切飞行的指挥,应当在统一管制下由各部门分别组织实施。1964 年由国防部签署颁发了新的《中华人民共和国飞行基本规则》,在法规上确立了空军统一管制、分别指挥的体制。1977 年再次修改《中华人民共和国飞行基本规则》。为适应我国参加国际民航组织和中外民航运输机在国内飞行增加的实际情况,进行修改高度层配备规定。1986 年 1 月,国务院、中央军委下发了关于改革空中交通管制体制,逐步实现空中交通管制现代化的通知。

(二)21 世纪中国空中交通管制体制改革

过去的管理体制已不适应当时空中繁忙的交通情况和经济建设需要。国务院、中央军事委员会在充分调查研究的基础上,拟借鉴国外的空域管理经验,对当时的管理体制进行有计划、有步骤、积极稳妥的改革。改革的第一步目标是认真搞好北京—广州—深圳航路交由民航指挥的改革试点工作。第二步目标是逐步实现在全国实施"一个特定空域由一个空中交通管制单位负责管制指挥"。在北京—广州—深圳全航路交由民航空中交通管制指挥试点取得经验的基础上,按照国际民航组织的标准划分空域,分期分批地将全国航路(航线)交由民航空中交通管制单位指挥。凡在航路(航线)飞行的航空器,由民用航空空中交通管制单位提供管制服务;凡是在航路(航线)以外空域飞行的航空器,由军航空中交通管制部门提供空中交通管制服务。改革的第三步目标是实现空中交通由国家统一管制。基本思路是:设立和健全全国、大区、分区空管中心;力争在沈阳、北京、西安、昆明一线以东地区实行雷达管制,以西地区除少数地方外仍实行程序管制;建立较完善的通信系统,使空中交通管制指挥"听得见、看得到",做到民航、军航和防空共同发展,相互促进。这个目标符合世界各国空中交通管制体制改革的总趋势,是我国实现空中交通管制现代化,适应民航军航发展和加强国防建设的必由之路。从 1998 年 1 月 1 日开始,北京终端区在全国(我国港澳台地区除外)第一个实施雷达管制,标志着我国正式拉开实施雷达管制的序幕。

2001 年 8 月 1 日,再次修改的《中华人民共和国飞行基本规则》开始生效,该基本规则明确了"国家空中交通管制委员会"(以下简称空管委)的职责,飞行管制体制改革步伐加大,同时进行了高度层的再次改革,统一军、民航管制员培训标准的探讨被提到空管委的议事日程。

民航机场过渡高度和过渡高度层的改革以及航空固定电信网络(aeronautical fixed telecommunication network，AFTN)和国际航空电信协会(Society International De Telecommunication Aeronautiques，SITA)格式电报拍发规范都在21世纪初相继完成。

2002年8月1日，国务院、中央军委空中交通管制委员会颁布的《飞行间隔规定》使得军民航间隔标准得到统一。2003年1月颁布的《通用航空飞行管制条例》将天空向私人和有关团体的通用航空飞行活动逐渐开放。

2007年11月12日，中国民航开始实施国际民航组织推行的缩小垂直间隔(reduced vertical separation minimum，RVSM)运行标准，这一举措增加了空域容量，实现了我国与周边国家和地区飞行高度层顺畅衔接，大大提升了航班飞行的安全水平。

近年来，随着几大区域管制中心的相继建设使用和管制工作接管完成，空管运行品质极大提升，中国民航正朝着系统化、标准化、科学化迈进，在安全标准、运行标准、服务质量标准等方面与国际接轨，参与国际空管行业的合作与竞争，跟上、引领未来全球空中交通管理发展的步伐。

(三)我国空管发展展望

据《民航空管专业人员队伍建设情况报告(2011—2020年)》，截至"十三五"时期末，民航空管专业技术人员(包括空中交通管制员、民用航空情报员、民用航空气象人员和民用航空电信人员)总数为33 110人，其中，空中交通管制员、民用航空情报员、民用航空气象人员和民用航空电信人员持照人员数量分别为15 008、2652、5731和9719。

在国务院、中央军委的领导下，在中央空中交通管理委员会的统一管理下，我国空管体制改革将随着我国民航的快速发展而逐步深入，未来空管信息联网、雷达管制普及成为必然，对管制员的需求也会由量的需求转变到质的要求。

 拓展阅读

"三新"为广州新终端区空管自动化系统提质增效

空管自动化系统是管制员对空指挥的核心系统，被喻为管制员的"千里眼"。通过空管自动化系统，管制员能够看到区域内航空器的各项动态参数信息，监控航空器的运行状态，发出管制指令，并实现指挥。空管自动化系统在保障飞行安全、提升运行效率等方面发挥着重要作用。在以前的空管自动化系统架构设计中，为确保区管和进近使用相同的飞行计划和无缝移交，区管和终端使用同一套系统，共享一个飞行计划处理服务器。即终端管制区与区管管制区之间的数据交互，属于同一套系统内部共享，终端与高空之间的航班移交为系统内部扇区移交。

1. 新架构，从"耦合"到"独立"

"广州新终端管制区采用了全新设计理念与架构模式，新终端区空管自动化系统将不再与广州区管的空管自动化系统耦合，新架构的理念是将系统变'小'，成为一个独立的系统，并使用多条高速IP网络链路实现与广州区管的空管自动化系统进行飞行数据的交换和共享。"技术保障中心区管设备管理室书记李智介绍道："此次采用终端区独立于区管的系统结构为全国三大区管(北京、上海、广州)首次部署应用。"

广州新终端区空管自动化系统新设计架构理念，使得空管自动化系统具备独立处理飞行计划的能力，广州终端扇区与广州高空扇区之间的航班移交引入新的移交概念(垂直移交），在两套自动化系统之间架起"高速公路"，让协同更加全面高效。广州终端区项目中，采用现行 MH/T 4029.3 的 C 类报文，在两套独立自动化系统之间实现类似系统内部扇区移交的应用方式。C 类移交的实施，使得区管和终端可以使用两套完全独立的系统，摆脱了共用"一个 FDP"的运行风险，在未来粤港澳大湾区机场群的运行模式下，这一技术将为自动化系统的发展提供更多的可能性和灵活性。

新理念、新架构的应用与实践，为我国空管自动化系统架构设计、运行模式探索了新的道路。不再采用一个主系统下挂载多个分区的模式，避免了庞大且复杂的系统，消除了主系统功能故障影响多个分区的隐患。

2. 新移交，从"平面"到"立体"

"C 类移交"源于飞机移交过程中使用 MH/T 4029.3 定义的 C 类数据。相比传统 AIDC(air traffic services interfacility data communications，空中交通服务设施间的数据通信)移交，C 类移交模式快捷、迅速，可以使不同高度扇区之间实现垂直移交、快速移交，实现了"协调＋移交"的全部电子化，两个过程均能在几秒内快速完成，真正实现了"一键操作"。同时，新的数据交换模式提供更为丰富的数据项，可提高不同自动化系统之间的航班计划信息的同步更新效率和精确性。传统的 AIDC 移交必须以固定航路点/报告点才能移交成功，C 类移交则支持灵活的边界点移交，无须指定固定移交点及移交高度，无须在双方系统内定义固定的移交点、移交高度，无须提前协调移交时间，使空域利用更加灵活，能更好地适应空域复杂场景的管制移交需求，大幅提高管制工作效率。C 类移交还能实时更新飞行数据，在发起移交之前，能根据航空器高度层改变，直接触发报文拍发和飞行计划自动更新，实现终端区和区域管制扇区之间的无缝协调和自动移交。高、中、低空三维一体化的空域管理将变得"触手可及"。

从 2019 年开始，技术保障中心先后参与组织 3 次 C 类移交测试，2019 年和 2020 年指派技术骨干赴北京、南京空管自动化系统厂家参与工厂测试；2021 年 3 月至 7 月，在广州区管搭建模拟平台开展测试，对千余个航班进行了测试，记录各类管制问题四十多项，解决诸多技术难题。2021 年 9 月至 2022 年，在广州新终端区进行现场验收测试，由于珠三角地区航线密布、空域结构复杂，对于各种特殊移交情况，技术人员翻阅大量泰雷兹原厂英文技术文档手册，在摸索中逐步前进，因地制宜地解决问题。从前期模拟平台测试不足 50% 的总成功率，经历多轮测试、改进、验证迭代，最终，测试用例执行及自由测试的总体成功率已经超过 90%。

3. 新未来，从"三新"到"四强"

据悉，2023 年 2 月 15 日(2023 年春运最后一天)24h 的 C 类移交数据统计，广州区管和广州终端双向移交 2219 架次，其中协调失败 106 次，移交失败 43 次，移交成功率约为 98%。

"新架构""新移交"既是"压舱石"，又是"助推器"，提升了设备的稳定性、可靠性，减轻了管制员工作负担，筑牢了设备保障的安全基础，为广州新终端区现场运行把好坚实关口。C 类移交在推进"四强空管"方面有着举足轻重的作用。它有着先天的协议优势，丰富的协调信息，移交航班的双方管制都具有更好的情景意识，确保了"强安全"；基于 4D 的剖面计算，使得系统之间在垂直移交上解决了 AIDC 的问题，体现了"强智慧"；在航班出现绕飞、备降等机动情况时，能够支持航班反复协调和移交，突出了"强效率"；未来，快速电子移交将成为管制指挥中飞机移交的主流趋势,它的快捷、高效、灵活将大幅提升空中交通管制工作效率,降低管制员失误率,技术保障中心着力研究多套空管自动化系统联网时,进行异构的、多套的自动化系统之间的C类移交,用科技赋能,将对"强协同"做出有力的支持。

中南空管局技术保障中心将继续以安全运行为根本,以科技创新、理念创新为手段,以人才队伍为基础,保持爬坡过坎的压力感,以实际行动时刻保障中南空管设备运行,确保"天路"安全畅通,为建设"四强空管"添砖加瓦。

资料来源:李智,王政."三新"为广州新终端区空管自动化系统提质增效[EB/OL].(2023-03-13)[2023-05-16].https://www.ccaonline.cn/hqtx/836969.html.

思　考　题

1. 空中交通管理包括哪些部分?
2. 空中交通服务包括哪些部分? 各自的目的是什么?
3. 什么是空中交通流量管理?
4. 简述国内外空中交通管制概况。

第 三 章

民航管理体系

【本章主要内容】
(1) 中国民航的三级机构管理形式。
(2) 民航地区管理局及组成。
(3) 地区空中交通管理局及组成。
(4) 管制单位及各单位的席位设置。
(5) 空中交通管制员培训及种类。
(6) 空中交通管制员的执勤规定。

民航管理体系

空中交通管理工作的机构和人员,是空中交通管理工作的实施者。本章先从宏观上讲述中国民用航空局行政机构的框架组成,在此基础上详细讲述民航空管体系的组成和空中交通管制员。

第一节　民航管理机构

中国民用航空局是中华人民共和国国务院主管民用航空事业的由部委管理的国家局,归交通运输部管理。我国民航管理分为三级机构管理形式,分别为中国民用航空局,民航地区管理局,省、市安全监督管理局。

一、中国民用航空局

(一) 主要职责

(1) 提出民航行业发展战略和中长期规划、与综合运输体系相关的专项规划建议,按规定拟订民航有关规划和年度计划并组织实施和监督检查。起草相关法律法规草案、规章草案、政策和标准,推进民航行业体制改革工作。

(2) 承担民航飞行安全和地面安全监管责任。负责民用航空器运营人、航空人员训练机构、民用航空产品及维修单位的审定和监督检查,负责危险品航空运输监管、民用航空器国籍登记和运行评审工作,负责机场飞行程序和运行最低标准监督管理工作,承担民航航空人员资格和民用航空卫生监督管理工作。

(3) 负责民航空中交通管理工作。编制民航空域规划,负责民航航路的建设和管理,负责民航通信导航监视、航行情报、航空气象的监督管理。

(4) 承担民航空防安全监管责任。负责民航安全保卫的监督管理,承担处置劫机、炸机及其他非法干扰民航事件相关工作,负责民航安全检查、机场公安及消防救援的监督管理。

（5）拟订民用航空器事故及事故征候标准,按规定调查处理民用航空器事故。组织协调民航突发事件应急处置,组织协调重大航空运输和通用航空任务,承担国防动员有关工作。

（6）负责民航机场建设和安全运行的监督管理。负责民用机场的场址、总体规划、工程设计审批和使用许可管理工作,承担民用机场的环境保护、土地使用、净空保护有关管理工作,负责民航专业工程质量的监督管理。

（7）承担航空运输和通用航空市场监管责任。监督检查民航运输服务标准及质量,维护航空消费者权益,负责航空运输和通用航空活动有关许可管理工作。

（8）拟订民航行业价格、收费政策并监督实施,提出民航行业财税等政策建议。按规定权限负责民航建设项目的投资和管理,审核（审批）购租民用航空器的申请。监测民航行业经济效益和运行情况,负责民航行业统计工作。

（9）组织民航重大科技项目开发与应用,推进信息化建设。指导民航行业人力资源开发、科技、教育培训和节能减排工作。

（10）负责民航国际合作与外事工作,维护国家航空权益,开展与港澳台的交流与合作。

（11）管理民航地区行政机构、直属公安机构和空中警察队伍。

（12）承办国务院及交通运输部交办的其他事项。

（二）内设机构

中国民用航空局内设机构如表 3-1 所示。

表 3-1　中国民用航空局内设机构

机 构 名 称	机 构 名 称
综合司	航空安全办公室
政策法规司	发展计划司
财务司	人事科教司
国际司（港澳台办公室）	运输司
飞行标准司	航空器适航审定司
机场司	空管行业管理办公室
公安局	直属机关党委（思想政治工作办公室）
全国民航工会	离退休干部局

（三）直属机构

中国民用航空局直属机构如表 3-2 所示。

表 3-2　中国民用航空局直属机构

机 构 名 称	机 构 名 称
空中交通管理局	机关服务局
中国民航大学	中国民航飞行学院
中国民航管理干部学院	中国民航科学技术研究院
民航第二研究所	中国民航报社出版社
民航医学中心（总医院）	清算中心
中国民航飞行校验中心	信息中心
民航专业工程质量监督总站	首都机场集团
审计中心	国际合作中心
中国民航机场建设集团有限公司	中国民用航空发动机适航审定中心
民航博物馆	

二、民航地区管理局

中国民航局下属七个地区管理局,分别是华北地区管理局、西北地区管理局、中南地区管理局、西南地区管理局、华东地区管理局、东北地区管理局和新疆地区管理局。以华东地区管理局为例,介绍其内设机构及其主要职责。

根据民航地区行政机构的主要职能,华东地区管理局设置 19 个职能机构、3 个党群工作机构和 1 个离退休干部工作机构。

（1）办公室（外事办公室、港澳台事务办公室、应急管理办公室）：协助地区管理局领导处理日常行政事务,综合协调、督促检查地区管理局机关政务工作;负责地区管理局机关的文秘、机要、保密、档案、信访、行政管理、政务公开、电子政务等工作;负责地区管理局的外事管理与接待工作;承担辖区内民航应急工作和重大事项的组织协调;按授权,处理辖区内涉港澳台民航事务。

（2）航空安全办公室：综合管理辖区内的民用航空安全;组织调查处理辖区内的一般民用航空飞行事故、地面事故和飞行事故征候及其他不安全事件;参与辖区内重、特大运输飞行事故的调查处理工作;发布安全指令和安全通告;负责辖区内民用航空安全信息的收集、分析和发布;按规定组织辖区内安全评估工作并承办航空安全奖惩工作;组织、指导辖区内的航空安全教育和航空安全管理研究工作;承担地区管理局航空安全委员会的日常工作。

（3）政策法规处：负责地区管理局领导法律顾问和法律事务工作;提出政策建议;负责地区管理局各项政策、规定和合同草案的法律审查;组织并监督辖区内民航行政执法;负责辖区内行政处罚的审查和执行;负责辖区内民航各类行政执法监察员的管理;指导辖区内民航企事业单位法律工作;负责辖区内行业改革的有关工作,审核企业、机场联合兼并和改制上市,受理企业、机场不公平竞争的投诉;负责辖区内以地区管理局为业务主管单位的社会团体的管理。

（4）计划统计处（节能减排办公室）：研究提出所辖区域民用航空发展规划,对民用机场布局和机场、航路建设规划以及航线开辟提出建议;负责辖区内民用机场新建、改扩建、迁建等项目的前期审查;负责辖区内民用机场使用政府性基金补贴项目的审核或审批及其监督工作;承办辖区内购租航空器项目的评估工作;负责辖区内行业信息统计工作;负责地区管理局及其所属单位的固定资产投资及基本建设、技术改造、利用外资等计划项目的管理;负责辖区内民用航空企事业单位收费监督和航油供油保障的有关工作;负责辖区内民用航空机电产品国际招投标的监督管理;承担辖区内民航行业节能减排有关管理工作。

（5）财务处：负责直属单位的资产管理、资金管理和外汇额度使用管理;监督管理辖区内国家财政专项资金使用;负责直属单位的财务预决算管理及辖区内财务信息统计工作;负责直属单位政府采购工作;负责直属单位固定资产投资项目财务与资金管理;监督检查直属单位财务管理情况,负责组织管理局权限内的民航基本建设项目竣工决算审批;负责辖区内行政性收费的监督;协助征收政府性基金;负责地区管理局日常财务管理工作;承担对有关领导干部的经济责任审计和离任审计工作。

（6）人事科教处：管理和指导地区管理局机关及直属单位的人事、劳动工资、机构编制、社会保险、培训教育、智力引进、科技等工作;按规定权限管理直属单位领导干部;负责地区管理局机关及其派出机构的公务员招录、考核、任用、调配等工作;组织实施辖区内民航科技项目,协调科技成果推广应用工作;负责辖区内民航信息化管理以及网络与信息安全监管工作;承担辖区内民航主体系列职称评审相关工作,协调辖区内行业培训和人才队伍建设工作。

(7) 运输管理处(国防动员办公室):对辖区内民用航空运输(含国际航空运输)市场实施监督管理,参与对民用航空企事业单位收费的监督;审核辖区内航空运输企业的经营许可申请;按规定权限审批航空运输企业航线及加班、包机申请;负责辖区内航空运输地面服务、计算机订座系统的市场准入及其监督管理;管理辖区内民用航空消费者事务,负责消费者对辖区内航空运输企业投诉受理的监督管理;管理辖区内民用航空国防动员工作;组织协调辖区内重大、特殊、紧急运输航空抢险救灾工作;对辖区内民用航空客货运输安全以及危险品航空运输实施监督管理。

(8) 通用航空处:对辖区内通用航空市场实施监督管理;负责辖区内通用航空企业的经营许可管理,办理辖区内非经营性通用航空的登记并实施监督;组织协调辖区内重大、特殊、紧急通用航空抢险救灾工作。

(9) 飞行标准处:负责实施民用航空器运营人在辖区内的运行合格审定及补充审定并进行持续监督检查;办理对辖区内飞行训练机构的合格审定事宜;负责辖区内民用航空飞行人员、乘务人员的资格管理。

(10) 外国航空公司审定和监管处:负责规定范围内外国和我国特别行政区公共航空运输承运人的运行合格审定和持续监督检查,负责协调其他民航地区管理局对本管理局实施运行合格审定的外航的监督检查工作。

(11) 航空卫生处:监督管理辖区内的民用航空卫生工作,负责辖区内民用航空人员体检鉴定工作并审核颁发体检合格证;对辖区内民用航空体检单位委任代表及民用航空体检人员委任代表进行资格审查,并监督检查其工作;负责对辖区内民用运输机场的应急救护预案、国内交通卫生检疫条例实施预案的审查,并实施监督检查。

(12) 航务管理处:审核报批或批准辖区内民用航空飞行程序、运行最低标准、低能见度运行程序等各类应急程序;承办有关飞行程序的验证试飞、新技术应用推广工作;负责对辖区内航务代理工作实施监管;负责对辖区内民用航空飞行签派委任代表资格进行审查,并监督检查其工作;按授权审查批准辖区内民用航空营运人的运行控制相关文件并监督检查执行情况;办理对辖区内飞行签派员训练机构的合格审定事宜;负责辖区内飞行签派人员的资格管理。

(13) 适航维修处:审批民用航空器运营人在辖区内的航空器维修方案、可靠性方案、加改装方案及特殊装机设备运行要求;审核报批或批准民用航空器运营人在辖区内执管航空器的适航证、特许飞行证,并实施监督管理和使用困难报告的调查处理;审核报批或批准辖区内民用航空器维修单位维修许可证并实施监督管理,按授权负责对承修中国注册航空器及其部件的国外维修单位的审查;负责辖区内维修人员培训机构的合格审定;按授权负责民用航空器初始维修大纲审查的有关工作;负责辖区内航空器维修人员的资格管理。

(14) 适航审定处:按授权对航空器及其零部件、机载设备、材料等进行型号合格审定和生产许可审定;颁发民用航空产品的适航指令;办理颁发民用航空器初始标准适航证的有关事宜;负责有关民用航空器的加改装方案、特修方案和超手册修理方案的工程审批工作；按授权负责航空油料及民航化学产品的适航审定；对有关委任代表进行资格管理；负责辖区内民航标准计量工作。

（15）机场管理处：审核报批或批准辖区内民用机场（含军民合用机场民用部分，下同）总体规划、许可证和军民合用机场对民用航空器开放使用的申请；对辖区内民用机场的安全运行、净空管理、环境保护、应急救援工作进行监督检查；审核报批辖区内新建民用机场的场址选址报告；负责对辖区内民用机场专业工程建设项目的设计审查、工程质量监督和行业验收，对不停航施工进行监督管理；负责辖区内民航招投标管理（机电产品国际招投标管理除外）；对辖区内航油企业市场准入规则执行情况和安全运行进行监督检查；负责消费者对辖区内机场投诉受理的监督管理。

（16）空中交通管制处：负责组织对辖区内民航空域使用和空中交通管制、航行情报运行和安全实施监督管理；负责辖区内管制人员和航行情报人员资格管理的相关工作；组织协调辖区内航班时刻和空域容量等资源分配工作；组织协调辖区内专机、重要飞行保障和民用航空器搜寻救援工作；对辖区内民航空中交通管制、空域、航行情报发展和建设规划提出建议，并跟踪执行情况。

（17）通信导航监视处：负责组织对辖区内通信导航监视运行和安全实施监督管理；负责辖区内通信导航监视设施设备行政许可管理和人员资格管理的相关工作；承办辖区内民航无线电管理事项；对辖区内通信导航监视发展和建设规划提出建议，并跟踪执行情况。

（18）航空气象处：负责组织对辖区内航空气象运行和安全实施监督管理；负责辖区内航空气象设施设备行政许可管理和人员资格管理的相关工作；对辖区内航空气象发展和建设规划提出建议，并跟踪执行情况。

（19）公安局：指导、监督检查辖区内民用航空空防安全工作和民用机场的安检、消防、治安工作；审查辖区内民用机场、航空运输企业的安全保卫方案和预防、处置劫、炸机或其他突发事件的预案；指导组织协调相关刑事、治安案件的侦查工作，指导相关安全保卫、国家安全和反恐工作；指导、检查辖区内专机警卫工作；对辖区内民用机场安全保卫设施实施监督检查；指导、监督检查民用机场控制区内通行证件的发放管理工作；按授权对辖区内民用机场进行航空保安审计；负责地区管理局所在省（区、市）空防安全监管及地区管理局机关的内部保卫、防火和治安综合治理工作。

（20）党委办公室（机关党委、团委办公室）：负责地区管理局及直属单位的思想政治工作及精神文明建设，承担地区管理局及直属单位党组织建设和宣传教育工作以及共青团等工作；负责地区管理局统战工作。

（21）工会办公室：负责地区管理局及直属单位的工会工作；指导辖区内民航工会工作，维护职工合法权益。

（22）纪检监察处：按照党章和有关规定实施党内监督和行政监督，受理对检查、监察对象的控告、申诉，调查、处理检查、监察对象违反党纪、政纪的案件。

（23）离退休干部处：组织地区管理局离退休干部政治学习等活动；负责地区管理局离退休干部的医疗保健、生活福利、休养和用车等服务的安排；办理地区管理局离退休干部的丧葬和善后处理事宜；对直属单位的离退休干部工作进行检查指导；负责离退休干部的统计、来信来访等工作。

三、省、市安全监督管理局

各个地区管理局下面又分别设有若干个安全监督管理局。各地区管理局及其下设的安全监督管理局情况如表 3-3 所示。

表 3-3　中国民航地区管理局及其下设的安全监督管理局一览表

地区管理局	安全监督管理局	地区管理局	安全监督管理局
华北地区管理局	北京监管局	中南地区管理局	广东监管局
	河北监管局		河南监管局
	天津监管局		湖北监管局
	山西监管局		湖南监管局
	内蒙古监管局		广西监管局
	大兴机场监管局		海南监管局
华东地区管理局	上海监管局		深圳监管局
	山东监管局		桂林监管局
	江苏监管局		三亚监管局
	安徽监管局	东北地区管理局	辽宁监管局
	浙江监管局		大连监管局
	江西监管局		吉林监管局
	福建监管局		黑龙江监管局
	厦门监管局	西北地区管理局	陕西监管局
	青岛监管局		青海监管局
	温州监管局		宁夏监管局
西南地区管理局	四川监管局		甘肃监管局
	重庆监管局	新疆管理局	乌鲁木齐监管局
	贵州监管局		
	云南监管局		喀什监管局
	丽江监管局		

第二节　民航空管体系

一、中国民用航空局空中交通管理局

中国民用航空局空中交通管理局(简称民航局空管局)是民航局管理全国空中交通服务、民用航空通信、导航、监视、航空气象、航行情报的职能机构。中国民航空管系统现行行业管理体制为民航局空管局、地区空管局、空管分局(站)三级管理；运行组织形式基本是区域管制、进近管制、机场管制为主线的三级空中交通服务体系。

民航局空管局的主要职责如下。

(1) 贯彻执行国家空管方针政策、法律法规和民航局的规章、制度、决定、指令。

(2) 拟定民航空管运行管理制度、标准、程序。

(3) 实施民航局制订的空域使用和空管发展建设规划。

（4）组织协调全国民航空管系统建设。

（5）提供全国民航空中交通管制和通信导航监视、航行情报、航空气象服务,监控全国民航空管系统运行状况,研究开发民航空管新技术,并组织推广应用。

（6）领导管理各民航地区空管局,按照规定负责直属单位人事、工资、财务、建设项目、资产管理和信息统计等工作。

中国民用航空局空中交通管理局领导管理民航七大地区空管局及其下属的民航各空管单位,驻省会城市(直辖市)民航空管单位简称空中交通管理分局,其余民航空管单位均简称为空中交通管理站。民航地区空管局为民航局空管局所属事业单位,其机构规格相当于行政副司局级,实行企业化管理。民航空管分局(站)为所在民航地区空管局所属事业单位,其机构规格相当于行政正处级,实行企业化管理。

民航局空管局组织机构如图 3-1 所示。

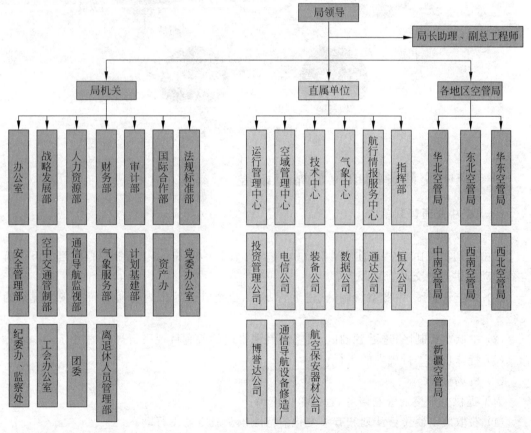

图 3-1　民航局空管局组织机构图

二、地区空中交通管理局

民航局空管局下辖七个地区空管局,分别是华北空管局、东北空管局、华东空管局、中南空管局、西南空管局、西北空管局和新疆空管局。各地区空管局下辖各省分局/站。我国民航空管业务总体架构如图 3-2 所示。

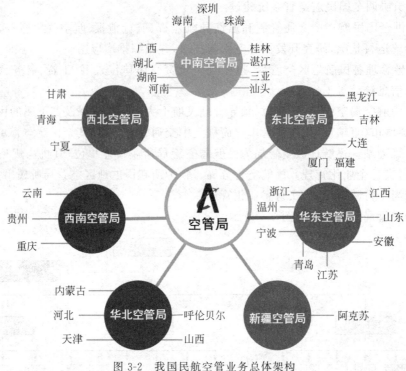

图 3-2　我国民航空管业务总体架构

三、空中交通管制单位及席位设置

（一）空中交通管制单位

1. 一般原则

空中交通服务由空中交通管制单位（以下简称管制单位）提供。管制单位应当为下列航空器活动提供空中交通管制服务。

（1）高空管制区、中低空管制区、进近管制区、机场管制地带内的所有仪表飞行规则的飞行。

（2）中低空管制区、进近管制区、机场管制地带内的所有目视飞行规则的飞行。

（3）特殊目视飞行规则的飞行。

（4）机场交通。

为了提供空中交通管制服务，管制单位应当：

（1）获取航空器飞行计划和有关变化的情况以及航空器飞行动态；

（2）根据掌握的信息，确定航空器位置及其相对关系；

（3）发布空中交通管制许可与指令，提供飞行情报，防止受管制的航空器相撞，维持空中交通秩序，加速空中交通流量；

（4）当航空器可能与其他管制单位管制下的航空器发生冲突时，或者在将航空器移交给其他管制单位之前，应当向该管制单位进行必要的通报协调。

为了对管制区、管制地带和机场范围内的航空器提供空中交通管制服务、飞行情报服务和告警服务，应当设立管制单位。

飞行情报区内的飞行情报服务和告警服务由指定的管制单位或者单独设立的提供空中交通飞行情报服务的单位提供。

提供空中交通管制的管制单位的名称通常应当按照下列原则确定。

（1）区域管制单位或者进近管制单位，以其附近城镇或者城市的名称或者地理特点作为识别标志。

（2）机场塔台管制单位以其所在机场的名称作为识别标志。

（3）空中交通服务报告室以其所在机场的名称作为识别标志。

2. 管制单位及应当履行的空中交通服务的职责

管制单位及应当履行的空中交通服务的职责如下。

（1）空中交通服务报告室。空中交通服务报告室负责受理和审核飞行计划的申请，向有关管制单位和飞行保障单位通报飞行计划和动态。

（2）机场塔台管制单位（以下简称“塔台管制单位”）。塔台管制单位负责对本塔台管辖范围内航空器的推出、开车、滑行、起飞、着陆和与其有关的机动飞行的空中交通服务。

在完成机坪管制移交的机场，由机坪管制单位负责对本机坪管制室管辖范围内的航空器的推出、开车、滑行、拖曳等提供服务。

（3）进近管制单位。进近管制单位负责一个或者数个机场的航空器进、离场及其空域范围内其他飞行的空中交通服务。

（4）区域管制单位。区域管制单位负责向本管制区内受管制的航空器提供空中交通服务，负责管制并向有关单位通报飞行申请和动态。

（5）地区空中交通运行管理单位。地区空中交通运行管理单位负责统一协调所辖区域内民航空中交通管制工作，监控所辖区域内民航空中交通管理系统的日常运行情况，协调处理所辖区域内特殊情况下的飞行，承担本地区搜寻援救协调中心职责。

（6）全国空中交通运行管理单位。全国空中交通运行管理单位负责统一协调全国民航空中交通管制工作，监控全国民航空中交通管理系统的日常运行情况，协调处理特殊情况下的飞行，承担民航局搜寻援救协调中心职责。

（二）管制单位的席位设置

为了适应交通量的增长和提高空中交通服务效率，管制单位可以根据 CCAR-93TM-R6 规定，将空中交通服务工作责任分配到若干工作席位。直接对本管制区航空器实施空中交通管制服务的工作席位统称为管制席。

管制单位可以将空中交通管制服务的责任区域分为若干管制扇区，并为管制扇区设置相应管制席。

1. 塔台管制/机坪管制席位

1）塔台管制单位工作席位及职责

（1）机场管制席，负责为机场管制地带内活动的航空器提供空中交通管制服务。

（2）地面管制席，负责对除跑道外的机场机动区内活动的航空器、车辆、人员实施管制。

（3）放行许可发布席，负责向离场航空器发布放行许可。

（4）通报协调席，负责向有关单位通报飞行动态信息和计划，并进行必要的协调。

（5）主任席，负责塔台管制单位现场运行工作的组织管理和监督，以及与其他单位的总体协调。

（6）军方协调席，负责本管制单位与飞行管制部门之间的协调（视情况可与通报协调席合并）。

塔台管制席位的分类如图3-3所示。

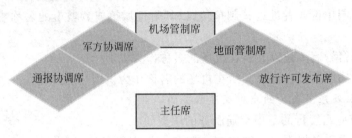

图3-3 塔台管制席位的分类

2）塔台管制席位的设置

（1）机场管制塔台应当设置机场管制席。

（2）年起降架次超过40 000架次或者实施仪表着陆系统Ⅱ类运行的机场，应当在其管制塔台增设地面管制席。

（3）年起降架次超过100 000架次的机场，应当在其管制塔台增设放行许可发布席。

（4）机场管制塔台应当设置主任席。

（5）机场管制塔台应当根据实际情况设置通报协调席和军方协调席。

（6）机场管制塔台可以根据机场使用跑道的数量和滑行道的复杂程度，增设机场管制席和地面管制席。

机场管制塔台应当根据规定和需要开放、合并工作席位和扇区，并明确管制席及扇区的工作时间，并按规定对外公布。机场管制塔台管制席位的设置如表3-4所示。

表3-4 机场管制塔台管制席位的设置

机场管制塔台管制席位的分类	机场管制塔台管制席位的设置
机场管制席	必须设置
地面管制席	年起降架次超过40 000架次或者实施仪表着陆系统Ⅱ类运行的机场需设置
放行许可发布席	年起降架次超过100 000架次的机场需设置
通报协调席	按需设置
主任席	必须设置
军方协调席	按需设置

应在完成机坪管制移交的机场设立机坪管制室。

3）机坪管制席位及职责

机坪管制席位应包括主任席、指挥席和协调席。根据机场运行流量及实际需求，可增设其他席位。

（1）主任席负责机坪管制室运行管理及异常突发事件的处置决策等工作。

（2）指挥席负责指挥、监视在机场机坪管制责任区域内航空器、车辆等活动。

（3）协调席负责与相关单位的协调。

机坪管制室可增设备用席,用于应急情况下的使用。

2．进近管制席位

全年起降架次超过 36 000 架次或者空域环境复杂的机场,应当设置进近管制单位。

1）进近管制席位的分类及职责

（1）进近管制席,负责对进、离场的航空器及其空域范围内飞越航空器提供空中交通管制服务。

（2）进场管制席,负责对进场着陆的航空器提供空中交通管制服务。

（3）离场管制席,负责对起飞离场加入航路、航线的航空器提供空中交通管制服务。

（4）通报协调席,负责协助管制席向有关单位通报飞行动态信息和计划,并进行必要的协调。

（5）主任席,负责进近管制单位现场运行工作的组织管理和监督,以及与其他单位的总体协调。

（6）飞行计划处理席,负责维护、处理飞行计划。

（7）流量管理席,依据流量管理的原则和程序,对于所辖地区的飞行流量进行管理。

（8）军方协调席,负责本管制单位与飞行管制部门之间的协调。

2）进近管制单位工作席位的设置

（1）进近管制单位应当设置进近管制席。

（2）年起降超过 60 000 架次的机场,应当分别设置进场管制席和离场管制席或者增设管制扇区。

（3）年起降超过 36 000 架次或者空域环境复杂的机场,但无条件设置进近管制单位或者在进近管制单位设立前,可以在塔台管制单位设立进近管制席位。

（4）进近管制单位应当设置主任席。

（5）进近管制单位应当根据实际情况设置飞行计划处理席、通报协调席、军方协调席。

（6）独立平行仪表进近时,进近管制单位应当设置非侵入区监控席。

进近管制单位工作席位的设置如表 3-5 所示。

表 3-5　进近管制单位工作席位的设置

进近席位的分类	进近管制席位的设置
进近管制席	必须设置
进场管制席	年起降架次超过 60 000 架次需设置
离场管制席	年起降架次超过 60 000 架次需设置
通报协调席	按需设置
主任席	必须设置
飞行计划处理席	按需设置
流量管理席	按需设置
军方协调席	按需设置

3．区域管制单位工作席位

1）区域管制单位工作席位的分类及职责

（1）程序管制席,使用程序管制方法对本管制区内的航空器提供空中交通服务。

（2）雷达管制席,借助航路管制雷达对本管制区的航空器提供空中交通服务。

（3）主任席，负责区域管制单位现场运行工作的组织管理和监督，以及与其他单位的总体协调。

（4）飞行计划处理席，负责维护、处理飞行计划。

（5）通报协调席，负责协助管制席向有关单位通报飞行动态信息和计划，并进行必要的协调。

（6）军方协调席，负责本管制单位与飞行管制部门之间的协调。

（7）流量管理席，依据流量管理的原则和程序，对于所辖地区的飞行流量进行管理。

（8）搜寻援救协调席，负责航空器搜寻援救的协调工作。

2）区域管制单位工作席位的设置

（1）区域管制单位根据本单位实际需要设立程序管制席。

（2）实施雷达管制的区域管制单位应当设立雷达管制席。

（3）区域管制单位应当设置主任席。

（4）区域管制单位应当设置飞行计划处理席。

（5）区域管制单位应当根据本单位实际需要设置通报协调席、军方协调席、流量管理席。

（6）区域管制单位应当设置搜寻援救协调席。

区域管制单位工作席位的设置如表 3-6 所示。

表 3-6　区域管制单位工作席位的设置

区域席位的分类	区域管制席位的设置
程序管制席	按需设置
雷达管制席	实施雷达管制的区域管制单位必须设置
主任席	必须设置
飞行计划处理席	必须设置
通报协调席	按需设置
军方协调席	按需设置
流量管理席	按需设置
搜寻援救协调席	必须设置

4. 空中交通服务报告室工作席位

1）空中交通服务报告室工作席位的分类及职责

（1）飞行计划处理席，负责处理、通报飞行计划，维护飞行计划数据。

（2）动态维护席，负责航班动态信息的维护和发布，拍发及处理起飞、落地、延误等相关动态报文，与飞行保障单位协调航班返航、备降等保障事宜。

（3）主任席，负责本管制单位现场运行工作的组织管理和监督，以及与其他单位的总体协调。

2）空中交通服务报告室席位的设置

空中交通服务报告室席位由管制单位根据本单位的实际需要设置。

管制单位应当根据飞行量的增长，制订管制席位设置计划，保证满足以上席位设置的要求。因特殊情况不能满足以上席位设置要求的，管制单位应当制订席位调整的详细计划和保障安全的具体措施后，席位调整可延长一年。

第三节　空中交通管制员

空中交通管制工作由空中交通管制员（以下简称管制员）担任。截至"十三五"末，我国管制员总数量为 15 008，较"十二五"末增加 4447 人，"十三五"时期年均增长率 7.28%，增长比较平稳。华北、东北、华东、中南、西南、西北、新疆七个地区管制员人数如图 3-4 所示。

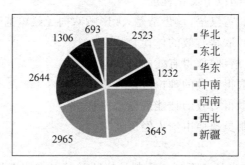

图 3-4　管制员人数按地区分布图

一、空中交通管制员执照

管制员执照是指管制员执照持有人（简称"持照人"）具有符合要求的知识、技能和经历，有资格从事特定空中交通管制工作的证明文件。

空中交通管制员在取得执照前，还应当接受国务院民用航空主管部门认可的体格检查单位的检查，并取得国务院民用航空主管部门颁发的体格检查合格证书。

根据《民用航空人员体检合格证管理规则》第六十七条二十一款规定，"机场管制员、进近管制员、区域管制员、进近雷达管制员、精密进近雷达管制员、区域雷达管制员应当取得并持有Ⅲa级体检合格证；飞行服务管制员、运行监控管制员应当取得并持有Ⅲb级体检合格证"。

根据民航发〔2018〕38 号《航空器机坪管制移交工作总体方案》规定，"机坪管制人员应当符合Ⅲb类体检合格证标准，取得相应执照签注后方可从事机坪管制工作。"

从事空中交通管制工作的人员应当按照规定参加体检并取得相应的体检合格证，完成规定的培训，通过理论考试和技能考核，获得必要的申请经历，取得执照，方可从事与其执照相适应的空中交通管制工作。

管制员实行执照管理制度，执照经注册方为有效执照。持有有效管制员执照的，方可独立从事其执照载明的空中交通服务工作。

管制员执照由中国民用航空局（以下简称民航局）统一颁发和管理。民用航空地区管理局（以下简称地区管理局）负责本辖区管制员执照的具体管理工作。

管制员执照类别（以下简称执照类别）、英语无线电陆空通信资格（以下简称英语资格）、特殊技能水平（以下简称特殊技能）、从事管制工作的地点（以下简称工作地点）等以签注标明。管制员所从事的工作应当与其执照签注相符合。

管制员执照类别包括机场管制、进近管制、区域管制、进近雷达管制、精密进近雷达管制、区域雷达管制、飞行服务和运行监控等八类。

管制员执照申请人应当具备下列条件。

(1) 具有中华人民共和国国籍。

(2) 热爱民航事业,具有良好的品行。

(3) 年满 21 周岁。

(4) 具有大学专科(含)以上文化程度。

(5) 能正确读、听、说、写汉语,口齿清楚,无影响双向无线电通话的口吃和口音。

(6) 通过规定的体检,取得有效的体检合格证。

(7) 完成规定的专业培训,取得有效的培训合格证。

(8) 通过理论考试,取得有效的理论考试合格证。

(9) 通过技能考核,取得有效的技能考核合格证。

(10) 符合规定的管制员执照申请人经历要求。

(一) 知识要求

管制员执照申请人应当具备下列与管制员执照及其工作职责相适应的知识。

(1) 与空中交通管制员、空中交通管制工作有关的法律、法规、规章、标准和规定。

(2) 工作中所用设备的一般原理、使用与限制。

(3) 飞行原理,航空器、动力装置与系统的操作原理与功能,与空中交通管制运行相关的航空器性能。

(4) 与空中交通管制有关的人的因素。

(5) 航空气象学,有关天气现象的起源与特征,测高法。

(6) 空中导航的原理,导航系统与目视助航设备的原理、限制及精度。

(7) 空中交通管制、通信、无线电通话(正常、非正常及应急)用语程序,相关航空文件的使用,与飞行有关的安全措施。

(8) 机场飞行程序设计、最低运行标准制定的基本知识。

(9) 飞行动态电报、航行通告的拍发。

(10) 有关航行资料、航图。

(11) 飞行组织保障。

(12) 负责区域的空域结构、机场飞行程序、地形和显著地标、天气现象、导航设施和空中交通服务的特点。

(13) 适用的规则、程序和资料。

(14) 应急、搜寻与援救的计划和程序。

(15) 与有关单位之间的协调。

(16) 与航空情报服务、航图有关的法律、法规、规章、标准和规定。

(17) 飞行流量管理。

(18) 飞行计划的受理、处理、审批。

(19) 航空情报服务的组织与实施。

（二）技能要求

1．机场管制、进近管制、区域管制、进近雷达管制、区域雷达管制、精密进近雷达管制类别签注的申请人应当具备的技能

（1）掌握各类工作程序，正确实施管制，合理调配飞行间隔。

（2）熟练使用各种工作设备。

（3）熟练进行地/地、地/空通信。

（4）正确使用航行通告、航行资料、航图、气象资料、航空电码简字简语。

（5）正确实施紧急处置程序。

（6）提供安全、有序和高效的管制服务所需的技能、判断力与表现，达到与所授予权利与履行岗位职责相适应的能力和水平。

2．飞行服务类别签注申请人应当具备的技能

（1）熟练进行飞行动态电报、航行通告的编发和处理。

（2）熟练处理飞行计划。

（3）熟练提供飞行服务。

（4）熟练处理航空数据。

（5）正确使用航空情报资料和航图。

（6）正确实施紧急处置程序。

（7）能够看懂气象报文、天气图，能够进行天气形势的一般分析，能够择优选择航路航线和有利飞行高度层。

（8）能够对机型的性能、机场、航路航线情况进行分析。

（9）能够独立主持提供飞行前和飞行后航空情报服务。

（10）能够正确使用航行通告代码和简缩字，掌握民用机场使用细则的内容和编写所需的原始资料。

（11）提供及时、准确和完整的飞行服务所需的其他技能，达到与履行岗位职责相适应的能力和水平。

3．运行监控类别签注申请人应当具备的技能

（1）能够熟练地组织和协调所辖区域内各空管保障单位的空管运行工作。

（2）掌握空中领航计算。

（3）能够看懂气象报文、天气图，能够进行天气形势的一般分析，能够择优选择航路航线和有利飞行高度层。

（4）掌握无线电、电子设备的使用。

（5）掌握各类航空电报的编发。

（6）熟练进行地/地、地/空通信。

（7）掌握所辖区域内紧急处置程序的实施。

（8）能够对航空器性能、机场、航线情况进行分析。

（9）熟练地制订飞行计划。

（10）掌握各类飞行保障设备的服务程序和组织程序。

（11）掌握航图的使用，航行通告的应用。

（12）熟悉飞行组织工作，能够拟定飞行和各保障部门在飞行工作中的协同方案。

（13）与履行岗位职责相适应的其他能力和水平。

（三）经历要求

管制员执照和签注申请人应当符合下列申请经历要求。

（1）完成空中交通管制培训管理规则规定的岗位培训并达到相关要求。

（2）机场管制、进近管制、区域管制、飞行服务、运行监控类别签注申请人，在具有相应类别签注持照人的监督下，完成至少 3 个月的管制见习工作。

（3）进近雷达管制、区域雷达管制、精密进近雷达管制类别签注申请人，在具有相应类别签注持照人的监督下，完成至少 4 个月的管制见习工作。

（4）精密进近雷达类别签注的申请人，还应当在雷达模拟机上实施不少于 200 次精密进近，在所在单位使用的设备上实施不少于 100 次精密进近。

（5）增加或者变更工作地点签注的申请人，应当于新工作地点在持照人监督下，完成至少 1 个月的管制见习工作，增加或者变更的工作地点为新设立管制单位的情况除外。

申请人的（2）、（3）、（4）项经历要求应当在申请前的 6 个月内完成，但可以同时进行。

二、空中交通管制员培训

民航局对管制员培训工作进行统一管理。管制员的培训工作，按照民航局关于管制员培训的规定执行。

民用航空空中交通管制培训（以下简称"管制培训"）分为管制基础培训（以下简称"基础培训"）和管制岗位培训（以下简称"岗位培训"）。

基础培训是为了使受训人具备从事管制工作的基本管制知识和基本管制技能，在符合条件的管制培训机构进行的初始培训。基础培训包括管制基础专业培训和管制基础模拟机培训。

岗位培训是为了使受训人适应岗位所需的专业技术知识和专业技能，在管制单位进行的培训。岗位培训包括资格培训、设备培训、熟练培训、复习培训、附加培训、补习培训和追加培训。

（一）管制基础培训

管制基础专业培训是为了使受训人了解、掌握从事管制工作的基本知识和基本技能而进行的培训，是进入岗位培训和获得管制员执照的前提条件。

管制基础模拟机培训是为了使受训人掌握从事特定类别管制工作的基本知识和基本技能而进行的培训，是增加管制执照特定类别签注的前提条件。管制基础模拟机培训包括雷达管制基础模拟机培训和其他管制基础模拟机培训。

基础培训应当按照规定的培训大纲开展培训。

管制基础专业培训应当在不短于 1 年的时间内完成至少 800h 的学习。管制基础专业培训可以在学历教育期间完成。航空情报、签派等相关专业培训合格的学员转入管制专业学习的，管制基础专业培训时间可以适当减少，但不得少于 200h。

雷达管制基础模拟机培训应当在不短于 2 个月的时间内完成至少 240h 的学习，其中每人管制席位上机时间不得少于 60h。其他管制基础模拟机培训时间由民航局另行制定。管制基础模拟机培训可以在受训人进入管制单位后或者学历教育期间完成。

管制基础培训的组成如图 3-5 所示。

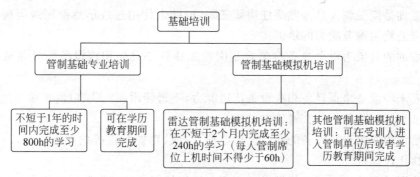

图 3-5　管制基础培训的组成

参加管制基础专业培训的受训人应当满足以下条件。

（1）具备从事管制工作的身体条件。

（2）大学在读或者毕业。

（3）具备从事管制工作的心理素质和能力。

（4）能正确读、听、说、写汉语，口齿清楚，无影响双向无线电通话的口吃和口音。

（5）具备一定的英语基础。

完成管制基础专业培训前，受训人员应当在空中交通管制岗位上进行实习，了解管制员基本工作情况。

完成管制基础专业培训的人员可以获得见习管制员资格。经管制单位批准，见习管制员可以在管制教员监督下上岗见习。见习管制员见习期间的管制工作责任由监督其工作的管制教员承担。

管制单位应当每年安排管制员加入机组进行航线实习或者参加飞行模拟机培训。

（二）管制岗位培训

岗位培训的目的是使受训人获得在空中交通管制岗位工作的能力与资格。受训人完成管制基础专业培训后，方可参加岗位培训。

岗位培训应当按照相应的岗位培训大纲进行。

岗位培训方式通常包括课堂教学、模拟操作和岗位实作三部分。

岗位培训由管制单位培训主管负责。管制单位培训主管应当按照《民用航空空中交通管制培训管理规则》的《岗位培训实施时间表》制订相应的岗位培训实施计划，并在岗位培训完成后填写《岗位培训情况评估报告表》。

1. 资格培训

资格培训是使受训人具备在管制岗位工作的能力，并获得独立上岗工作资格所进行的培训。资格培训的上岗培训时间不得少于 1000h。

进行雷达管制岗位资格培训前，受训人应当经过符合条件的雷达管制基础模拟机培训，通过考核，取得培训合格证。

资格培训应当按《民用航空空中交通管制培训管理规则》附件六《资格培训流程图》的程序进行。

2. 设备培训

设备培训是使受训人具备熟练使用新安装、以前未使用过或虽然使用过但现已有所更改的空中交通管制设备能力的培训。

设备培训的对象为每个具备有关管制岗位工作资格且使用该设备的管制员和见习管制员。

受训人未经设备培训具备相应设备使用能力,不得使用新安装、以前未使用过或虽然使用过但现已有所更改的空中交通管制设备。

设备培训的内容包括设备的基本工作原理、构成、功能及正确的操作方法,以及使用注意事项和禁止性规定。

设备培训时间的长短可以根据设备原理和操作的复杂程度由管制单位自行确定。

3. 熟练培训

熟练培训是指受训人连续脱离管制岗位工作一定时间后,恢复管制岗位工作前须接受的培训。

1) 熟练培训的要求

(1) 连续脱离该岗位 90 天以下的,由管制单位培训主管决定其是否需要进行熟练培训以及培训时间。经培训主管决定免于岗位熟练培训的,应当熟悉在此期间发布、修改的有关资料、程序和规则。

(2) 连续脱离岗位超过 90 天未满 180 天的,应当在岗位培训教员的监督下进行不少于 40h 的熟练培训。

(3) 连续脱离岗位 180 天以上未满 1 年的,应当在岗位培训教员的监督下进行不少于 60h 的熟练培训。

(4) 连续脱离岗位 1 年以上的,应当在岗位教员的监督下进行不少于 100h 的熟练培训。

2) 熟练培训的内容

(1) 了解脱岗期间发布的法规和规定。

(2) 掌握本管制单位程序规则的变化。

(3) 熟悉管制工作环境。

(4) 恢复管制知识和技能。

4. 复习培训

复习培训是使空中交通管制员熟练掌握应当具备的知识和技能,提供大流量和复杂气象条件下的管制服务,并能处理工作中遇到的设备故障和航空器突发的不正常情况所进行的培训。

空中交通管制员每年至少应当进行一次复习培训和考核。机场、进近、区域管制员模拟机培训时间不少于 40h。实施雷达管制的管制单位管制员在满足 40h 雷达管制模拟机培训的基础上,可以根据实际情况适当减少程序管制模拟机培训时间,但不得少于 20h。

复习培训包括正常、非正常情况下空中交通管制知识和技能的培训。机场、进近、区域管制员非正常情况下的空中交通管制知识和技能培训,至少应当包括下列内容。

1) 航空器在运行过程中突发的非正常情况

(1) 航空器无线电失效。

（2）航空器座舱失压。

（3）航空器被劫持。

（4）航空器飞行能力受损。

（5）航空器空中失火。

（6）航空器空中放油。

（7）航空器迷航。

2）空管设备运行过程中突发的非正常情况

（1）二次雷达失效，用一次雷达替代二次雷达工作。

（2）雷达全部失效，由雷达管制转换到程序管制。

（3）其他设备故障。

飞行服务、运行监控管制员的复习培训由管制员所在单位确定复习培训的内容和时间。

5．附加培训

附加培训是在新的或修改的程序、规则开始实施前，为使管制员熟悉新的或修改过的程序、规则进行的培训。管制单位培训主管应当根据程序、规则变化的程度，决定培训内容和所需时间。

附加培训应当采取下列方法。

（1）组织相关人员学习，并进行考试。

（2）进行模拟培训，确保正确掌握新的或修改过的程序、规则。

（3）适时进行岗位演练。

模拟培训和岗位演练，应当在组织理论学习后进行。

附加培训需要由两个或两个以上单位联合进行时，应当明确组织单位和负责人。

6．补习培训

补习培训是指为改正管制员工作技能存在缺陷而进行的培训，补习培训由管制单位培训主管根据情况组织实施。

补习培训应当采用下列方法。

（1）组织受训人学习有关文件、规定、程序，并进行考试。

（2）组织模拟培训，并进行考试。

管制员经过补习培训，未通过补习培训考试的，管制单位应当暂停该管制员在其岗位工作。

7．追加培训

追加培训是指由于受训人本人原因，未能按本节前六项的规定通过培训，应当增加的培训。

追加培训时间为预计培训时间的 1/4 至 1/3。每种培训的追加培训最多连续不得超过两次，否则管制单位应当终止培训，并暂停该管制员在其岗位工作，并重新进行相应种类的培训。追加培训的结果要记入《岗位培训评估报告表》。

管制岗位培训组成如图 3-6 所示。

图 3-6 管制岗位培训组成图

三、管制员的执勤

1. 执勤时间的含义

管制员的执勤时间是指管制员为了完成管制单位安排的管制工作,从到达指定地点报到时刻开始,到完成工作时刻为止的连续时间段。执勤时间应包括以下几项。

(1) 岗前准备时间。

(2) 岗位执勤时间。

(3) 岗后分析、讲评时间。

(4) 管制培训时间。

(5) 其他工作时间。

管制员的休息时间是指从管制员到达休息地点起,到为履行下一次管制工作离开休息地点为止的连续时间段,在该段时间内,管制单位不应为管制员安排任何工作。

管制员执勤期间出现因疲劳无法继续从事其工作的状况时,应当及时向所在管制单位报告。管制单位不得继续安排疲劳管制员执勤。

2. 执勤时间安排原则

除出现了人力不可抗拒因素或者应急情况之外,管制员的执勤时间应当符合下列要求。

(1) 管制单位不得安排管制员连续执勤超过 10h。

(2) 如果管制员在连续 24h 内被安排执勤超过 10h,管制单位应当在管制员执勤时间到达或者累计到达 10h 之前为其提供至少连续 8h 的休息时间。

(3) 管制员在 1 个日历周内的执勤时间不得超过 40h。

(4) 管制席的管制员连续岗位执勤时间不得超过 6h;从事雷达管制的管制员,连续岗位执勤时间不得超过 2h,两次岗位执勤时间之间的间隔不得少于 30min。

(5) 管制单位应当在任意连续 7 个日历日内为管制员安排 1 个至少连续 24h 的休息期,或者在任一日历月中安排相当时间的休息期。

(6) 管制单位应当在每个日历年内为管制员安排至少一次连续 5 日以上的休息时间。由于人力不可抗拒因素或者应急情况,导致管制员的执勤时间或者岗位执勤时间超出了上述规定时,管制单位应在条件允许时,及时安排管制员休息,超出规定的执勤时间或者岗位执勤时间应计入下一执勤时间。

3. 管制员在下列情况不得参加管制岗位执勤

(1) 管制员身体出现不符合民航局规定的航空人员体检合格标准的情况时。

(2) 管制员在饮用任何含酒精饮料之后的 8h 之内或处在酒精作用之下、血液中酒精含量等于或者大于 0.04%,或者受到任何作用于精神的物品影响损及工作能力时。

(3) 管制员被暂停行使执照权利期间。

(4) 管制单位或者管制员本人认为不适合参加管制岗位执勤的情形。

 拓展阅读 1

河北空管分局塔台地面放行许可发布席正式开放运行

为了进一步提升空管运行效率和保障能力,2020 年 4 月 23 日 0 时,经过精心组织筹划的河北空管分局塔台放行许可发布席正式开放运行。

为确保放行许可发布席位顺利开放，河北分局稳步推进席位增设建设工作：一是成立席位增设筹备工作领导小组，制定了实施方案和任务分解表；二是组织研究了放行许可发布席的运行程序、通报协调程序和应急工作程序等工作程序；三是完成了设备安装调试和试运行，开展了安全评估工作；四是组织修订完善了分局内部各部门间的工作协议；五是开展了管制员席位运行程序培训、考核。

近年来，石家庄机场的航班量增长迅猛，2019年河北空管分局共保障各类起降达到91 042架次，随着国家京津冀一体化发展战略的深入推进，石家庄机场的年起降架次将进一步增长。根据《民用航空空中交通管理规则》第四十七条要求："年起降架次超过10万架次的机场，应当增设放行许可发布席。"为了缓解石家庄塔台地面管制波道的拥堵程度，在机坪管制移交后理顺相应工作关系，有效地发挥塔台协调席的监控作用，进一步确保石家庄机场的运行安全，提高运行效率，河北空管分局提前筹划部署，多部门协调联动，确保了塔台放行许可发布席位的顺利开放运行。

塔台放行许可发布席开放实施后，能够进一步优化管制工作程序，减轻地面管制席位工作负荷，提高空管运行效率，将对提高河北空管分局的安全保障水平以及提升石家庄机场的航班正常率起到积极作用。

资料来源：郭分良.河北空管分局塔台地面放行许可发布席正式开放运行［EB/OL］.（2020-04-23）［2023-05-16］.https://www.ccaonline.cn/hqtx/582342.html.

 拓展阅读2

民航"三中心工程"正式投入运行

在中国共产党百年华诞来临之际，2021年6月30日，民航运行管理中心、民航气象中心工程、民航情报管理中心工程（以下简称民航"三中心工程"）投运仪式在京举行。该工程的投入运行标志着现代化空管体系建设迈出了新的坚实步伐，民航强国建设有了新的战略载体。民航局副局长吕尔学出席投运仪式，宣布民航"三中心工程"正式投运。

吕尔学表示，中国民航始终牢固树立以人民为中心的思想，始终坚持人民航空为人民，不断提升以航班正常为牵引的民航服务质量水平。经过几代空管人的深入研究论证，经过广大建设者的辛勤奋战，民航"三中心工程"从设想变成了现实，从施工图纸变成了宏伟建筑，成为中国民航的又一个标志性工程，为提升民航业在国家经济社会发展全局中的战略承载力奠定了更加坚实的基础，充分展现了中国民航人的战略眼光和雄心壮志。民航空管系统要认真落实习近平总书记对民航工作的重要指示批示精神、韩正副总理专题调研空中交通管理工作的指示要求，不但要建设好、还要运行好民航"三中心"，向党和人民交出一份经得起历史检验的答卷。

围绕接下来如何运行好民航"三中心"，吕尔学要求，一要提高政治站位，坚守安全底线，坚决确保民航"三中心"安全平稳运行。空管系统要牢牢抓住防风险、保安全、迎大庆工作主线，按照民航局党组"六个起来"要求，切实强化主体责任落实，认真开展"三中心"投运初期安全评估，加强各类风险隐患排查，注重人员队伍能力建设，确保民航"三中心"投运初期空管运行总体平稳。二要积极主动作为，发挥协同中心优势，为提升民航整体运行效能贡献空管力量。空管系统要与各方加强沟通磨合，完善业务流程，加快形成以流量管理为核心，管制、气象和情报信息高度融合,空管、航空公司、机场等单位之间密切协同的空中交通运行服务管理体系。要发挥好全国流量管理系统功能,有效提升气象预报水平和精细化服务能力,加强情报业务能力建设,努力打造民航高效运行的中枢。三要勇担历史使命,奋发有为,开启现代化空管建设新征程。空管系统要加强民航"三中心"未来业务发展谋划,配套完善落实措施,细化具体工作方案,切实将其打造成为提升中国民航国际竞争力和话语权的重要平台。要以民航"三中心"为标杆,始终坚持"世界眼光、国际标准、中国特色、高点定位",以"服务国家战略、支撑民航强国、打造四强空管"为己任,全面落实"四个工程"建设要求,打造更多标志性工程,不断提升空管整体保障能力,在新时代民航强国建设中发挥好空管先行者、排头兵的重要作用。

民航局空管局局长车进军在投运仪式上表示,空管系统将不忘初心再出发,牢记使命勇担当,深入落实中央领导同志的指示批示精神,紧密围绕民航局党组决策部署,在更高起点、更高层次、更高目标上布局谋划,高水平完成投运使用,高质量推进管理创新,高标准打造国际竞争优势,切实将民航"三中心"打造成为民航高质量发展新引擎、国际竞争新高地,以"三中心"投运为新起点,全力建设现代化空中交通管理体系。

投运仪式上,参会人员现场观看了民航"三中心工程"宣传片,并参观民航"三中心"展示区及各运行大厅。中央空管委办公室,北京市朝阳区人民政府,民航局相关司局、空管局及部分地区空管局、运行监控中心、民航系统在京单位等单位有关负责人,民航局空管局相关部门负责人、离退休老同志代表参加投运仪式。

民航"三中心工程"于2017年9月26日正式开工建设,是民航"十三五"规划的重点基础设施建设项目,被誉为中国民航打造世界一流空管运行管理体系的"一号工程"。该工程总投资22.456亿元,建筑面积74 985m²,是新中国成立以来投资最高、规模最大、技术最新的空管单体建设项目。2021年5月19日,民航"三中心工程"顺利通过行业验收。未来,民航"三中心工程"将进一步增强中国民航空管运行保障能力,在新时代服务国家战略、服务国防建设、服务行业发展中发挥重要作用。

资料来源:中国民航局.民航"三中心工程"正式投入运行[EB/OL].(2021-06-30)[2023-05-16].
http://www.caac.gov.cn/xwzx/MHYW/202106/t20210630_208186.html.

思 考 题

1. 简述我国民航管理机构的组成。
2. 简述我国民航空管业务总体架构。
3. 简述我国塔台管制席位的设置。
4. 简述机坪管制席位的设置。
5. 简述进近管制席位的设置。
6. 简述区域管制席位的设置。
7. 民航空中交通管制单位包括哪些?
8. 简述我国民用航空空中交通管制培训的组成。
9. 简述管制员执勤规定。

第 四 章

空中交通运行保障设施

【本章主要内容】

(1) 航空通信设施的两大组成部分。

(2) 地空通信设施的种类。

(3) 管制单位具备的监视设施。

(4) 航路导航系统和终端导航系统包括的设备。

(5) 航空气象设施的要求。

(6) 机坪管制室的设备配置。

空中交通运行
保障设施

空中交通管理工作的设备设施是保障空中交通管理工作的基础,本章从通信、监视、导航等方面介绍空中交通管理工作使用的各类设施。

第一节　一般规定

提供管制服务所使用的设施、设备应当符合相关规章要求。在配备设备的同时管制单位应当制定相应的管制工作程序。

管制工作场所的位置、面积和布局应当适应空中交通管制工作开展、管制席位设置、设施设备安装等的需要。

管制工作场所的温度、湿度、通风、采光等工作环境条件应当适合空中交通管制工作。

机场塔台的位置和高度应当能够使管制员有效地观察到由其提供管制服务的机场及周边范围。

第二节　航空固定通信设施

民用航空对通信的需求有着非常显著的自身特点。首先,航空通信要求覆盖范围广,可以覆盖飞行的全程,既包括大陆地区,也包括偏远的洋区和极地地区;其次,因为所传输的信息关乎飞行安全,所以航空业对通信的可靠性有着非常高的要求,这种高可靠需要在航空器高速飞行过程中、在机载设备和地面系统所处的相对复杂的电磁环境下得以保持;最后,航空通信系统要既能够提供实时的语音通信,也能够提供传输文本指令、图形等信息的数据通信服务。因此，航空通信系统无法使用单一的技术满足诸多的需求，需要依据不同的应用范围、对传输质量要求、频率资源和电磁环境等多种因素，采用适当的通信技术。

航空通信根据其使用范围、特性而分为两大部分：航空固定通信和航空移动通信（地空通信）。航空固定通信就是在规定的固定点之间进行的单向或双向通信；航空移动通信（地空通信）是航空器电台与地面电台或地面电台某些点之间的双向通信。

管制单位应当配备航空固定通信设施，包括报文通信和直通电话，用以交换和传递飞行计划和飞行动态，进行空中交通管制移交和协调。管制单位使用的报文通信设施应当满足交换与传递飞行计划和飞行动态的需要。

1. 区域管制单位

区域管制单位应当配备直通电话等通信设施与下列单位进行通信联络。

（1）本管制区内的进近管制单位、塔台管制单位、相关机场空中交通服务报告室。

（2）相邻的国内和国外的有直接协调移交业务的区域管制单位、进近管制单位。

（3）本管制区所在地的地区空中交通运行管理单位。

（4）全国空中交通运行管理单位。

（5）有关的飞行管制部门。

（6）有关的海上救援中心。

（7）为本单位提供服务的气象服务机构。

（8）为本单位提供服务的通信导航监视保障单位。

（9）为本单位提供航行通告的航空情报服务机构。

2. 进近管制单位

进近管制单位应当配备直通电话等通信设施与下列单位进行通信联络。

（1）本管制区内的塔台管制单位、机场空中交通服务报告室。

（2）相邻的有协调移交业务的进近管制单位、塔台管制单位、机场空中交通服务报告室、区域管制单位。

（3）本管制区所在地的区域管制单位。

（4）有关的飞行管制部门。

（5）为本单位提供服务的气象服务机构。

（6）为本单位提供服务的通信导航监视保障单位。

（7）为本单位提供航行通告的航空情报服务机构。

（8）直接控制的导航台。

3. 塔台管制单位、机场空中交通服务报告室

塔台管制单位、机场空中交通服务报告室应当配备直通电话等通信设施与下列单位进行通信联络。

（1）本机场所在地区的区域管制单位、进近管制单位。

（2）相邻的有协调移交业务的进近管制单位、塔台管制单位、机场空中交通服务报告室、区域管制单位。

（3）机场援救与应急处置部门。

（4）机场现场指挥中心。

（5）停机坪管理服务部门。

（6）机场灯光部门。

（7）为本单位提供服务的气象服务机构。

（8）为本单位提供服务的通信导航监视保障单位。

（9）为本单位提供航行通告的航空情报服务机构。

（10）直接控制的机场导航台。

全国空中交通运行管理单位与地区空中交通运行管理单位之间应当配备直通电话等通信设施进行通信联络。

4. 管制单位之间的航空固定通信设施的功能

（1）直通电话，用于雷达管制移交目的的，应当能够立即建立通信，用于其他通信的，应当在 15s 之内建立。

（2）报文通信，报文传输时间不得超过 5min。

管制单位使用的直通电话等通信设施，应当有自动记录功能，自动记录应当至少保存30 天。如果该记录与飞行事故和飞行事故征候有关，应当按照要求长期保存，直至明确已不再需要保留时为止。对于直通电话通信应当制定通信程序，并按照通信内容的轻重缓急程度建立通信秩序。必要时可以中断一些其他通话，以保证航空器遇到紧急情况时，管制单位能够立即与有关单位建立联系。

第三节　地空通信设施

航空移动通信，即地空通信，其根据用途又分为地空语音通信和地空数据链通信。

空中交通管制使用的地空通信设施，应当是独立的无线电台并配备自动记录设施。

管制单位使用的地空通信设施，应当能与在该管制区内飞行的航空器进行直接、迅速、不间断和清晰的双向通信。

为了防止车辆与航空器相撞，需要对机场机动区内车辆实施管制，应当根据需要设置单独的地面无线通信频道和通信设施，建立塔台管制单位与车辆之间的双向通信。

空中交通管制地空通信记录应当至少保存 30 天。如该记录与飞行事故或者飞行事故征候有关，应当按照要求长期保存，直至不再需要为止。

管制单位以数据链为地空通信手段的，应当按照相关规定申请运行变更。

一、语音通信

（1）塔台管制 A 级设备配置：适用于承担塔台管制业务，管制区内年起降大于 10 万架次或日高峰起降大于 350 架次的管制单位。

注：不含训练飞行。

（2）塔台管制 B 级设备配置：适用于承担塔台管制业务，管制区内年起降大于 3.6 万架次或日高峰起降大于 125 架次的管制单位。

注：不含训练飞行。

（3）塔台管制 C 级设备配置：适用于承担塔台管制业务，但不适用塔台管制 A、B 级配置的管制单位。

(4) 终端区(含进近)管制 A 级设备配置：适用于承担终端区或进近管制业务,管制扇区不少于 3 个或管制区域内年保障不小于 10 万架次的管制单位。

(5) 终端区(含进近)管制 B 级设备配置：适用于承担终端区或进近管制业务,但不适用于终端区(含进近)管制 A 级设备配置的管制单位。

(6) 区域管制设备配置：适用于承担区域管制业务的单位。

(一) 塔台管制地空通信设施

1. 塔台管制 A 级设备配置

1) 甚高频(very high frequency,VHF)通信设备

(1) 频率设置如下。

① 每个机场管制席应设置 1 个机场管制主用频率。

② 每个地面管制席应设置 1 个地面管制主用频率。

③ 根据需要设置至少 1 个放行许可频率。

④ 机场管制席、地面管制席、放行许可发布席可设置共用备频。

⑤ 应设置国际航空遇险和安全通信频率(121.5MHz)。

⑥ 应设置航站情报通播频率。

⑦ 根据管制需求设置军民航协调频率和其他对空通信频率。

(2) 设备配置如下。

机场管制主用和备用频率、地面管制频率、放行许可频率、国际航空遇险和安全通信频率(121.5MHz)、航站情报通播频率应配置主备机。

(3) 应急设备如下。

机场管制主用和备用管制频率、地面管制频率、放行许可频率、国际航空遇险和安全通信频率(121.5MHz)应配置独立的应急设备。

应急设备的台址、传输、供电等设施应与主、备设备独立。应急设备宜满足管制需求范围的单重覆盖。应急设备可配置单机。应在塔台配置便携式甚高频收发信机作为机动设备。

2) 语音交换系统

(1) 系统配置如下。

应配置主用和备用语音通信交换系统各一套。主用和备用语音通信交换系统的功能应一致；席位界面和操作方式应基本一致；有线、无线接口应具有相同的外部接口技术规格。

(2) 席位配置如下。

机场管制席、地面管制席、放行许可发布席、主任席、技术维护席应至少配置一套主用语音通信交换系统席位设备和一套备用语音通信交换系统席位设备。

通报协调席、军方协调席应至少配置一套语音通信交换系统席位。其他非管制席根据需要配置语音通信交换系统席位设备。语音交换系统如图 4-1 所示。

图 4-1　语音交换系统

3) 自动终端通播信息系统

塔台 A、B 级配置应包括一套自动终端通播信息系统。自动终端通播信息系统的通播

内容包括：机场名称、通播代号、观测时间、进近方式、使用跑道、跑道道面、刹车作用、过渡高度、过渡高度层、地面风向、地面风速、阵风风速、风向变化范围(起始风向、终止风向)、能见度、跑道视程、天气现象、云量、云状、云高、大气温度、露点温度、修正海压、本场场压、风切变情况等。

4）语音记录仪设备

管制单位应配置语音记录仪设备，并满足以下要求：应记录语音通信交换系统席位、无线信道、空管运行相关电话、应急无线通信终端，其中语音通信交换系统席位的有线话音、无线话音应分别记录；语音记录仪应为主备机配置并能接入时钟源进行时钟同步。

2. 塔台管制 B 级设备配置

1）甚高频通信设备

（1）频率设置如下。

① 应设置 1 个机场管制主用频率、1 个地面管制主用频率。

② 机场管制席、地面管制席可设置共用备用频率。

③ 应设置国际航空遇险和安全通信频率(121.5MHz)。

④ 应设置航站情报通播频率。

⑤ 根据管制需求设置军民航协调频率和其他对空通信频率。

（2）设备配置如下。

机场管制频率、地面管制频率、国际航空遇险和安全通信频率(121.5MHz)、航站情报通播频率应配置主备机。

（3）应急设备如下。

机场管制主、备用频率应配置独立的应急设备。应急设备的台址、传输、供电等设施应与主、备设备独立。应急设备宜满足管制需求范围内的单重通信覆盖。应急设备可配置单机。应在塔台配置便携式甚高频收发信机作为机动设备。

2）语音交换系统

（1）系统配置同塔台管制 A 级设备配置。

（2）席位配置为机场管制席、地面管制席、主任席，配置一套主用语音通信交换系统席位设备，一套备用语音通信交换系统席位设备。其他非管制席根据需要配置语音通信交换系统席位设备。

3）自动终端通播信息系统

自动终端通播信息系统同塔台管制 A 级设备配置。

4）语音记录仪设备

语音记录仪设备同塔台管制 A 级设备配置。

3. 塔台管制 C 级设备配置

1）甚高频通信设备

（1）频率设置如下。

① 应设置 1 个机场管制主用频率，可设置 1 个机场管制备用频率。

② 应设置国际航空遇险和安全通信频率(121.5MHz)。

③ 根据管制需要设置军民航协调频率和其他对空通信频率。

（2）设备配置如下。

① 机场管制频率应配置主备机,但年起降架次少于 2400 架次且高峰小时架次少于 5 架次的可配置单机。

② 国际航空遇险和安全通信频率(121.5MHz)、其他对空通信频率可配置单机。

（3）应急设备如下。

① 机场管制主用频率应配置独立的应急设备。

② 应急设备可配置单机。

③ 应在塔台配置便携式甚高频收发信机作为机动设备。

2）语音交换系统

（1）系统配置应配置语音通信交换系统一套,但年起降架次少于 2400 架次且高峰小时架次少于 5 架次的机场塔台可用地空通信遥控盒和电话机替代语音交换系统。

（2）席位配置:机场管制席应配置一套语音通信交换系统席位设备;非管制席根据需要配置语音通信交换系统席位设备。

3）语音记录仪设备

语音记录仪设备同塔台管制 A 级设备配置。

（二）终端区（含进近）管制地空通信设施

1. 终端区（含进近）管制 A 级设备配置

1）甚高频地空通信系统

（1）频率设置和设备配置。每个扇区应设置 1 个主用管制频率、1 个备用管制频率(可与其他扇区共用)、国际航空遇险和安全通信频率(121.5MHz),并根据管制需求设置军民航协调频率和其他对空通信频率,如表 4-1 所示。

表 4-1　频率设置

配置类别	主用频率/个	备用频率/个	国际航空遇险和安全通信频率/MHz
A 级	1	1	121.5
B 级	1	1	121.5

主用管制频率、备用管制频率、国际航空遇险和安全通信频率(121.5MHz)应配置主备机,其他对空通信频率可配置单机,如表 4-2 所示。

表 4-2　甚高频通信设备配置

配置类别	甚高频通信设备主用频率/备用频率/国际航空遇险和安全通信频率	
	主机/个	备机/个
A 级	1	1
B 级	1	1

（2）应急设备。每个扇区应配置应急甚高频设备,设置主用管制频率、备用管制频率、国际航空遇险和安全通信频率(121.5MHz),并根据管制需求设置军民航协调频率和其他对空通信频率。

应急甚高频设备可配置单机。

2）语音通信交换系统

（1）系统配置。同塔台管制 A 级设备配置。

（2）席位配置。管制席应配置两套主用语音通信交换系统席位设备，宜配置两套备用语音通信交换系统席位设备。

主任席、通报协调席、军方协调席、技术维护席应配置一套主用语音通信交换系统席位设备和一套备用语音通信交换系统席位设备。

流量管理席、飞行计划处理席应配置语音通信交换系统席位设备。其他非管制席根据需要配置语音通信交换系统席位设备。

3）语音记录仪设备

同塔台管制 A 级设备配置的语音记录仪设备。

2．终端区（含进近）管制 B 级设备配置

1）甚高频地空通信系统

频率设置、设备配置和应急设备与终端区（含进近）管制 A 级设备配置的甚高频地空通信系统的设置相同。

2）语音通信交换系统

（1）系统配置。同终端区（含进近）管制 A 级设备配置的语音通信交换系统的系统配置。

（2）席位配置。管制席宜配置两套主用语音通信交换系统席位设备和一套备用语音通信交换系统席位设备。其他席位设备配置同终端区（含进近）管制 A 级设备配置的语音通信交换系统的系统配置。

3）语音记录仪设备

同终端区（含进近）管制 A 级设备配置的语音记录仪设备。

（三）区域管制地空通信设施

1．甚高频地空通信系统

频率设置、设备配置和应急设备与终端区（含进近）管制 A 级设备配置的甚高频地空通信系统的设置相同。

2．高频地空通信系统

1）频率和台站设置

根据管制需求设置台站，并为相应管制业务设置日频、夜频、备频。

2）设备配置

应根据实际指配的频率配置相应设备。

3．语音通信交换系统

1）系统配置

应配置主用和备用语音通信交换系统各一套。主用和备用语音通信交换系统的功能应一致；席位界面和操作方式应基本一致；有线、无线接口应具有相同的外部接口技术规格。

2）席位配置

管制席应配置两套主用语音通信交换系统席位设备，宜配置两套备用语音通信交换系统席位设备。

主任席、通报协调席、军方协调席、搜寻救援协调席、技术维护席应配置一套主用语音通

信交换系统席位设备和一套备用语音通信交换系统席位设备。

流量管理席、飞行计划处理席应配置语音通信交换系统席位设备。其他非管制席根据需要配置语音通信交换系统席位设备。

4. 语音记录仪设备

同塔台管制地空通信设施中的语音记录仪设备。

二、数据链通信

数据链通信(data link communications)与语音通信是航空移动通信服务的组成部分。数据链通信是用于发送和接收数据信息的通信手段。数据链服务为保障空中交通管理安全与高效,提高空域容量提供通信支持手段。

数据链系统构成如图 4-2 所示。

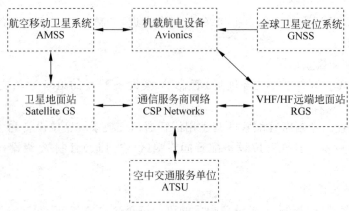

图 4-2　数据链系统构成

典型数据链通信应用如下。

(一) 管制员飞行机组数据链通信

管制员飞行机组数据链通信(controller pilot data link communication,CPDLC)是使用数据链通信方式实现的管制员和飞行机组之间的空管通信手段。

CPDLC-DCL(CPDLC-departure clearance service)是在美国境内多个机场提供的离场放行许可服务。该服务使用 FANS 1/A(+)系统经由 VDL Mode 0/A 和(或)VDL Mode 2 子网提供。在这些提供 CPDLC-DCL 的机场,可能会为未装备 FANS 系统的飞机提供 PDC 服务。

CPDLC-DCL 提供了请求、发布初始和修订的离场放行许可(DCLs)的手段。CPDLC-DCL 报文包括离场程序、飞行计划航路、初始和请求高度、二次代码、离场频率和其他非航路信息。

当成功建立 ATC 连接,管制员批准 CPDLC-DCL 后,无须飞行机组请求放行许可,CPDLC-DCL 报文将自动发送至飞机。

(二) 起飞前放行

起飞前放行(pre-departure clearance,PDC)是一种基于订阅方式的服务,可在滑行前高效提供文本形式的电子离场放行许可。管制放行许可通过数据链通信方式发送给订阅者的签派或运控中心,随后该放行许可经由互联网、登机口、航空公司运控终端、固定基地运营人终端或飞机通信与报告系统（aircraft communications addressing and reporting system，ACARS）传递给飞行机组。飞机不必须装备数据链通信航电设备即可使用 PDC 服务。

PDC 与 CPDLC-DCL 的根本区别在于 PDC 服务依赖于运营人或第三方将 PDC 发送给飞机，而 CPDLC-DCL 服务则在登录/通知后直接在塔台自动化系统与飞机 FANS 航电系统之间建立直接连接。

（三）塔台数据链系统

塔台数据链系统（tower data link system，TDLS）自动将塔台生成的信息通过数据链通信传送给飞机。TDLS 系统可为 CPDLC-DCL 和 PDC 提供链路。TDLS 系统与本地气象数据、飞行数据的接口可为飞行机组提供 PDC、D-ATIS 和 CPDLC-DCL 服务。

第四节　监视与导航设施

管制单位通常应当配备相应的空管监视和导航设备，以便监视和引导航空器在其管制区内安全、正常、有序飞行。

用于提供空中交通服务的监视系统应当完整、有效和可靠；用于提供空中交通服务的监视系统应当提供与安全有关的告警与警告显示；用于提供空中交通服务的监视系统应当能够实现与相邻的空中交通服务单位的信息联网共享。

空管监视设施应当配备自动记录系统记录数据，供调查飞行事故和飞行事故征候、搜寻援救以及空中交通管制和监视系统运行的评价与训练时使用。移动通信、固定通信和监视设施的自动记录系统应当处于统一的时钟控制之下，并能够同步播放。

空管监视设施数据记录应当至少保存 30 天。如该记录与飞行事故或飞行事故征候有关，应当按照要求长期保存，直至不再需要时为止。

机场和航路应当根据空中交通管制和航空器运行的需要配备目视和非目视导航设施。对于机场和航路上的目视和非目视导航设施的资料和运行的不正常情况，有关保障部门应当及时通知有关管制单位。

机场和航路上的目视和非目视导航设施和监视设施，应当按照需要按照规定开放，平时不开放的按照管制单位的通知准时开放。如果设施中断运行，有关单位应当立即报告管制单位。

一、监视设施

基于中国民航监视技术发展现状和运输航空、通用航空运行需求，可用于空中交通服务的监视技术主要有一次监视雷达、场面监视雷达、二次监视雷达、自动相关监视、多点定位等，未来不排除使用新出现的监视技术。同时开展新监视技术的研究，如星基 ADS-B、卫星定位＋北斗短报文/移动通信网络、遥控无人驾驶航空器通信链路位置信息自动广播监视、多静态一次监视雷达、多功用监视雷达、低空监视雷达、无源多点定位系统、光学探测等。

（一）塔台监视设施

1. 空管雷达终端显示设备

装备有空管雷达的机场，塔台应配备空管雷达终端显示设备，具体配置要求如表 4-3 所示。

表 4-3　空管雷达终端显示器配置要求

配 置 类 别	空管雷达显示器/个
A 级	2
B 级	1~2
C 级	1

此外,用于塔台的雷达显示器须具有高亮度显示能力。塔台显示的雷达数据须由单独或与其他显示设备共用的数据记录仪进行记录,供必要时重放。

2. 场面监视雷达及显示设备

A 级配置的机场和 Ⅱ、Ⅲ 类以上仪表运行的机场可根据需要配置场面监视雷达。在能见度较差的地区修建机场时,应在塔台或机场其他适当位置预留安装场面监视雷达的位置,设有场面监视雷达的机场,塔台管制室应配置场面监视雷达显示器,如图 4-3 和图 4-4 所示。

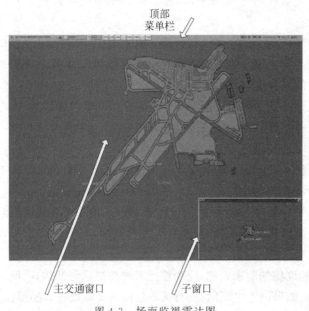

图 4-3　场面监视雷达图

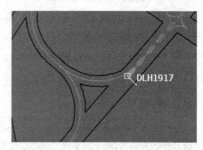

图 4-4　场面监视雷达中的飞机标牌

3. 场面多点定位系统

场面多点定位系统应用于机场场面运行环境复杂的机场,为机场场面监视、引导与控制提供更加丰富完善的监视信息,提高场面动目标的定位精度,实现机场场面活动区的监视。

场面多点定位系统作为新的场面监视技术具有以下优点。

(1) 具有自身识别能力,可以不依赖于航管二次雷达的数据,实现单独为目标提供标识。

(2) 与 ADS-B 联合使用可以完全脱离航管二次雷达,实现飞机运行过程的全程雷达管制。

(3) 具有非旋转的天线,其扫描速度可以人工设置,从而在场面监视的重点区域可以提供更高的刷新速率。

（4）可以接收到飞机的标识信息，实现目标和飞行计划的自动相关，完成自动挂牌。

4. 高级场面活动引导与控制系统

部署场面监视雷达和场面多点定位系统的机场，应当配置高级场面活动引导与控制系统处理场面各监视源信息，为参与机场场面活动的相关单位提供相同的场面运行态势信息。部署高级场面活动引导与控制系统时，依据机场类型配置相应实现层次的高级场面活动引导与控制系统。

（二）进近和航路监视设施

1. 一次监视雷达和二次监视雷达

雷达首先应用于军事领域，radio detecting and ranging（无线电探测和测距）缩写 radar 的音译，由于其具有许多优越的性能，如有较大的作用范围，能在任何气象条件下、任何地域内昼夜不停地工作，后来越来越广泛应用于国民经济建设和科学研究。

雷达按工作方式可分为主动式（即一次监视雷达）、应答式（即二次监视雷达）、半主动式和被动式。其中一次监视雷达和二次监视雷达可用于提供空中交通管制服务。

一次监视雷达可在雷达显示器上用光点提供航空器的方位和距离，不管航空器是否装有应答机，其提供的方位精度和距离精度都很高。二次监视雷达系统由地面询问雷达和机载应答机组成，通过地面询问机和接收应答机的反馈信息来发现和识别目标。二次监视雷达可以获得的重要信息有航空器的距离与方位信息、航空器代码、气压高度和一些紧急告警信息，如航空器发生紧急故障、无线电通信失效和被劫持等。二次监视雷达工作模式主要是A/C 模式和 S 模式。

2. 广播式自动相关监视（ADS-B）

ADS-B 系统由机载和地面两个子系统构成。机载部分主要包括收发机、一个全球定位系统（global positioning system，GPS）天线、两个通用访问收发机（universal access transmitter，UAT）天线、气压高度编码器、驾驶舱显示器、显示适配器等。地面站系统主要包括地面收发机及天线、ADS-B 数据服务器、控制显示计算机、网络设备、服务器等。ADS-B 工作原理是，机载设备收到 GPS 信号，进行实时定位，ADS-B 系统的机载设备定时将机上 GPS 定位系统输出的位置和高度信息、航空器识别代码和其他关键的附加数据自动通过广播方式向外发送，同时接收空域中其他航空器和地面站发出的广播信息；机载收发机和地面台一起形成航空器—航空器数据互传和空—地双向数据链。地面台对接收到的空中交通活动信息进行计算分析，送到监控计算机进行显示，空管人员就可以实时跟踪监控航空器的位置、高度信息，实现监视雷达的作用。

3. 广域多点定位系统

广域多点定位系统应用于以下条件之一的区域，实现广播式自动相关监视的定位验证、备份和雷达补盲，混合使用以实现对航路、航线和终端（进近）管制区的监视。

（1）具有近距平行跑道的终端（进近）管制区（跑道间距不足 1310m）。

（2）空域结构复杂的终端（进近）管制区。

（3）地形复杂、雷达建设成本高或不宜建设雷达的地区。

4. 基于卫星的广播式自动相关监视（星基 ADS-B）

星基 ADS-B 应用于洋区、极地、偏远地区等无法建设地基监视设施的区域，通过卫星搭载 ADS-B 载荷，为航空器提供包含位置数据在内的 ADS-B 信息，实现对全球航空器的无缝连续追踪监控。

二、导航设施

民用航空的基础是导航技术。对于航空运输系统来讲，导航的基本作用就是引导飞机安全准确地沿选定路线准时到达目的地，为空域提供基准，确定空域、航线的关键位置点。航空导航应用的安全性要求高，应达到精准导航的要求，空中交通管理可称为航空导航的最高端应用。空管的发展推动着航空导航新技术和装备的研发，而航空导航技术也不断地满足空管的发展需求，从而促进了世界民用航空事业的发展。

（一）导航系统的分类

导航系统分为航路导航和终端导航。航路导航系统中，使用的设备包括无方向信标系统（non-directional beacon，NDB）、甚高频全向信标/测距仪（VHF omnidirectional range，VOR/distance measuring equipment，DME）、惯性导航系统（inertial navigation system，INS）和 GPS；终端导航系统中，使用的设备包括 NDB、VOR/DME、仪表着陆系统（instrument landing system，ILS）及 GPS。

（二）基于性能的导航

在航空飞行中，传统导航是利用地面导航台信号，通过向台或背台飞行实现对航空器的引导，航路划设和终端区飞行程序受地面导航台布局和设备种类的制约。随着航空器机载设备能力的提高以及卫星导航等先进技术的不断发展，国际民航组织（ICAO）提出了基于性能的导航（performance based navigation，PBN）概念。

PBN 是指在相应的导航基础设施条件下，航空器在指定的空域内或者沿航路、仪表飞行程序飞行时，对系统精确性、完好性、可用性、连续性以及功能等方面的性能要求。PBN 的引入体现了航行方式从基于传感器导航到基于性能导航的转变。

PBN 运行的三个基础要素是导航应用、导航规范和支持系统运行的导航设施。

（1）导航应用：将导航规范和导航设施结合起来，在航路、终端区、进近或运行区域的实际应用，包括 RNAV/RNP 航路、标准仪表进离场程序、进近程序等。

（2）导航规范：是在已确定的空域范围内对航空器和飞行机组提出的一系列要求，它定义了实施 PBN 所需要的性能及具体功能要求，同时也确定了导航源和设备的选择方式。PBN 包含两类基本导航规范：区域导航（RNAV）和所需导航性能（RNP）。

（3）导航设施：包括地基导航设施，如 DME、DVOR 等。星基导航设施指全球导航卫星系统（global navigation satellite system，GNSS），如 GPS、GLONASS、伽利略卫星导航系统和北斗卫星导航系统等。其中，北斗卫星导航系统（以下简称"北斗系统"）是中国着眼于国家安全和经济社会发展需要，自主建设运行的全球卫星导航系统，是为全球用户提供全天候、全天时、高精度的定位、导航和授时服务的国家重要时空基础设施。

北斗系统的建设实践，走出了在区域快速形成服务能力、逐步扩展为全球服务的中国特色发展路径，丰富了世界卫星导航事业的发展模式。北斗系统具有以下特点：一是北斗系统空间段采用三种轨道卫星组成的混合星座，与其他卫星导航系统相比高轨卫星更多，抗遮挡能力强，尤其低纬度地区性能优势更为明显。二是北斗系统提供多个频点的导航信号，能够通过多频信号组合使用等方式提高服务精度。三是北斗系统创新融合了导航与通信能力，具备定位导航授时、星基增强、地基增强、精密单点定位、短报文通信和国际搜救等多种服务能力。

第五节　机　场　设　施

应当根据航空器运行和空中交通管制的需要,在机场活动区规划和划设滑行道、滑行路线,设置助航灯光、标记牌和标志物,涂绘地面标志。

关于机场活动区内的跑道、滑行道、停止道、停机坪、升降带及目视标志和灯光的可用状态的情报和信息,有关单位应当及时通知塔台管制单位。

机场活动区内的跑道、滑行道、停止道、停机坪、升降带及目视标志和灯光等资料如有变化,有关单位应当立即通知塔台管制单位。

机场活动区内有影响航空器安全和正常运行的危险情况时,如跑道、滑行道上及其附近有临时障碍物或者正在施工等,有关单位应当立即通知塔台管制单位。

塔台管制室应配置跑道灯光、进近灯光、机场导航的监视设备。

第六节　航空气象设施

气象服务机构应当向管制单位提供其履行职责需要的最新的机场和航路天气预报和天气实况,以便其履行空中交通管制的职责。

气象服务机构向管制单位提供的气象资料的格式,应当使空中交通管制人员易于理解,提供的次数应当满足空中交通管制的需要。

设置气象服务机构应当便于气象服务人员和管制单位人员共同商讨气象服务信息。

机场和航路上有危害航空器运行的天气现象时,气象服务机构应当及时提供给管制单位,并详细告知天气现象的地点、范围、移动方向和速度。

管制单位和气象服务机构应当共同协商,确定以电码形式向管制单位提供的并供空中交通管制计算机系统使用的高空和中低空气象资料的内容、格式和传输方式。

一、气象服务机构提供的气象资料

1. 气象服务机构应当向区域管制单位提供其所辖区域内机场和航路的气象资料

(1) 例行天气报告、机场特殊天气报告。

(2) 趋势预报、机场预报及其修订。

(3) 高空风、高空温度和航路上重要天气现象预报以及重要气象情报、低空气象情报。

(4) 适用的特殊空中报告。

(5) 管制区内其他气象信息。

(6) 按管制单位要求提供其所需的气压数据,以便拨正高度表。

2. 气象服务机构应当向进近管制单位提供其所辖区域内机场和空域内的气象资料

(1) 例行天气报告、本场特殊天气报告。

(2) 趋势预报、机场预报及其修订。

(3) 重要气象情报、低空气象情报、风切变警报及告警。

(4) 适当的特殊空中报告和机场警报。

（5）管制区内其他气象信息。

（6）按管制单位要求提供其所需的气压数据，以便拨正高度表。

3．气象服务机构应当向塔台管制单位提供其所辖机场和空域内的气象资料

（1）例行天气报告、本场特殊天气报告。

（2）趋势预报、机场预报及其修订。

（3）重要气象情报、低空气象情报、机场警报和风切变警报及告警。

（4）管制区内其他气象信息。

（5）按管制单位要求提供其所需的气压数据，以便拨正高度表。

（6）如使用多个风力计，应当明确注明，以便识别每个风力计所监测的跑道和跑道地段
进近管制单位和塔台管制单位应当配备地面风指示器，指示的风力数据应当与气象服务机
构的地面风指示器来自同一观测点和同一风力计。

使用仪器测计跑道视程的机场，其进近管制单位和塔台管制单位应当配备跑道视程指
示器，以供读出现行跑道视程数据，为起飞和着陆以及进近的航空器提供服务。配备的指示
器所指示的数据应当与气象服务机构的指示器指示的数据来自同一观测点和同一视程测计
设备。

气象服务机构应当及时主动向管制单位提供特殊天气报告、订正的天气预报以及天气
变坏或者预期将要变坏的天气报告，不得等到下一次例行报告时间提供。

二、气象信息显示设备

塔台管制员必须随时掌握以下气象信息：风向、风速、能见度、跑道视程（必要时）、云底
高、温度、露点、场面气压、修正海平面气压。气象信息显示器的配置如表 4-4 所示。在雷
电、暴雨等特殊天气高发地区，塔台管制室应配备气象雷达终端显示系统，A、B 级配置的塔
台可视情况增加气象局域网显示终端。

表 4-4　气象信息显示器的配置

配置类别	风速、风向显示器/个	跑道视程和/或跑道能见数值显示器/个	气压值显示器/个
A 级	2	2	2～3
B 级	2	1	2
C 级	1～2	1	1

注：配有跑道视程仪的机场，应在塔台管制室配备跑道视程和/或跑道能见数值显示器。

第七节　航空情报设施

管制单位应当与相应的航空情报服务机构建立联系，以便能够及时发布和得到对飞行
有直接影响的航空情报。

航空情报服务机构应当向管制单位提供需要的一体化航空情报系列资料，以便其履行
空中交通管制的职责。

航空情报自动化系统是用于航空情报原始资料的收集、整理、审核以及航空情报服务产

品的设计、制作与发布的信息系统。航空情报自动化系统包括民用航空情报数据库管理系统、航空情报动态信息管理系统、航空情报原始资料采集系统、航空情报发布系统等。

航空情报自动化系统由民航局空管局统一管理。航空情报服务机构应当按照规定统一配置航空情报自动化系统。航空情报自动化系统应当由航空情报服务机构的专职人员负责监控和维护。

具有独立数据库的航空情报服务机构的航空情报自动化系统，应当建立本地的系统备份。全国民用航空情报中心及地区民用航空情报中心应当建立航空情报自动化系统异地备份机制。地区民用航空情报中心应当在本辖区内指定一个机场民用航空情报单位的系统作为本地区异地备份系统。航空情报服务机构以外的用户，需要接入航空情报自动化系统的，应当由民航局空管局批准。

第八节　空管自动化系统

民用航空空中交通管制自动化系统简称为空管自动化系统，是指具备雷达数据和飞行数据自动处理能力，且能够对航空器雷达数据与飞行数据进行自动相关处理的自动化系统。现代空管自动化系统主要是利用一次、二次雷达等监视系统并在计算机系统的辅助下提供空域飞行动态监视数据及其他相关数据，使管制员能够安全、有序地管理空中交通。

空管自动化系统运行系统席位种类包括管制席、塔台席、飞行计划编辑席、系统监控席、技术管理席、软件数据管理席、流量管理席、通报协调席、军民航协调席、搜寻援救协调席（以下简称搜救席）、非侵入区监控席主任席、总主任席和备用管制席。根据《民用航空空中交通管制自动化系统第 2 部分：技术要求》（MH/T 4029.2—2012）要求，空管自动化系统应包括监视数据处理、飞行数据处理、监视数据与飞行计划相关处理、告警处理、进港排序、记录回放、接口管理、系统监控、离线数据管理和人机界面等功能模块。

监视数据处理功能主要体现在系统应能接收、处理雷达和 ADS-B 等监视数据，对数据源进行实时监控、比选、融合，并按照《空中交通管制雷达标牌》（MH/T 4012—2001）要求进行显示。在没有监视信号覆盖时显示飞行计划航迹。

飞行数据处理功能包括系统应能自动处理 AFTN、管制单位间数据通信（air traffic services interfacility data communication，AIDC）、气象报文（METAR、SPECI、TAF）等报文内容，并进行报文语义检查；通过模板方式自动、人工生成、修改飞行计划；系统内部移交和外部移交功能；飞行进程单（电子进程单和纸质进程单）处理功能；二次雷达应答机编码资源管理功能。

监视数据与飞行计划相关处理功能包括系统航迹与飞行计划自动相关、人工相关、人工去相关功能。

告警功能包括紧急告警功能、冲突告警功能、最低安全高度告警功能、禁区、危险区和限制区侵入告警功能、重读代码功能、许可高度一致性告警功能、飞行航路一致性告警功能、RVSM/ADS-B/PBN 运行许可告警功能、NTZ（no transgression zone，非侵入区）告警功能、下滑道监视告警功能。

进港排序功能是指系统应具备根据航空器的实际位置和飞行计划数据动态计算和显示

终端区入口点、预计起始进近点、最后进近定位点、跑道入口点的预计时间和航空器预计落地时间的功能,并能根据航空器预计落地时间、进港航线、跑道使用方式等因素,计算航空器的落地排序并可人工进行调整的功能。

记录回放功能是指系统通过对席位的屏幕设置、图形数据、席位操作、系统运行技术状况等内容进行记录,通过记录回放服务器对保留在服务器硬盘的记录数据进行转存、回放的功能。

接口管理要求系统所使用物理接口和协议应符合国家相关标准的规定。

系统监控包括系统能实时统计、显示各设备、接口、节点工作状态和主要事件,并对相关监控信息进行存储。

离线数据管理是指系统应具备管制空域的定义和设置、各种管制参数的配置和管理、各种技术性参数的配置和管理,以及各类环境参数的配置和管理等功能。

人机界面功能是指通过系统的人机界面对各个席位进行配置和管理的功能。

第九节 塔台管制室和机坪管制室的设备配置

一、塔台管制室各席位的设备配置

地面管制席的设备配置如图 4-5 所示。

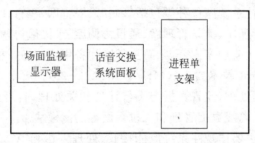

图 4-5 地面管制席的设备配置示意图

飞行数据处理和放行许可席如图 4-6 所示。

图 4-6 飞行数据处理和放行许可席示意图

通报协调席如图 4-7 所示。

二、机坪管制室的设备配置

(一)气象信息显示设备

机坪管制室可配置气象信息显示设备,以便各席位根据自身需求掌握以下气象信息,如风向、风速、能见度、跑道视程、温度、修正海平面气压等。

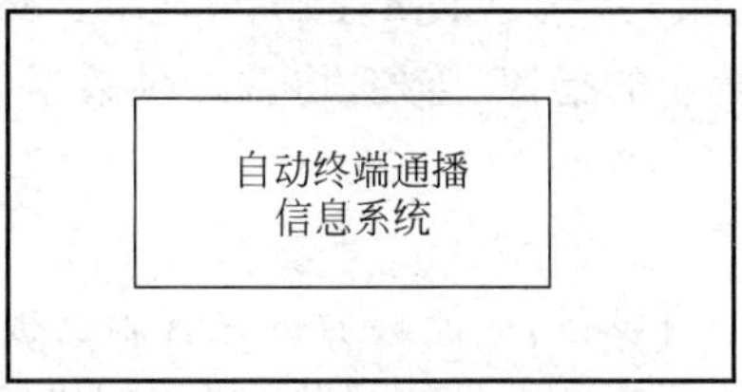

图 4-7 通报协调席示意图

（二）飞行进程单

机坪管制室配置的飞行进程单，可包括电子飞行进程单和纸质飞行进程单。

飞行进程单应能帮助机坪管制员实现以下功能。

（1）掌握航空器的航班信息。

（2）掌握航空器的运行状态。

（3）预测航空器之间的冲突，调配进出港活动。

（4）记录管制指令和管制工作进程。

（5）进行管制协调和移交。

纸质飞行进程单的使用应符合 MH/T 4011—2001 的规定。

电子飞行进程单应包括电子进程单系统和进程单打印机。其中，电子进程单系统应能记录、处理、显示与纸质飞行进程单内容基本相同的信息数据，并能实现与纸质飞行进程单的功能及操作基本相同。

（三）通信设备

1. 话音交换系统

机坪管制室配置的话音交换系统，应能为各管制席位提供与机组联系的功能。

每个席位均应配备至少一个主用、一个备用话音交换系统。

每个话音交换系统应配置至少一套头戴/手持送（收）话器。

2. 甚高频通信设备

机坪管制应配置至少两个甚高频异址通信台站，每个台站应配备主用频率、备用频率和应急频率。

有特殊要求时，可增加甚高频通信波道，如搜寻、救援波道等。

3. 其他通信设备

每个席位均应配置至少一部数字通话设备，以满足应急救援通信及与机场其他有关单位或部门的即时通信。

机坪管制室应配置与空管塔台等单位相连的直拨或内通电话。

机坪管制室应配置至少一部便携式可移动电台。

（四）场面监视设备

机坪管制室配置的场面监视设备，应能够对场面覆盖范围内所有处于运动或静止状态的航空器进行连续的定位与标识。

场面监视系统界面应能显示场面内所有滑行道信息、航空器基础信息以及机位信息。

（五）协同决策系统

机坪管制室应至少配置一套协同决策系统，包括但不限于 A-CDM（airport-collaborative

decision making,机场协同决策)系统、CDM(collaborative decision making,协同决策)系统、流量管理系统等,为机坪管制的指挥、监控、协调提供数据依据和信息手段,提升机场的协同决策能力。

(六)视频补盲设备

机坪管制室配置的视频补盲设备,应能够为机坪管制员提供机坪管制责任区内实时运行动态信息,解决机坪通视度、可视度不足的问题;可根据机场实际情况配备视频补盲备份设备。

视频补盲设备清晰度应至少达到 1080p,延迟不高于 1s。

(七)电源设备

机坪管制室的主要电源应包括双回路交流市电提供,应保证三相、Y 型连接、380V、50Hz 输入。

机坪管制室输电线路应当包括电涌防护。

机坪管制室设备的电源应经过稳压电源和不间断电源,并提供一路备用发电机电源,不间断电源应能保证设备正常工作 15~30min。实施机坪管制工作的主要设备宜单独配备不间断电源。

机坪管制室应配置管制专用的配电箱。

(八)记录/重放设备

机坪管制室配置的记录/重放设备,应能够对所有与机坪管制有关的话音进行存储记录,录音应当至少保存 30 天。

机坪管制室所有采用自动或人工方式输入系统的数据以及信息系统生成的结果都应被记录。

机坪管制室可配置执勤记录系统,用于记录机坪管制员工作执勤情况。

机坪管制室可建立一套室内视频监控系统,用于对机坪管制室管制工作环境的记录。

 拓展阅读

北斗系统今后可全球民航通用

目前,包含北斗卫星导航系统(以下简称"北斗系统")标准和建议措施的《国际民用航空公约》附件 10 最新修订版正式生效。这标志着北斗系统正式加入国际民航组织(ICAO)标准,成为全球民航通用的卫星导航系统。

北斗系统是中国着眼于国家安全和经济社会发展需要,自主建设、独立运行的卫星导航系统,也是联合国认可的四大全球卫星导航系统之一,已服务全球 200 多个国家和地区用户。北斗系统民航国际标准化工作是其全球民航应用的基础。ICAO 需对北斗系统建设过程中所能达到的功能和性能进行验证,确认北斗系统满足提供全球民航应用的要求,以及与其他卫星导航系统的兼容互操作性等要求,最终根据验证结果,在其现有标准文件中加入北斗系统相关技术标准和建议措施。

民航局于 2010 年在 ICAO 第 37 届大会上正式提交了北斗系统进入 ICAO 标准的申请,并与中国卫星导航系统管理办公室共同组织北京航空航天大学空地一体新航行系统技术全国重点实验室等产学研用单位组成工作团队系统推进相关工作,十余年间历经 28 次工作会议、50 余次技术讨论、提交百余份技术文件、答复问题 2000 余项,经过 ICAO 技术专家

组审查、空中航行委员会审查及理事会审议,最终成功推动北斗系统标准和建议措施加入
ICAO标准。北斗系统成功通过ICAO相关技术验证,也充分证明了其提供全球各行业导
航服务的能力。

　　民航局空管行业管理办公室相关负责人表示,这是中国民航首次以自身团队为核心,成
功推进我国自主创新的复杂系统纳入ICAO标准,对于推动民航高质量发展和交通强国建
设具有重要意义,相关国际标准化工作也为中国民航培养了一支专业、精准、高效的工作团
队,为后续持续推进我国自主知识产权技术的标准制定积累了丰富经验。近年来,民航局积
极部署推进北斗系统民航应用工作,建立了北斗系统民航应用专项工作机制,主要工作覆盖
了北斗系统的国际标准化以及运输航空、通用航空应用等领域。此次北斗系统设计、运行团
队和国内航空工业界代表对于国际标准化工作的全程参与,加深了各方对于北斗系统民航
应用要求的理解,也将有利于推进北斗系统在民航领域的市场化、产业化、国际化应用。

　　资料来源:中国民航局.北斗系统今后可全球民航通用[EB/OL].(2023-11-16)[2023-12-11].http://
www.caac.gov.cn/XWZX/MHYW/202311/t20231116_222065.html

思　考　题

1. 塔台空管地空通信设施有哪些?
2. 我国民航导航设施有哪些?
3. 我国民航监视设施有哪些?
4. 简述机坪管制室的设备配置。

第 五 章

飞行动态固定格式电报

飞行动态固定格式电报

【本章主要内容】

(1) 空中交通服务电报的种类。

(2) 16 种空中交通服务电报的格式。

民用航空飞行动态固定电报是指通过航空固定通信网络（aeronautical fixed telecommunication network，AFTN）传递的，用于在空中交通管制服务中传递飞行管制动态信息，并遵守其通信协议的电报格式的航空电报，也称为 AFTN 报。

按照国际民航组织（ICAO）的有关要求，为满足具有先进能力航空器的需要和空中交通管理自动化系统的发展需要，自 2012 年 11 月 15 日起，全球统一执行新版飞行计划格式标准和空中交通服务电报程序。

中华人民共和国民用航空行业标准《民用航空空中交通服务报文格式》（MH/T 4007—2023）（以下简称电报格式）明确了民用航空飞行动态固定电报格式。该格式依据《民用航空空中交通管理规则》，参考国际民航组织文件 Doc 4444 制定，目的在于规范民用航空飞行动态固定格式电报的使用，保证飞行动态信息及时、准确传递，保障空中交通安全、有序和高效。飞行计划的提交和审查，电报的编辑、拍发、接收和传递等应当符合电报格式的要求。

第一节　空中交通服务电报通用数据

一、日期和时间

(1) 空中交通服务电报的日期和时间组合应由 6 个数字表示，前两个数字表示日期（1～31），后 4 个数字表示世界协调时的小时（00～24）和分钟（00～59）。

示例：210830 表示世界协调时 21 日 8 点 30 分。

(2) 空中交通服务电报的所有时间应使用 4 位数字的世界协调时，前 2 位表示小时（00～24），后 2 位表示分钟（00～59）。

示例：0830 表示世界协调时 8 点 30 分。

(3) 空中交通服务电报中的估计耗时或估计总耗时应以 4 位数字（小时和分钟）填写，前 2 位表示小时（00～99），后 2 位表示分钟（00～59）。

示例：0415 表示估计耗时 4 小时 15 分钟。

二、地名代码

（1）地名代码由 4 个连续字母组成，表示构成航空固定服务（aeronautical fixed service，AFS）一部分的站点所在的地理位置。地名代码应符合 ICAO Doc 7910 或民航电信部门相关规定。

（2）地名代码的第 1 位字母表示国际民航组织规定的全球航空固定服务路由区标识字母索引。

注：字母索引包括：A、B、C、D、E、F、G、H、K、L、M、N、O、P、R、S、T、U、V、W、Y、Z。

（3）地名代码的第 2 位字母表示国际民航组织指定给所在国家或地区（或其部分）的字母。

（4）地名代码的第 3 位和第 4 位字母表示民航电信服务部门分配给有关航空固定台站的代码。

（5）"NNN"不应作为地名代码的第 2、3、4 位字母。

示例：ZBAA，ZSPD，ZGGG。

三、航空器运营机构、航空当局和服务部门代码

航空器运营人、航空当局和服务部门的代码（简称国际民航组织三字代码）由 3 个连续字母组成，应符合 ICAO Doc 8585 以及 ICAO Doc 4444 规定，或民航电信管理部门相关规定。

注：国际民航组织三字代码构成规则和分配情况载于 ICAO Doc 8585 中，空中交通服务电报中国际民航组织三字代码的使用规则载于 ICAO Doc 4444。

国际民航组织三字代码应仅用于：对其有管辖权的国家认为其需要有专用代码的从事航空运输业务的航空器运营人；使用和/或向国际民用航空提供空中航行、通信和其他设施及服务的政府当局和服务部门；政府机构之外向国际民用航空提供服务的机构。

国际民航组织三字代码的使用应符合以下要求：提供民用航空设施和服务的政府机构的代码仅在"Y"系列；提供空中交通服务的政府机构的代码仅在"Z"系列（ZXA 至 ZXZ 除外）；YEY、YGY、YHY、YIY、YJY、YKY、YQY、YRY、YUY、YVY 和 ZXA 至 ZXZ 组，由国内民航电信主管部门分配给国内有关国家当局和服务部门（无须国际民航组织注册）。

同一代码不应用于一个以上的航空器运营人、航空当局或服务部门。

每个航空器运营人、航空当局或服务部门不应使用一个以上的三字代码。

当未指配国际民航组织三字代码时，可使用下列代码之一，且应按照收报地址和发报地址的规定补充有关信息："YXY"表示军方服务部门或机构；"ZZZ"表示飞行中的航空器；"YYY"表示未专门指定国际民航组织三字代码的航空器运营人和组织。

国际民航组织三字代码应满足以下限制：为避免与 AFTN 报头开始信号冲突，不应使用带 CZ 或 ZC 组合；为避免与 AFTN 报尾结束信号冲突，不应使用带 NN 组合；不应使用 PAN 和 SOS；为避免与通信服务代码发生混淆，不应使用 QTA 和 SVC。

四、收报地址

每一个收报地址应按如下顺序由 8 个字母的序列组成。

（1）第 1 至 4 位是目的地四字地名代码,应符合地名代码的规定。

注：地名代码表载于 ICAO Doc 7910 中,除该文件指定的四字地名代码外,部分四字地名代码由中国民航航空电信部门批准,仅用于国内运行。

（2）第 5 至 7 位是识别收报的航空器运营机构、航空当局和服务部门的国际民航组织三字代码,或当未指配代码时,可按照航空器运营机构、航空当局和服务部门代码中的规定使用代码。

（3）第 8 位字母是 X,或用以识别收报组织的部门或科室的 1 个字母代码。

注：国际民航组织三字代码表载于 ICAO Doc 8585 中。

当 YXY、YYY、ZZZ 出现在 AFTN 电报收报地址部分时,应在电报文字部分起始处补充下列关于航空器运营机构、航空当局或有关服务部门的补充信息。

（1）置有关组织名称或航空器识别标志于电文的起始位置(见示例 1～示例 4)。

（2）此类插入的顺序应与收报地址代码和/或发报人地址代码的顺序相同(见示例 2 和示例 4)。

（3）当有一处以上此类插入时,最后一个插入之后应使用"STOP"并另起一行(见示例 2)。

（4）如有一处或多处插入收报地址代码和一处插入发报人代码时,在发报人代码前应使用"FROM"(见示例 3)。

（5）当上述三字代码代表 2 个(含)以上收报单位时,每个单位识别标志应另起一行(见示例 4)。

示例 1：收报或发报单位识别标志(ATS 报文)

示例 2：收报单位识别标志 1 收报单位识别标志 2 STOP(ATS 报文)

示例 3：收报单位识别标志 FROM 发报单位识别标志 STOP(ATS 报文)

示例 4：收报单位识别标志 1

　　　　收报单位识别标志 2

　　　　STOP(ATS 报文)

收报地址表示电报要转发到的目的地航空固定台站地址。通常情况,每行不超过 7 个地址,最多 3 行,且地址间用空格间隔开。

接收空中交通服务电报的空中交通服务单位应使用的国际民航组织三字代码,并符合以下规定。

（1）负责某一飞行情报区或高空飞行情报区的空中交通服务单位,无论是区域管制中心(ACC)或者飞行情报中心(FIC)应使用表 5-1 中规定的国际民航组织三字代码。

表 5-1　飞行情报区收报地址中国际民航组织三字代码

负责 FIR 的管制单位	国际民航组织三字代码
如果电报与仪表飞行规则飞行有关	ZQZ
如果电报与目视飞行规则飞行有关	ZFZ

（2）其他空中交通服务单位应使用表 5-2 中规定的国际民航组织三字代码。

表 5-2 飞行情报区收报地址中国际民航组织三字代码

其他管制单位	国际民航组织三字代码
机场管制塔台	ZTZ
空中交通服务报告室	ZPZ

（3）除前述三字代码外，除非特别批准，其他空中交通服务单位的三字代码不应用于接收境外始发的空中交通服务电报。

五、发报地址

发报地址应由 8 个字母的序列组成，与收报地址中规定的组成规则相同，用以识别发报的始发地点、单位和部门。

当 YXY、YYY、ZZZ 出现在 AFTN 电报发报地址部分时，应在电报文字部分起始处补充下列关于航空器运营机构、航空当局或有关服务部门的补充信息。

（1）置组织名称或有关航空器识别标志于电文的起始位置。

（2）此类插入的顺序应与收报地址代码和/或发报人地址代码的顺序相同。

（3）当有一处以上此类插入时，最后一个插入之后应使用"STOP"字样（见示例 1）。

（4）如有一处或多处插入收报地址代码和一处插入发报人代码时，在发报人代码前应使用"FROM"（见示例 1 和示例 2）。

示例 1：收报单位识别标志 FROM 发报单位识别标志 STOP（ATS 报文）

示例 2：收报单位识别标志 1

　　　　收报单位识别标志 2

　　　　FROM 发报单位识别标志 STOP

　　　　（ATS 报文）

六、航空器注册标志

航空器注册标志又称注册号，分为 3 个部分。

（1）航空器国籍或共用标志，表示国籍或共用标志，代表注册的国家或组织。

注：中国为"B"，俄罗斯为"RA"，卢旺达为"9XR"，老挝为"RDPL"，开曼群岛"VP-C"等。国际民航组织航空器国籍和共用标志详见国际民航组织网站。

（2）航空器登记标志，由字母数字字符组成，代表该国境内或组织内的特定航空器。

（3）在前缀和后缀之间，当登记标志以字母开始时，应当使用连字符"-"。

在空中交通服务电报中，航空器注册标志应是字母数字字符，不应包括连字符"-"。在空中交通服务电报中，航空器注册标志字符总数不少于 2 个，且不超过 7 个。

示例：B2508，4XBCD，N2567GA。

七、航空器识别标志

任一航空器识别标志应不少于 2 个字符且不超过 7 个字符，不包含连字符或其他非字母数字字符。

航空器识别标志应采用下列三种形式之一。

(1) 航空器运营人国际民航组织三字代码后随航班号(见示例 1)。

(2) 航空器运营人国际民航组织三字代码后随航空器注册标志最后 4 位(见示例 2)。

(3) 航空器注册标志(见示例 3)。

示例 1：CCA919,CES5411,CSN9802。

示例 2：CCA2043。

示例 3：N1,B2508。

航空器识别标志不宜使用数字 0 和 5 作为最后 1 位；航空器识别标志应不易造成航空器呼号相似或混淆。

八、航空器尾流分类、分组和代码

(一) 航空器尾流分类和代码

航空器尾流分类和代码用于尾流间隔最低标准时,应当按照航空器最大审定起飞重量,将航空器机型分为四类,划分标准如表 5-3 所示。运营人在填报飞行计划时应当正确地填报或更新实际执行任务的航空器尾流分类代码,且相应航空器尾流分类和代码应符合 ICAO Doc 8643 中的规定。

表 5-3 航空器尾流分类和代码

航空器尾流分类	尾流分类代码	划 分 标 准
超级重型	J	ICAO Doc 8643 中规定的此类航空器型号
重型	H	136 000kg 或以上的机型,但 ICAO Doc 8643 中超级重型(J)类里所列的航空器型号除外
中型	M	重于 7000kg,但轻于 136 000kg 的机型
轻型	L	7000kg 或以下的机型

(二) 航空器尾流分组和代码

在实施尾流重新分类的国家和地区,用于基于新分组的尾流间隔最低标准时,航空器机型分组主要根据最大审定起飞重量、机翼特性和速度,国际民航组织航空器尾流分组代码和划分标准如下。

(1) A 组：136 000kg 或以上的机型,翼展小于或等于 80m,但大于 74.68m。

(2) B 组：136 000kg 或以上的机型,翼展小于或等于 74.68m,但大于 53.34m。

(3) C 组：136 000kg 或以上的机型,翼展小于或等于 53.34m,但大于 38.1m。

(4) D 组：轻于 136 000kg,但重于 18 600kg 的机型,翼展大于 32m。

(5) E 组：轻于 136 000kg,但重于 18 600kg 的机型,翼展小于或等于 32m 但大于 27.43m。

(6) F 组：轻于 136 000kg,但重于 18 600kg 的机型,翼展小于或等于 27.43m。

(7) G 组：等于或轻于 18 600kg 的机型(没有翼展标准)。

注：该划分标准源自 ICAO Doc 4444 第 16 版第 9 次修订,各型航空器尾流分类和分组代码载于 ICAO Doc 8643 文件。

同一航班涉及多个国家和/或地区空中交通服务单位航空器尾流分类和分组标准均在应用时,运营人在填报飞行计划时应当按照"(一)航空器尾流分类和代码"中规定填报。如有关空中交通服务当局对航空器尾流分组应用相关飞行计划填报另有规定的,运营人应当协调飞行计划受理部门进行特别处理。

九、航空器类型代码

航空器类型代码是国际民航组织规定的用于代表相应航空器型号的代号,由不少于2个且不超过4个字母数字字符组成。航空器类型代码应符合 ICAO Doc 8643 的规定,航空器类型特别代码以及常见机型代码应符合航空器类型代码的规定。

十、航路及重要点数据

(一)空中交通服务航路航线代号

(1)指定给空中交通服务航路航线和航段的编码代号,应由 2~7 个字符组成。

(2)空中交通服务航路航线代号应含基本代号,必要时补充 1 个规定的字母作为前缀或者 1 个规定的字母作为后缀。空中交通服务航路航线代号组成字符应不超过 6 个。如可行,空中交通服务航路航线代号组成字符宜不超过 5 个。

注:空中交通服务航路航线代号英文为"ATS route designator",基本代号英文为"basic designator"。

(3)空中交通服务航路航线基本代号应包含 1 个字母,后随以 1~999 的数码,该字母的使用应符合表 5-4 中的规则。

表 5-4 基本代号中字母和使用说明

字　　母	使　用　说　明
A、B、G、R	用于空中交通服务航路航线国际民航组织地区航线网络的组成部分,但并非是区域导航航线
L、M、N、P	用于空中交通服务航路航线国际民航组织地区航线网络组成部分的区域导航航线
H、J、V、W	用于不属于国际民航组织地区航线网络的组成部分,也不是区域导航航线
Q、T、Y、Z	用于不属于国际民航组织地区航线网络组成部分的区域导航航线
X	仅用于国内航班(机组)的国内航路航线,"X"表示国内临时航线

注 1:根据《重新明确我国境内航路航线走向及代号》,H 表示国内航路航线,J 用于国内使用的进离场航线,V 用于不属于国际民航组织地区航线网络的对外开放的区域导航的国际航路航线,W1~W499 用于不属于国际民航组织地区航线网络的对外开放的国际航路航线,W500~W999 用于不属于国际民航组织地区航线网络的对外开放的进离场航线,Y 用于不属于国际民航组织地区航线网络的对外开放的国际航路航线,Z 用于国内使用的区域导航航路航线。

注 2:X 非 ICAO 附件 11 标准代码,仅限于国内使用。

(4)在空中交通服务航路航线基本代号前加下列 1 个字母作为前缀表示。

① K:表示主要为直升机划设的低空航路。

② U:表示空中交通服务航路航线(或其一部分)划设在高空空域。

③ S:表示专为超音速航空器在加速、减速和超音速飞行时而划设的航路。

(5)在空中交通服务航路航线基本代号之后加 1 个补充字母,表示该航线提供服务的类型。

① F：在空中交通服务航路航线上(或其一部分)，字母 F 表示只提供咨询服务。

② G：在空中交通服务航路航线上(或其一部分)，字母 G 表示只提供飞行情报服务。

注：由于航空器上显示设备的限制，补充字母"F"或"G"可能不对驾驶员显示。

(6) 主要空中交通服务航路航线干线全长应只指定一个空中交通服务航路航线基本代号。两条或两条以上空中交通服务航路航线干线有一段共同航段，其共同航段指定为某一相关空中交通服务航路航线基本代号。如果这种指定对提供空中交通服务造成困难，应通过共同协议，只指定一个代号。

(7) 指定给一条空中交通服务航路航线的基本代号不应再指定给任何空中交通服务航路航线。

(8) 每条进场或离场空中交通服务航路航线应使用一个编码代号予以识别。

(9) 标准离场或进场空中交通服务航路航线的编码代号应包括基本指示码、有效指示码和航线指示码(需要时)，并按照先后顺序和下列规则组成。

① 基本指示码应是一个重要点(一条标准离场航线终点或标准进场航线的起点)编码代号。

② 有效指示码应是一个 1~9 的数字。

③ 航线指示码应是一个字母，但不应使用字母"I"或"O"。

(10) 空中交通服务电报中，宜视情况包括标准仪表离场或标准仪表进场航线的编码代号，建议通常情况下不包括标准仪表离场或标准仪表进场航线的编码代号。

(二) 重要点

(1) 重要点应根据划定空中交通服务航路航线或仪表进近程序和/或根据空中交通服务对航空器飞行进展情况的需要设定和使用。根据提供空中交通管制服务的需要，重要点应包括航路加入点、航路退出点、航路转换点、航路、标准仪表进场和标准仪表离场航线之间的连接点、空中交通管制单位规定的强制位置报告点等。

(2) 重要点宜参照地面或天基的无线电导航设施，选择甚高频导航设施或高频设施为宜。如无此种地面或天基的无线电设施，重要点应选择能用机载自主导航设备，或设在目视地面飞行时可以确定的地点。

(3) 用无线电导航设施所在地点标明的重要点编码代号的组成，应满足下列条件。

① 该编码代号应与无线电导航设施的识别信号相同。如有可能，应使之便于与该点的明语名称相关联。

② 在有关无线电导航设施地点 1100km(600n mile)范围内，编码代号不应重复。

注：当两个使用不同频带的无线电导航设施在同一位置时，它们的无线电识别信号通常相同。

③ 在同一空中交通服务航路航线上，不应存在编码代号相同的重要点。

④ 涉及国际/地区运行的重要点编码代号的需求，应由各国/地区管理员通知国际民航组织地区办事处以便协调。

(4) 用非无线电导航设施所在地点标明的重要点的编码代号，应满足下列条件。

① 在非无线电导航设施所在地点需要设置重要点并用于空中交通管制目的时，该点应使用便于发音的专用五个字母组成的"名称代码"。这个名称代码即为该重要点的名称和编码代号。

注：有关使用字母数字名称代码用以支持 RNAV SIDs、STARs 和仪表进近程序的原则详见 ICAO Doc 8168《航空器运行》。

② 已指定给一个重要点的便于发音的专用五个字母名称代码不应再指定给其他任何重要点。如果需要重新设定一个重要点,应从国际民航组织提供的系统选择一个新的名称代码。如果希望保留具体名称代码,将其重新用于另一个不同地点,此名称代码应在申请停止使用至少 6 个月后方可重新申请使用。

③ 五字代码需求,应通知国际民航组织地区办事处以便协调。

④ 在没有划设固定空中交通服务航路航线的区域,或根据航空器运行上的考虑而空中交通服务航路航线随之改变的区域,作为该区域的出口点和/或进入点而永久设立的重要点,则应使用无线电导航设施所在地点标明的编码代号,或用非无线电导航设施所在地点标明的指定的重要点编码代号。

注：保留具体名称代码,将其重新用于另一个不同地点的操作应符合相应系统操作,国际民航组织停止相关代码的使用,系统将在停止使用后 6 个月释放相关代码并重新提供申请。

(5) 重要点应由 2 至 11 个字母数字字符组成的编码代号来表示,具体方法如下。

① 给某一位置点指定一个 2 至 5 个字母数字字符组成的编码代号。

示例:LN,VYK,PIKAS。

② 未指定某一位置点编码代号时,可用下列方法之一。

a. 用 7 个字母和数字字符表示的经纬度,指示某一点的位置,如表 5-5 所示。

表 5-5　7 个字符经纬度表示方法

字符位置	类型	取值范围	字符含义	说明
第 1 至 2 位	数字	00～90	表示某点所在纬度度数	如数字不足 2 位,应在数字前填充"0",补足位数
第 3 位	字母	N 或 S	N 表示北纬,S 表示南纬	
第 4 至 6 位	数字	000～180	表示某点所在经度度数	如数字不足 3 位,应在数字前填充"0",补足位数
第 7 位	字母	W 或 E	W 表示西经,E 表示东经	

示例:38N054E

b. 用 11 个字符表示的经纬度,指示某一点的位置,如表 5-6 所示。

表 5-6　11 个字符经纬度表示方法

字符位置	类型	取值范围	字符含义	说明
第 1 至 2 位	数字	00～90	表示某点所在纬度度数的整数部分	如数字不足 2 位,应在数字前填充"0",补足位数
第 3 至 4 位	数字	00～59	表示某点所在纬度度数的分度部分	如数字不足 2 位,应在数字前填充"0",补足位数
第 5 位	字母	N 或 S	N 表示北纬,S 表示南纬	

续表

字 符 位 置	类型	取值范围	字 符 含 义	说 明
第 6 至 8 位	数字	000～180	表示某点所在经度度数的整数部分	如数字不足 3 位,应在数字前填充"0",补足位数
第 9 至 10 位	数字	00～59	表示某点所在经度度数的分度部分	如数字不足 2 位,应在数字前填充"0",补足位数
第 11 位	字母	W 或 E	W 表示西经,E 表示东经	

示例:3804N16725W

c. 距一基准点的方位和距离。使用①中的重要点的编码代号为基准,后随 6 位数字。前 3 位数字表示相对该点的磁方位度数(如数字不足 3 位,应在数字前填充"0",补足位数),后 3 位表示距离该点的海里数(如数字不足 3 位,应在数字前填充"0",补足位数)。

示例:在全向信标台"VYK"磁方位 180° 40n mile 的一点以"VYK180040"表示。

十一、巡航速度数据

巡航速度数据(最多 5 个字符)可使用表 5-7 中的 3 种方法之一表示。

表 5-7　巡航速度表示方法

表 示 方 法	说明和示例
K 后随 4 位数字	真空速,单位为千米每小时(km/h)(示例:K0830)
N 后随 4 位数字	真空速,单位为海里每小时(n mile/h)(示例:N0485)
M 后随 3 位数字	最近的 1% 马赫单位的真马赫数(示例:M082)

十二、巡航高度层

(1) 气压高度表定在修正海平面气压(QNH)高度表拨正值时,高度表指示"海拔高度"(altitude)。

(2) 气压高度表定在场面气压(QFE)拨正值时,高度表指示高出场面气压(QFE)基准面的"高"(height)。

(3) 把气压高度表拨到 1013.2hPa 时,可用以指示飞行高度层。

巡航高度层使用以下 4 种方法表示。

(1) M 后随 4 位数字,表示以 10m 为单位的海拔高度。如海拔高度 8400m,以"M0840"表示。

(2) S 后随 4 位数字,表示以 10m 为单位的飞行高度层。如飞行高度层 11 300m,以"S1130"表示。

(3) A 后随 3 位数字,表示以 100ft 为单位的海拔高度。如海拔高度 4500ft,以"A045"表示。

(4) F 后随 3 位数字,表示以 100ft 为单位的飞行高度层。如飞行高度层 33 000ft,以"F330"表示。

巡航高度层数据表示方法如表 5-8 所示。

表 5-8　巡航高度层数据表示方法

表 示 方 法	说明和示例
M 后随 4 位数字	表示以 10m 为单位的海拔高度
S 后随 4 位数字	表示以 10m 为单位的飞行高度层
A 后随 3 位数字	表示以 100ft 为单位的海拔高度
F 后随 3 位数字	表示以 100ft 为单位的飞行高度层

十三、电报种类、缓急标志和优先等级

（一）电报种类和缓急标志

用 AFTN 进行报文传送时，除非另有规定，AFTN 发送的电报的缓急标志应符合表 5-9 的规定，缓急标志对应的发送优先等级详见表 5-10。

表 5-9　电报种类和缓急标志

电 报 种 类	电 报 内 容	缓急标志
遇险电报	该类电报应包括受到严重而紧迫的危险威胁的电报，以及所有涉及遇险所需紧急救援的其他电报	SS
紧急电报	包括关于航空器安全，或搭乘人员或视线范围内人员安全的电报	DD
飞行安全电报	ICAO Doc 4444 所定义的运行和控制电报	FF
飞行常规电报	有关航空器运行时刻表变化的电报，有关非常规降落的电报，有关不定期航空器运行的空中航行服务和航前安排的电报，航空器运行代理人签发的报告航空器到达或起飞的电报等	GG
航行情报服务电报	有关航行通告的电报	GG
航空行政电报	关于为飞行安全或正常而提供的设备的运行或维护的电报；民航当局间交换的、有关航空服务的电报等	KK
公务电报	公务电报应包括由航空固定台站始发，用于获取可能未被航空固定服务正确传递的电报的信息或证实信息，确认信道流水号的电报等	采用适当的缓急标志

注：请求获取信息的电报应采用与被请求电报类别相同的缓急标志，为了确保飞行安全而采用更高优先级的除外。

表 5-10　电报发送优先等级

缓急标志	发送优先等级
SS	1
DD　FF	2
GG　KK	3

（二）发送优先等级

ATFN 电报可使用的缓急标志和发送优先等级应符合表 5-10 的规定，发送优先等级从 1 至 3 紧急程度降低，具有同样缓急标志的电报，按照电报的接收次序发送。

第二节　空中交通服务电报结构

空中交通服务电报应通过航空固定服务（包括 AFTN、ATS 单位间的直接通话电路、数字数据内部交换和直通电传打字机和计算机对计算机电路）或航空移动服务进行传送。当

通过 AFTN 进行传送,应符合 ICAO ANNEX10 以及 MH/T 4041—2014 中的规定。电报通常由启动脉冲信号(如有)、报头、收报地址、发报地址、报文内容以及报尾按照顺序和规定的编码规则组成。

一、标准固定格式的空中交通服务电报报文的组成

(1)标准固定格式的空中交通服务报文内容应由若干个规定的标准数据编组按固定顺序、字符数限制、编码规则以及数据格式等数据规约排列构成,不应随意缺省或者改变规则。

(2)构成每一类型的标准固定格式的空中交通服务报文的数据编组和顺序应符合报文的规定,每份标准固定格式的空中交通服务报文应包括所有规定的数据编组。

注:当电报以电传机格式分页打印或者在显示设备显示时,注意某些类型的标准固定格式的空中交通服务报文相应的编组需要另起一行。

(3)标准固定格式的空中交通服务报文的结构和标点应符合相应的规定。

二、电报类别、类型代号和适用的缓急标志

为交换空中交通服务数据而制定的具有标准固定格式的空中交通服务电报类别、电报类型、电报类型代号以及适用的电报缓急标志应符合表 5-11 的要求。

表 5-11　标准固定格式的空中交通服务电报类别、电报类型以及适用的缓急标志

电报类别	电 报 类 型	电报类型代号	适用的缓急标志
紧急电报	告警报	ALR	SS 或 DD 或 FF[a]
	无线电通信失效报	RCF	SS 或 DD 或 FF[a]
动态电报	领航计划报	FPL	FF
	修订领航计划报	CHG	FF
	取消领航计划报	CNL	FF
	延误报	DLA	FF
	起飞报	DEP	FF
	落地报	ARR	FF
协调电报	现行飞行计划报	CPL	FF
	预计飞越报	EST	FF
	管制协调报	CDN	FF
	管制协调接受报	ACP	FF
	逻辑确认报	LAM	FF
补充电报	请求飞行计划报	RQP	FF
	请求补充飞行计划报	RQS	FF
	补充飞行计划报	SPL	FF

注:遇险电报和遇险通信包括关于遇险阶段的电报,使用缓急标志 SS 发报;有关某一告警阶段或某一情况不明阶段的告警电报,使用缓急标志 DD 发报;其他不包括在上述的已知或可疑的紧急情况的电报,和失去无线电通信联络的电报,使用 FF 或更高优先级发报。

三、结构和标点

(1)应用一个正括号"("表示报文数据的开始,其后随以各编组。例如:

```
(FPL...
```

（1）除第一编组（编组 3）外，在其他编组中，均用一个连字符"-"表示该编组开始，且只应在该编组开始时使用一次，其后随以各数据项。例如：

```
- STS/ALTRV HEAD
```

（3）一个编组中的各数据元素之间应用一条斜线"/"间隔开。或者，只有在编组细则中规定时，以一个空格间隔开或无间隔。

（4）各编组之间不应有空格或者其他非字母数字符号。例如：

```
(DEP - CES501/A0254 - ZSPD2347 - VHHH - 0)
```

（5）应用一个反括号")"表示报文数据结束。例如：

```
- PBN/A1B1C1D1L1)
```

四、编组的标准形式

每一编组应至少包含一个数据元素，并且是该组中首要的或唯一的元素，但编组 9 除外。关于包括或省略数据元素的规则应符合每个编组的详细规定。

每个编组应按照规定的数据元素的标准顺序组成，或在某些情况下以简单数据元素表示，但应符合每个编组的详细规定。

每个编组由一个或多个数据元素构成，数据元素之间应以斜线"/"间隔开，或按照编组细则中的规定以空格间隔开或无间隔。

编组号和对应的报文内容应符合表 5-12 的要求。

表 5-12 编组号和对应的报文内容

编组号	数 据 类 型	编组号	数 据 类 型
1	现在未用	12	现在未用
2	现在未用	13	起飞机场和时间
3	电报类别、编号和参考数据	14	预计数据
4	现在未用	15	航路航线
5	紧急情况描述	16	目的地机场和估计总耗时，目的地备降机场
6	现在未用	17	到达机场和时间
7	航空器识别标志和 SSR 模式及编码	18	其他信息
8	飞行规则和飞行种类	19	补充信息
9	航空器数目、机型和尾流分类	20	搜寻和救援告警信息
10	设备与能力	21	无线电失效信息
11	现在未用	22	修订

五、编组数据元素格式

用以表示数据元素的格式有两种，具体如下。

（1）数据元素格式 1 使用封闭型数据框表示该数据块由固定数量的符号构成。含有 3 个符号的数据元素格式如下所示。

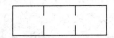

（2）数据元素格式 2 使用开放型数据框表示该数据块由可变数量的符号构成，数据元素格式如下所示。

六、编组内容

1. 编组 3—电报类别、编号和参考数据

格式：　|　| A |　| B | C |

（1）数据元素 A—标准固定格式的空中交通服务电报类型代号。用 3 个字母表示，应符合表 5-13 的规定。除非另有说明，此编组应仅包括单一数据元素 A。当电报由空中交通服务单位的计算机系统发出和/或在该系统之间进行交换时，可使用数据元素 B 或数据元素 B 与 C。

电报类别、类型和代号如表 5-13 所示。

表 5-13　电报类别、类型和代号

电报类别	电报类型	电报类型代号
紧急电报	告警报	ALR
	无线电通信失效报	RCF
动态电报	领航计划报	FPL
	修订领航计划报	CHG
	取消领航计划报	CNL
	延误报	DLA
	起飞报	DEP
	落地报	ARR
协调电报	现行飞行计划报	CPL
	预计飞越报	EST
	管制协调报	CDN
	管制协调接受报	ACP
	逻辑确认报	LAM
补充电报	请求飞行计划报	RQP
	请求补充飞行计划报	RQS
	补充飞行计划报	SPL

（2）数据元素 B—电报号码。用 1～4 个字母表示发报的空中交通服务单位，后随斜线"/"，后随 1～4 字母表示收报的空中交通服务单位，后随 3 个数字，表示所发电报的顺序号。

（3）数据元素 C—参考数据。用 1～4 个字母后随斜线"/"，后随 1～4 个字母，后随 3 个

数字,表示对 B 项回复的顺序号。

示例 1:(FPL

示例 2:(LAMB/A052A/B002

示例 3:(CHGA/B234A/B231

2. 编组 5—紧急情况说明

格式: — 　A　 / 　　　　　B　　　　　 　C　

(1) 数据元素 A—已经宣布的航空器紧急阶段代码。用一个规定的代码来表示,相关代码符号和具体含义应符合表 5-14 中的规定。

表 5-14　紧急阶段代码的含义

代　码	含　义
INCERFA	表示已经宣布航空器处于情况不明阶段
ALERFA	表示已经宣布航空器处于告警阶段
DETRESFA	表示已经宣布航空器处于遇险阶段

注:数据元素 A 后随斜线"/",然后后随数据元素 B。

(2) 数据元素 B—电报来源。用 8 个字母表示的发报地址,前 4 个字母是国际民航组织分配的地名代码,后 4 个字母的前 3 个字母是发报的空中交通服务单位代码,最后一个为"X"或空中交通服务单位中的部门代码。

(3) 数据元素 C—紧急情况的性质。根据需要加上明语短文,以便说明紧急情况的性质,各词之间用空格隔开。

示例:-ALERFA/ZBAAZQZX/REPORT OVERDUE

3. 编组 7—航空器识别标志和 SSR 模式及编码

格式: — 　A　 / 　B　　C　

(1) 数据元素 A—航空器识别标志。应符合航空器识别标志规定,作为飞行计划中航空器识别标志。

注意:当 SSR 编码未知、对接收单位无意义、在不使用二次监视雷达的区域内飞行时,此编组只含有数据项 A。数据元素 A 后随斜线"/",然后后随数据元素 B。

(2) 数据元素 B—SSR 模式。用字母 A 表示"数据元素 C"的 SSR 模式。

(3) 数据元素 C—SSR 编码。用 4 位八进制数字表示由空中交通服务部门指定给航空器的 SSR 编码,并按"数据元素 B"给出的模式拍发。

示例 1:HDA901

示例 2:BAW039/A3031

4. 编组 8—飞行规则和飞行种类

格式: — 　A　B　

(1) 数据元素 A—飞行规则。用 1 个字母表示,应符合表 5-15 中的规定。国内飞行应增加数据元素 B。国外飞行,除非相关空中交通服务当局要求指示飞行类型,否则该编组在此终止。

表 5-15　飞行规则代码和含义

飞行规则代码	含　义
I	表示整个飞行准备按照仪表飞行规则运行
V	表示整个飞行准备按照目视飞行规则运行
Y	表示飞行先按照仪表飞行规则运行,后随对飞行规则的一个或多个相应修改
Z	表示飞行先按照目视飞行规则运行,后随对飞行规则的一个或多个相应修改

如果使用字母 Y 或 Z 时,计划改变飞行规则的各个航路点应按编组 15 的要求填写。

（2）数据元素 B—飞行种类。按照飞行任务性质划分,相应的代码和含义应符合表 5-16 中的规定。

表 5-16　飞行种类代码和含义

飞行种类代码	含　义
S	表示定期航空运输飞行
N	表示非定期航空运输飞行
G	表示通用航空飞行
M	表示军用飞行
X	表示除上述之外的其他飞行种类

注:如果需要表示要求空中交通服务特别处理的其他原因,则在编组 18"RMK/"之后说明原因。

示例 1：-VG

示例 2：-IS

5. 编组 9—航空器数目、机型和尾流分类

格式：—　A　B　/　C

（1）数据元素 A—航空器架数（如多于 1 架）。此数据元素仅用于多架航空器编队飞行,用 1～2 位数字来表示航空器架数。

（2）数据元素 B—航空器机型。应用 2～4 个字符表示,按规定的代码填写。如无指定的代码或在飞行中有多种机型,填入"ZZZZ"。当使用字母 ZZZZ 时,应在编组 18 "TYP/"项中填入航空器具体机型。

（3）数据元素 C—尾流分类代码。应用 1 个字母表示,应符合表 5-17 中的规定。

表 5-17　尾流分类代码和含义

尾流分类代码	含　义
J	超级重型
H	重型
M	中型
L	轻型

示例 1：-B738/M

示例 2：-B744/H

示例 3：-ZZZZ/M …… TYP/J20

示例 4：-3ZZZZ/L ······ TYP/3WZ10

6. 编组 10—设备与能力

格式：— ☐A☐ / ☐B☐

本编组中没有描述的任何字母数字字符作为保留字符。能力应同时包括以下要素：航空器上是否有可用的相关设备；与机组人员资格相符的设备和能力；适用时，有关当局的授权。

编组 10 以单个连字符"-"开始，后随下列数据元素。

（1）数据元素 A—无线电通信、导航及进近助航设备与能力。

使用 1 个字母 N 或 S 表示通信、导航及助航设备与能力，应符合表 5-18 中的规定。

表 5-18　通信、导航及助航设备与能力组合代码

代　码	含　义
N	航空器未载有所飞航路的无线电通信、导航、进近设备或此类设备不工作
S	航空器载有所飞航路标准的通信、导航、进近设备并可工作

注：如果使用字母 S，除非有关的空中交通服务当局规定了其他设备的组合，否则甚高频无线电话、全向信标接收机和仪表着陆系统都应视为标准设备。

使用 1 个字母（N 或 S）和/或使用符合表 5-19 中规定的 1 个或多个代码，表示可以工作的通信、导航、进近设备与能力。使用表 5-19 中的 1 个或多个代码时，宜在 N 或 S 后（如有）按英文字母先后顺序排列，总字符数不超过 64 个。

表 5-19　通信、导航及助航设备与能力代码

代码	含　义	代码	含　义
A	GBAS 着陆系统	J2	基于 FAN 1/A 协议以及高频数据链的管制员驾驶员数据链通信
B	LPV（星基增强系统的垂直引导进近程序）	J3	基于 FAN 1/A 协议以及 VDL 模式 A 的管制员驾驶员数据链通信
C	罗兰 C	J4	基于 FAN 1/A 协议以及 VDL 模式 2 的管制员驾驶员数据链通信
D	测距仪		
E1	飞行管理计算机、航路点位置报告、航空器通信寻址与报告系统	J5	基于 FAN 1/A 协议以及国际海事卫星进行卫星通信的管制员驾驶员数据链通信
E2	数据链飞行情报服务、航空器通信寻址与报告系统	J6	基于 FAN 1/A 协议以及多功能运输卫星进行卫星通信的管制员驾驶员数据链通信
E3	起飞前放行、航空器通信寻址与报告系统		
F	自动定向仪	J7	基于 FAN 1/A 协议以及铱星进行卫星通信的管制员-飞行员数据链通信
Gᵃ	全球导航卫星系统		
H	高频无线电话	K	微波着陆系统
I	惯性导航	L	仪表着陆系统
J1ᵇ	基于 ATN 和 VDL 模式 2 的管制员驾驶员数据链通信	M1	基于海事卫星的空中交通管制卫星话音通信

代码	含　义	代码	含　义
M2	基于多功能运输卫星的空中交通管制卫星话音通信	P4～P9	P4～P9 保留给所需通信性能
		R^d	获得基于性能的导航(PBN)批准
M3	基于铱星的空中交通管制卫星话音通信	T	塔康
O	全向信标台	U	特高频无线电话
P1^c	管制员驾驶员数据链通信所需通信性能 400	V	甚高频无线电话
		W^e	获得缩小垂直间隔批准
P2	管制员驾驶员数据链通信所需通信性能 240	X	获得最低导航性能规范批准
		Y	有 8.33kHz 频道间距能力的甚高频
P3	卫星话音通信所需通信性能 400	Z^f	携带的其他设备或能力

a 如果使用字母 G，若有 GNSS 外部增强的类型，应在编组 18 中 NAV/代码之后注明，两个或多个增强方法之间使用空格隔开。

b 基于 ATN B1 的数据链空中交通管制指令以及情报、空中交通管制通信管理、空中交通管制话筒检查服务，详见 RTCA/EUROCAE 互操作性需求标准(ATN B1 互操作性标准 DO-280B/ED-110B)。

c 基于性能的通信的指导材料载于国际民航组织文件 ICAO Doc 9869《基于性能的通信和监视(PBCS)手册》，具体规范了适用于一个特定区域空中交通服务的所需通信性能。只有在为 CPDLC 填写 J2 到 J7 字符，为卫星话音通信填写 M1 到 M3 字符，才填写所需通信性能规范(RCP)能力。所需通信性能规范(RCP)能力指的是性能，但第 10 项中的 J2 到 J7 字符、M1 到 M3 字符及 D1 字符指的是航空器设备的互用性。在申报的飞行计划中标注基于性能的通信和监视(PBCS)能力，表示相关航空器设备已得到核准，可供使用，且运营人有资格(例如飞行机组培训与资格)将该设备用于基于性能的通信和监视(PBCS)运行。如果不满足这些条件，飞行计划中不应标注基于性能的通信和监视(PBCS)能力。

d 如果使用字母 R，应在编组 18 中 PNB/代码之后填入能够满足基于性能的导航水平。应用于特定航段、航路和/或区域的基于性能导航的指导材料载于国际民航组织文件 ICAO Doc 9613《基于性能导航手册》。

e 如果在编组 10A 中有 W 项，则编组 18 中不能有 STS/NONRVSM，且如果在编组 18 中有 STS/NONRVSM，则编组 10A 项中不能有 W。

f 如果使用字母 Z，应在第 18 项注明所载的其他设备，并视情况冠以"COM/""NAV/"和/或"DAT/"。

注：数据元素 A 后随斜线"/"，然后后随数据元素 B。

(2) 数据元素 B—监视设备与能力。

如果未携带飞行路线的监视设备或设备不能工作填写"N"，或用下列 1 个或多个代码说明所载的可工作的监视设备和/或能力，总字符数不超过 20 个。二次监视雷达 A 和 C 模式应符合表 5-20 中的规定；二次监视雷达 S 模式应符合表 5-21 中的规定；广播式自动相关监视应符合表 5-22 中的规定；契约式自动相关监视应符合表 5-23 中的规定。

表 5-20　二次监视雷达 A 和 C 模式应答机

代码	含　义
A	应答机 A 模式(4 位数—4096 个编码)
C	应答机 A 模式(4 位数—4096 个编码)和应答机 C 模式

注：A 与 C 应只填写其一。4 位数字是指 4 位八进制数，每位取值范围为 0～7，总共 4096 个编码。

表 5-21 二次监视雷达 S 模式应答机

代码	含　义
I	应答机 S 模式,具有航空器识别,但无高度气压发射信号的能力
P	应答机 S 模式,具有高度气压发射信号,但没有航空器识别的能力
X	应答机 S 模式,没有航空器识别和高度气压发射信号能力
E	应答机 S 模式,具有航空器识别、高度气压发射信号和超长电文(ADS-B)能力
H	应答机 S 模式,具有航空器识别、高度气压发射信号和增强的监视能力
L	应答机 S 模式,具有航空器识别、高度气压发射信号、超长电文(ADS-B)和增强的监视能力
S	应答机 S 模式,具有高度气压发射信号和航空器识别的能力

注 1:I,P,X,E,H,L,S 应只填写其一。

注 2:增强的监视能力是指航空器能够通过 S 模式应答机将航空器获取的数据下传。

表 5-22 广播式自动相关监视

代码	含　义
B1	具有专用 1090MHz 广播式自动相关监视"发送"能力的广播式自动相关监视
B2	具有专用 1090MHz 广播式自动相关监视"发送"和"接收"能力的广播式自动相关监视
U1	使用 UAT 广播式自动相关监视"发送"能力
U2	使用 UAT 广播式自动相关监视"发送"和"接收"能力
V1	使用 VDL 模式 4 广播式自动相关监视"发送"能力
V2	使用 VDL 模式 4 广播式自动相关监视"发送"和"接收"能力

编组 10B 中,B1 和 B2 只能出现一个,不应同时出现。

编组 10B 中,U1 和 U2 只能出现一个,不应同时出现。

编组 10B 中,V1 和 V2 只能出现一个,不应同时出现

表 5-23 契约式自动相关监视

代码	含　义
D1	具有 FANS 1/A 能力的契约式自动相关监视
G1	具有航空电信网能力的契约式自动相关监视

注 1:以上未列出的字母数字字符属于保留。

注 2:附加的监视应用应在编组 18"SUR/"标记后列出。

注 3:对一个特定区域的空中交通服务颁布有所需监视性能的应用基于性能的监视的指导材料载于国际民航组织文件 ICAO Doc 9869《基于性能的通信和监视(PBCS)手册》。只有在为 ADS-C 填写 D1 字符时,才填写 RSP 能力。在编组 18 的 SUR 代码之后注明所需监视性能规范。

示例 1:-ADE3RV/EB1

示例 2:-DFGOV/HU2

示例 3:SJ2P2/CB1D1 …… SUR/RSP180

7. 编组 13—起飞机场和时间

格式:—□□□□ A □□□□ B □□□□

(1)数据元素 A—起飞机场。按 Doc 7910 号文件《地名代码》的规定指定给该起飞机场的

国际民航组织四字地名代码,或中国民航航空电信部门批准的仅用于国内运行的四字地名代码。

如果该机场无四字地名代码,则用"ZZZZ"表示。如果使用"ZZZZ",应在编组 18"DEP/"后填入起飞机场名称和位置。

如果在空中申报飞行计划,则用"AFIL"表示。如果使用"AFIL",应在编组 18"DEP/"后填入可提供补充飞行数据的空中交通服务单位。

在 CPL、EST、CDN 和 ACP 电报中,该编组内容到此结束。

如果不知道预计撤轮挡时间(estimated off-block time,EOBT),在 RQP 电报中也应到此结束。

(2) 数据元素 B—时间。用 4 位数字表示如下时间(UTC)。

① 在起飞前所发的 FPL、CHG、CNL、DLA 和 RQS 电报以及 ARR、RQP 电报中填入起飞机场的预计撤轮挡时间。

② 在 DEP、ALR 和 SPL 电报中,应填入实际起飞时间。

③ 从空中申报飞行计划的,应填写申报的飞行计划中空中交通服务航路航线(编组 15)第 1 个航路点的实际或预计飞越时间,用数据元素 A 中的 AFIL 加数据元素 B 时间来表示。

示例 1:-ZBAA0730

示例 2:-AFIL1625

8. 编组 14—预计数据

格式:— [A] / [　　] [B] [C] [D] [E]

(1) 数据元素 A—边界点。应用 2~5 个字符表示重要点名称、地理坐标、简写地理坐标或距某一重要点或导航台的方位和距离数据组合。

(2) 数据元素 B—飞越边界点的时间。应用 4 位数字表示预计飞越边界点的 UTC 时间。

(3) 数据元素 C—许可的高度层。

如果航空器处于平飞状态,飞越边界点表示许可高度层,此编组应到此结束。

如果航空器在边界点处于上升或下降状态,表示正在朝许可高度层飞行,应继续填写数据元素 D、数据元素 E。

(4) 数据元素 D—补充飞越数据。表示航空器飞越边界点时预计所在的高度或高度层,格式应与数据元素 C 一致。

(5) 数据元素 E—飞越条件。用下列其中 1 个字母表示,如表 5-24 所示。

表 5-24　飞越条件代码

代码	含　义
A	航空器在数据元素 D 中所述高度层或其上飞越边界点
B	航空器在数据元素 D 中所述高度层或其下飞越边界点

示例 1:-EPGAM/1821F160

示例 2:-XYZ/1653F240F180A

示例 3:-5130N13020W/0817F290

示例 4：-LMN/0835F160F200B

示例 5：-WXI218015/1245F130

9. 编组 15—航路

格式：— ⬚A⬚B (空格) ⬚C

（1）数据元素 A—巡航速度或马赫数。飞行中第一个或整个巡航航段的真空速,表示方法应符合巡航速度的规定。

（2）数据元素 B—申请的巡航高度层。所飞航路的第一个或整个航段计划的巡航高度层,巡航高度层的表示方法应符合相应的规定;或者填写"VFR"表示不受管制的目视飞行规则飞行。

（3）数据元素 C—航路。以空格隔开的如下 7 个类别的数据元素或元素组构成一个字符串,应能够准确地描述可行的航路航线情况。必要时,应加上以下若干个类似数据元素组,每项之前应有空格,如表 5-25 所示。

表 5-25　航路航线的数据元素

代码	含　义
c1	标准离场航线代号,即从起飞机场飞到已确定的航路的第一个重要点的标准离场航路代号。其后可随以 c3 或 c4。若无法确定将使用的标准离场航线,应不加 c1
c2	空中交通服务航路代号。其后仅随以 c3 或 c4
c3	重要点,包括航路加入点、航路退出点、航路转换点、航路和标准进离场航线之间的连接点、空中交通管制单位规定的强制性位置报告点等
c4	重要点/巡航速度和巡航高度层： ——重要点; ——斜线"/"后随; ——巡航速度或马赫数(如数据元素 A 所示); ——申请的巡航高度层(如数据元素 B 所示); ——在高纬度地区,如有关当局确定参考磁方位度数不可行,可使用真方位度数
c5	指示代码,含义如下。 ——VFR:在前方一点改为目视飞行规则飞行; ——IFR:在前方一点改为仪表飞行规则飞行; ——DCT:除非两个点都由地理坐标或方位和距离确定,否则用 DCT 表示下一点在确定的航线以外; ——T:航线的描述在前一点被删简,其剩余部分应在先前拍发的申报的飞行计划中或其他数据中查找。 元素 c5 只能跟在 c3、c4、c6 后面。 当使用时,T 应是该编组的结尾
c6	巡航爬升： ——字母 C; ——后随一个斜线"/"; ——然后完全按以上(c3)所述,接计划开始巡航爬高的点; ——后跟一个斜线"/"; ——然后完全按上述"数据元素 A"所述,在巡航爬升期间应保持的速度,后跟两个高度层,以确定在巡航爬升期间拟占用的高度层夹层;每一高度层按上述"数据元素 B"表示,或计划巡航爬升至其以上的高度层,后随字母 PLUS,其间不留空格

代码	含 义
c7	标准进场航线代号； 即从规定航路退出点到起始进近定位点标准进场航线的代号。 若无法确定将使用的标准进场航线,应不加 c7

本编组中使用"DCT"时应符合下列规定。

(1) DCT 指点间直飞(direct),用于非坐标或方位距离表示的两个点之间直飞,不用于两条线或线和点之间。

因此,在设定有标准仪表进场和/或标准仪表离场航线的机场,标准仪表进场和/或标准仪表离场航线连接点的前后不应填写"DCT"。当所飞机场没有标准仪表进场和/或标准仪表离场航线与航线相连时,在航线加入点之前或退出点之后,可使用"DCT"。

(2) 除非连接飞行路线的点都是用地理坐标或方位及距离表示,否则飞往下一点的飞行路线是在指定航路以外,或在没有连接点的两条航路之间转换时,一条航路的退出点和另一条航路的加入点之间,应使用"DCT"。

(3) 当空中交通服务部门要求时,应使用"DCT"。

示例 1：-K0882S1010 SGM A599 POU

示例 2：-M082F310 BCN DCT 52N015W 5208N03518W 4922N05017W DCT YQX

示例 3：-K0869S1100 CD DCT KR B458 WXI A461 LIG

示例 4：-N0460F290 LEK2B LEK UA6 XMM/M078F330 UA6N PON UR10N CHW UA5 NTS DCT 4611N00412W DCT STG UA5 FTM FATIM1A

示例 5：-M078S1010 URC B215 YBL A596 KM

示例 6：-LN VFR

示例 7：-LN/N0284A050 IFR

10. 编组 16—目的地机场和估计总耗时,目的地备降机场

格式：— ▢▢ A ▢▢ ▢▢ B ▢▢ (空格) ▢ C ▢

(1) 数据元素 A—4 个字母表示的目的地机场地名代码。Doc 7910 号文件《地名代码》规定,应使用国际民航组织规定的四字地名代码,或中国民航航空电信部门批准的仅用于国内运行的四字地名代码。

如果该机场没有四字地名代码,则填入字母"ZZZZ"。若使用"ZZZZ",在编组 18 "DEST/"后填入目的地机场名称或位置。

在除 FPL、SPL、ALR 报外的其他电报中,本编组到此为止。

(2) 数据元素 B—估计总耗时。4 位数字,应符合相应的规定。从空中申报飞行计划的航空器,估计总耗时是指从飞行计划中第一个点计算的估计总耗时,应符合相应的规定。当在有关空中交通服务单位之间达成相关协议或根据地区航行协议(ICAO Doc 7030)有相关规定时,FPL 电报中,该编组可到此结束。

(3) 数据元素 C—4 个字母表示的目的地备降机场地名代码。应使用 ICAO Doc 7910 规定的四字地名代码,或中国民航航空电信部门批准的仅用于国内运行的四字地名代码。如果目的地备降机场没有符合上述规定的四字地名代码,则填入"ZZZZ"。若使用"ZZZZ",在编组 18"ALTN/"数据项中填写目的地备降机场名称或位置。最多可填写 2 个备降机场,且用空格隔开。

示例 1：-ZSPD0200 ZSHC

示例 2：-ZBAA0230 ZBTJ ZYTL

11. 编组 17—到达机场和时间

格式：—| A | B | （空格）| C |

（1）数据元素 A—到达机场。应使用 ICAO Doc 7910 规定的四字地名代码，或中国民航航空电信部门批准的仅用于国内运行的四字地名代码。如果该机场没有四字地名代码，则应填入"ZZZZ"。

（2）数据元素 B—到达时间。用 4 位数字表示实际到达时间（UTC）。如到达机场指定有四字地名代码，该编组到此结束。

（3）数据元素 C—到达机场。若在数据元素 A 中使用"ZZZZ"，则此处填入到达机场英文全称、拼音全称或其他代号。

示例 1：-ZGGG1235

示例 2：-ZZZZ0130 XIJIAO

12. 编组 18—其他信息

使用本编组未包含的代码可能导致数据被拒绝、处理错误或丢失。连字符"-"或斜线"/"应按下述规定使用。

格式 1：—| A | 或

编组 18 格式 1 以单个连字符"-"开始后随数据元素 A。在数据元素 A 中填入数字"0"，表示本编组无任何信息。

因部分地区和国家要求填报飞行日期（"DOF/"），不宜使用本编组格式 1，宜采用本编组格式 2，在"DOF/"后随飞行日期。

格式 2：—| |（空格）| |（空格）| |……| |

编组 18 的格式 2 以单个连字符"-"开始，后无空格的紧随一个数据元素。编组中数据元素间用空格间隔开，且应按照表 5-26 中所示的先后次序排列相应数据元素。编组中的数据元素以相应的代码开始并随以一斜线"/"，在其后无空格的紧随 1 个数据项信息。某一数据元素中的数据项之间用空格间隔开。若某个数据元素无内容，则应省略，同时应避免某个数据元素重复使用。

表 5-26　编组 18 其他信息数据元素和说明

数据元素 相应代码	相关数据元素内容和说明
STS/	只有下述的内容可以填写在 STS/后面，如有 2 种以上情况需要特别说明的，应以空格分开。其他原因则填写到 RMK/后。 ALTRV：按照预留高度运行的飞行； ATFMX：有关空中交通服务当局批准豁免空中交通流量管理措施的飞行； FFR：灭火； FLTCK：校验导航设施的飞行检测； HAZMAT：运载有害材料的飞行； HEAD：国家领导人性质的飞行； HOSP：医疗当局公布的医疗飞行； HUM：执行人道主义任务的飞行；

数据元素 相应代码	相关数据元素内容和说明
STS/	MARSA：军方负责承担军用航空器间隔的飞行； MEDEVAC：生命攸关的医疗紧急疏散； NONRVSM：不具备缩小垂直间隔能力的飞行准备在缩小垂直间隔空域运行； SAR：从事搜寻与援救任务的飞行； STATE：从事军队、海关或警察服务的飞行。 "STS/"中使用"NONRVSM"表示申报人有意在 RVSM 空域中作为非 RVSM 飞行运行。编组 10A 中的"W"和编组 18"STS/"中"NONRVSM"具有互斥性，如果在编组 18"STS/"中填报 NONRVSM，则"W"不应存在于编组 10A 中。如果填报人在 RVSM 空域中作为非 RVSM 飞行运行已经获得批准，应同时在编组 18"RMK/"按规定填报
PBN/	表示区域导航和/或所需导航性能的能力。 尽可能多地描述适用于航空器的基于性能的导航（PBN）能力的代码（描述符号），不超过 8 个代码，不超过 16 个字母数字字符。相关 RNAV 和 RNP 导航规范代码以及与编组 10 的一致性应符合"飞行计划中导航规范代码"规定。 区域导航规范： A1　RNAV 10（RNP 10） B1　RNAV 5 所有允许的传感器 B2　RNAV 5 全球导航卫星系统 B3　RNAV 5 测距仪/测距仪 B4　RNAV 5 甚高频全向信标/测距仪 B5　RNAV 5 惯性导航或惯性参考系统 B6　RNAV 5 罗兰 C C1　RNAV 2 所有允许的传感器 C2　RNAV 2 全球导航卫星系统 C3　RNAV 2 测距仪/测距仪 C4　RNAV 2 测距仪/测距仪/IRU D1　RNAV 1 所有允许的传感器 D2　RNAV 1 全球导航卫星系统 D3　RNAV 1 测距仪/测距仪 D4　RNAV 1 测距仪/测距仪/IRU 所需导航性能规范： L1　RNP 4 O1　基本 RNP 1 所有允许的传感器 O2　基本 RNP 1 全球导航卫星系统 O3　基本 RNP 1 测距仪/测距仪 O4　基本 RNP 1 测距仪/测距仪/IRU S1　RNP APCH S2　具备 BAR-VNAV 的 RNP APCH T1　有 RF 的 RNP AR APCH（需要特殊批准） T2　无 RF 的 RNP AR APCH（需要特殊批准） 如 PBN/后出现 B1、B5、C1、C4、D1、D4、O1 或 O4，则 10A 编组应填入 I。 如 PBN/后出现 B1 或 B4，则 10A 编组应填写 O 和 D，或 S 和 D。 如 PBN/后出现 B1、B3、B4、C1、C3、C4、D1、D3、D4、O1、O3 或 O4，则 10A 编组应填写 D。 如 PBN/后出现 B1、B2、C1、C2、D1、D2、O1 或 O2，则 10A 编组应填写 G

续表

数据元素 相应代码	相关数据元素内容和说明
NAV/	除 PBN/规定之外,按有关 ATS 单位要求,填写与导航设备有关的重要数据。在此代码项下填入全球导航卫星增强系统,两个或多个增强方法之间使用空格。 由于 RNP2 规范在国际民航组织亚太部分地区得到广泛应用,但国际民航组织编组 18"PBN/"相关代码中并没有指示 RNP2 能力的代码,国际民航组织亚太地区办公室规定,获得"RNP2 规范"批准的航空器,除在编组 10A 填报"R"和"Z"外,还应在编组 18"NAV/"后填报"RNP2"。 示例 1:NAV/RNP2 示例 2:NAV/GBAS SBAS
COM/	按有关 ATS 单位要求,填写 10A 中未注明的通信用途或能力
DAT/	按有关 ATS 单位要求,填写 10A 中未注明的数据用途或能力。 示例 1:DAT/CPDLCX 示例 2:DAT/FANSP 注:通过编组 10 中填写 Z,编组 18 填写"DAT/CPDLCX"表示依据欧盟相关规定该航空器在该区域取得豁免,详见欧盟有关规定;"DAT/FANSP"的使用规范详见美国联邦航空局"JO 7110.10"号文件
SUR/	有关 ATS 单位要求,填写 10B 中未注明的监视用途或能力。 只有在为 ADS-C 填写 D1 字符时,才填写所需监视性能(RSP)能力。使用代码(中间无空格)填写飞行适用的所有所需监视性能规范。多项所需监视性能规范中间要用空格分开。 示例 1:SUR/RSP180 RSP400 示例 2:SUR/260B 注:"SUR/260B"的使用规范详见美国联邦航空局"JO 7110.10"号文件
DEP/	如在编组 13 中填入"ZZZZ",则应在此填入起飞机场英文全称、拼音全称或其他代号。如果在编组 13 中填入 AFIL,则应填入可以提供飞行计划数据的 ATS 单位的四字地名代码。对于相关的航行资料汇编未列出的机场,按以下方式填写位置。 (1) 以 4 位数字表示纬度数的十位数和个位数分数,后随 N(北)或 S(南)。再随以 5 位数字,表示经度数的十位数和个位数分数,后随 E(东)或 W(西)。 　　为使数位正确,需要时插入"0",例如,4620N07805W(11 位字符)。 (2) 距最近重要点的方位和距离表示如下:重要点的编码代号,后随 3 位数字表示相对该点的磁方位度数,再随以 3 位数字表示距离该点的海里数。在高纬度地区,如有关当局确定参考磁方位度数不可行,可使用真方位度数。为使数位正确,需要时插入"0"。 (3) 如果航空器尚未从机场起飞,填入第一个航路点(名称或经纬度)或无线电指点标
DEST/	如在编组 16 数据元素 A 中填入"ZZZZ",则在此填入目的地机场的名称和位置。对于相关航行资料汇编未列出的机场,按上述 DEP/的规定以经纬度填入机场位置或距最近重要点的方位和距离
DOF/	飞行离场日期。 用 6 位数字表示飞行离场的 UTC 日期(YYMMDD,YY 表示年,MM 表示月,DD 表示日)。 部分国家和地区强制应填报 DOF 项,建议应增加 DOF 数据。具体的填报规则如下: (1) 提交 FPL 时,"DOF/"应当为随 FPL 提交的 EOBT 所在的 UTC 日期; (2) 提交 DLA 时,"DOF/"应当为随 DLA 提交的 EOBT 所在的 UTC 日期;但是当 EOBT 第一次跨 UTC 日期时,"DOF/"应当为前一日 UTC 日期,在此之后后续提交的"DOF/"值应当为随 DLA 提交的 EOBT 所在的 UTC 日期; (3) 提交 CHG 时,编组 13 的 EOBT 和编组 18 的"DOF/"应为对应飞行计划的最新 EOBT 和"DOF/"值。当需修订的 EOBT 所在 UTC 日期跨日时,应当在编组 22 中修订"DOF/"值为新 EOBT 所在的 UTC 日期; (4) 提交 CNL 时,"DOF/"应为对应飞行计划的最新"DOF/"值; (5) 拍发 DEP 时,"DOF/"应为对应飞行计划的最新"DOF/"值

数据元素 相应代码	相关数据元素内容和说明
REG/	航空器注册标志,应符合前述的规定。 当与编组 7 的航空器识别标志不同时,填入航空器的国籍、共同标志和登记标志
EET/	由地区航行协议或有 ATS 当局规定的重要点或飞行情报区边界代号和起飞至该点或飞行情报区边界累计的估计耗时。 示例 1:EET/CAP0745 XYZ0830 示例 2:EET/EINN0204
SEL/	经装备的航空器的选择呼叫编码
TYP/	如在编组 9 中填入了"ZZZZ",则在本数据项填入航空器机型,必要时不留空格前缀航空器数目。其间用一个空格隔开。 示例:TYP/2F15 5F5 3B2
CODE/	按有关 ATS 当局要求的航空器地址(以 6 位十六进制字符的字母代码形式表示)。 示例:F00001 是国际民航组织管理的具体模块中所载的最小航空器地址
DLE/	航路延误或等待,填入计划发生延误的航路重要点,随后用时分(小时分钟)4 位数表示延误时间。航路重要点应与编组 15 数据项 c 中的一致,如果不一致,应进入错误信息处理过程。 示例:DLE/MDG0030
OPR/	当与编组 7 的航空器识别标志不同时,填入航空器运行机构的 ICAO 代码或名称
ORGN/	如果无法立即识别飞行计划发报人,填入有关空中交通服务当局要求的发报人的 8 字母 AFTN 地址或其他相关联络细节。 注:在某些地区,飞行计划接收中心会自动插入 ORGN/识别符和发报人的 AFTN 地址限定在 8 个字符内
PER/	按有关空中交通服务单位的规定,使用国际民航组织航行服务程序《航空器运行》第一卷《飞行程序》规定的 1 位字母,填写航空器性能数据。航空器的性能差异将直接影响实施一定的机动飞行所需的空域和能见度,如盘旋进近、转弯复飞、最后进近下降和机动飞行至着陆(包括基线转弯和程序转弯)。在性能上最重要的因素是速度,据此将航空器分类。航空器分类的标准为航空器在跑道入口的指示空速,它等于失速速度的 1.3 倍,或在最大允许的着陆重量和着陆外形条件下失速速度的 1.23 倍。如果两个数值都能得到,则指示空速应选其中较大的值。具体分类如下: A 类:指示空速小于 169km/h(91n mile/h)。 B 类:指示空速 169km/h(91n mile/h)至 224km/h(121n mile/h)。 C 类:指示空速 224km/h(121n mile/h)至 261km/h(141n mile/h)。 D 类:指示空速 261km/h(141n mile/h)至 307km/h(161n mile/h)。 E 类:指示空速 307km/h(161n mile/h)至 391km/h(211n mile/h)。 H 类:关于直升机的特殊要求。 以失速速度确定航空器分类的方法不适用于直升机。直升机看作航空器运行时,可作为分类中的 A 类航空器。但使用供直升机专用飞行程序应标明"H"
ALTN/	如在编组 16 数据元素 C 中填入"ZZZZ",则在此填入目的地备降机场的名称。对于相关的航行资料汇编未列出的机场,按上述 DEP/的规定以经纬度填入机场位置或距最近重要点的方位和距离
RALT/	按 Doc 7910 号文件《地名代码》的规定填入航路备降机场的 ICAO 四字代码,或如果未分配代码,填入航路备降机场名称。对于相关的航行资料汇编未列出的机场,按上述 DEP/的规定以经纬度填入机场位置或距最近重要点的方位和距离

续表

数据元素 相应代码	相关数据元素内容和说明
TALT/	按 Doc 7910 号文件《地名代码》的规定填入起飞备降机场的 ICAO 四字代码,或如果未分配代码,填入起飞备降机场名称。对于相关的航行资料汇编未列出的机场,按上述 DEP/的规定以经纬度填入机场位置或距最近重要点的方位和距离
RIF/	至修改后的目的地机场的航路详情,后随该机场的国际民航组织四字代码。修改的航路应在飞行中重新申请。 示例 1:RIF/DTA HEC KLAX 示例 2:RIF/ESP G94 CLA YPPH
RMK/	有关 ATS 单位要求的或机长认为对提供 ATS 有必要的任何明语附注。有别于"STS/"项中填写的内容。如果使用非标准的标识符,应在 RMK/后填写,并且如果在非标准标识符和随后的文本之间有"/"时,应删除该符号。 下列内容应为统一的标注。 —— 机载避撞系统:TCAS EQUIPPED —— 外籍飞行员:FOREIGN PILOT —— ADS-B 豁免:APVD ADSB EXEMPTION —— PBN 豁免:APVD PBN EXEMPTION —— PBCS 豁免:APVD PBCS EXEMPTION —— 不具备 RVSM 能力的航空器获批在 RVSM 空域运行:APVD NONRVSM —— 极地飞行:POLAR —— 返航:RETURN —— 备降:ALTERNATE

注:若某个数据项无内容,则该项省略。

示例 1:-0

示例 2:-REG/B8012 EET/ZGZU0020 VHHK0110 OPR/PLAF RMK/NO POSITION REPORT SINCE DEP PLUS 2 MINUTES

13. 编组 19—补充信息

格式:—[　　](空格)[　　](空格)[　　]……[　　]

编组 19 以单个连字符"-"开始,后无空格的紧随 1 个数据元素。编组中数据元素间用空格间隔开,且应按照表 5-27 中所示的先后次序,排列相应数据元素,以包括一连串可获得的补充信息。编组中的数据元素以相应的代码开始并随以斜线"/",在其后无空格的紧随1 个数据项信息。若某个数据元素无内容,则该数据元素省略。

表 5-27　编组 19 补充信息数据元素和说明

数据元素	代码	相关数据元素内容和说明
a)	E/	后随 4 位数字,表示以小时及分计算的续航能力
b)	P/	当有关空中交通服务单位要求填写本项时,用 1~3 位数字表示机上总人数
c)	R/	后随以下 1 个或多个字母,其间无空格: U 有特高频 243.0MHz 频率; V 有甚高频 121.5MHz 频率; E 有紧急示位信标

续表

数据元素	代码	相关数据元素内容和说明
d)	S/	后随以下 1 个或多个字母,其间无空格: P 有极地救生设备; D 有沙漠救生设备; M 有海上救生设备; J 有丛林救生设备
e)	J/	后随以下 1 个或多个字母,其间无空格: L 救生衣配备有灯光; F 救生衣配备有荧光素; U 救生衣配备无线电特高频电台,使用 243.0MHz 频率; V 救生衣配备无线电甚高频电台,使用 121.5MHz 频率
f)	D/	后随以下 1 个或多个内容,其间用 1 个空格分开: 2 位数字表示救生艇的数目; 3 位数表示所有救生艇可载总人数; C 表示救生艇有篷子; 用 1 个英文单词表求救生艇的颜色(如 RED 表示红色)
g)	A/	后随以下一个或多个明语内容,其间用一个空格分开: 航空器的颜色; 重要标志(可包括航空器注册标志)
h)	N/	后随以明语,以示所载任何其他救生设备以及其他有用附注
i)	C/	后随以机长姓名

示例:-E0745 R/VE S/M J/L D/2 8 C YELLOW A/YELLOW　RED　TAIL C/ZHAO

14. 编组 20—搜寻和救援告警信息

格式:— □ (空格) □ (空格) □ …… □

编组 20 以单个连字符"-"开始,后无空格的紧随一个数据元素。本编组有下述 8 个数据元素,数据元素之间用空格分开,相关数据元素应符合表 5-28 所示的规定。任何无法得到的信息应以"NIL"(无)或"NOT KNOWN"(未知)表示,不应省略。

表 5-28　编组 20 搜寻和救援告警信息数据元素和说明

数据元素	填 入 内 容
a)	航空器运营人的国际民航组织两字代码。如果未指定有代码,填写运营人的名称。 注:运营人两字代码,也称 IATA 两字码,最早源于国际民航组织,因此也称国际民航组织两字代码
b)	最后联系的单位:用 6 个字母表示,前 4 个为地名代码,后 2 个为最后双向联系的空中交通服务单位的两字代码,如果无法得知该两字代码,则填入该单位的其他名称代码
c)	最后双向联系的时间:用 4 位数字表示
d)	最后联系的频率:填入最后联系的发射或接收频率的数字
e)	最后报告的位置:按位置规定的格式填写,后随以飞越该位置点的时间
f)	确定最后所知位置的方法:按需要用明语叙述
g)	报告单位采取的行动:按需要用明语叙述
h)	其他有关信息

示例：-CA ZBAAZR 1022 128. 3 BTO 1020 PILOT REPORT OVER NDB ATS UNITS DECLARED FIR ALERTED NIL

15. 编组 21—无线电失效信息

格式：— [ ] (空格) [ ] (空格) [ ] …… [ ]

编组 21 以单个连字符"-"开始，后无空格的紧随 1 个数据元素。本编组包括 6 个数据元素，按表 5-29 中所示元素的次序编排，用空格分开。任何无法得到的信息应以"NIL"（无）或"NOTKONWN"（未知）表示，不应随意省略。

表 5-29　编组 21 无线电失效信息数据元素和说明

数据元素	填 入 内 容
a)	最后双向联系的时间：用 4 位数字表示
b)	最后联系的频率：表示航空器最后双向联系时的发射或接收频率
c)	最后报告的位置：按位置的规定填写
d)	航空器最后位置报告的时间：用 4 位数字表示
e)	航空器剩余通信能力：以必要的字母表明航空器的剩余通信能力，如已知道，使用编组 10 的数据规约，或使用明语
f)	任何必要的附注：必要时用明语叙述

示例：-1235 121. 3 CLA 1229 TRANSMITING ONLY 126. 7 LAST POSITION CONFIRMED BY RADAR

16. 编组 22—修订

格式：— [A] / [B]

编组 22 以单个连字符"-"开始，后随修订数据元素，应符合表 5-30 所示的规定。如有必要，本编组可以重复使用。

表 5-30　编组 22 修订数据元素和说明

数据元素 A	编组号：用 1~2 位数字表示需修改的编组号
数据元素 B	修改的数据：数据元素 A 中所列编组的完整内容，包括修订的数据，按该编组的规定构成

示例 1：-8/IN
示例 2：-14/BTO/0145S1100
示例 3：-8/IS—14/ENO/0148F290A110A

第三节　空中交通服务电报格式及拍发

空中交通服务电报由管制单位拍发，并应当符合规定的电报等级、发报单位、收报单位、拍发时间、有效时限等要求。其他单位和个人不得拍发电报。

一、紧急电报

1. 告警报

告警报（alerting message，ALR）是当空中交通服务单位认为某一航空器处于 ICAO

ANNEX 11 第 5 章所规定的紧急情况时,发出的向有关单位告警的电报。

告警报拍发应当符合以下要求。

(1) 电报等级:SS 或 DD 或 FF。

(2) 发报单位:航空器出现紧急情况时,提供空中交通服务的管制单位,或者指定的单位。

(3) 收报单位:根据有关协议确定的相关单位。

(4) 拍发时间:在判明紧急情况时立即发出。

告警报 ALR 的构成如图 5-1 所示。

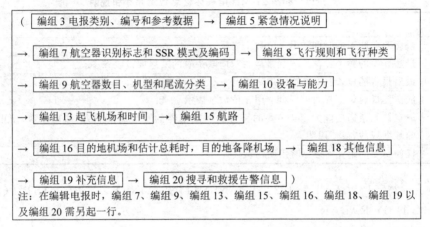

图 5-1　告警报 ALR 的编写格式

示例:

(ALR-INCERFA/ZBAAZQZX/OVERDUE

-B8012-IM

-AN2/L-S/C

-ZBTJ0300

-N0180S0090 B9 J1 TAJ

-ZBAA0050

-REG/B8012 EET/TAJ0005 VYK0015 OPR/PLAF RMK/NO POSITION REPORT SINCE DEP PLUS 2 MINUTES

-E/0400 P/5 R/UV C/ZHANGSHAN

-PLAF ZBTJZT 0259 134.2 PILOT AIRBORNE REPRORT ATS UNIT ZBPE FIR ALERTED NIL)

说明:

(告警报-由于超时未联系,负责北京情报区的管制单位已宣布相关航空器处于情况不明阶段

-航空器识别标志为航空器注册标志 B8012-仪表飞行规则,军用飞行

-机型为安-2、尾流分类为轻型-航空器载有所飞航路的通信、导航、进近设备并可工作

-起飞机场为天津滨海国际机场,预计撤轮挡时刻 03:00(UTC)

-预计巡航速度 180 节，巡航高度 900m，航路走向为 B9、J1、TAJ

-目的地机场为北京首都国际机场，估计总耗时为 50min

-航空器注册标志 B8012；到达 TAJ 估计耗时 5min，到达 VYK 估计耗时 15min；运营人是中国人民解放军空军；起飞后 2min 没有位置报告

-续航能力为 4h，机上 5 人，能在 121.5MHz 和 243MHz 频率上工作，机长是张山

-运营人是中国人民解放军空军，最后联系的单位为天津滨海国际机场塔台，最后双向联系时间是 02:59(UTC)，最后联系频率是 134.2MHz，最后报告的位置是离地，确定最后位置的方法来自机组报告，报告单位采取的行动已经在北京情报区发布告警，其他信息不知)。

2. 无线电通信失效报

无线电通信失效报(radio communication failure message，RCF)是当空中交通服务单位获知其区域内有航空器遇有无线电通信失效时，向其他收到过该航空器飞行数据的单位通报情况而拍发的电报。

无线电通信失效报(radio communication failure message，RCF)拍发应当符合以下要求。

(1) 电报等级：SS 或 DD 或 FF。

(2) 发报单位：与无线电失效航空器进行最后一次双向联系的管制单位或者指定单位。

(3) 收报单位：能为无线电失效航空器提供帮助的或者与航空器飞行有关的相关单位。

(4) 拍发时间：在判明无线电失效时立即发出。

无线电通信失效报 RCF 的构成如图 5-2 所示。

([编组 3 电报类别、编号和参考数据] → [编组 7 航空器识别标志和 SSR 模式及编码]

→ [编组 21 无线电失效信息])

注：在编辑电报时，编组 21 需另起一行。

图 5-2　无线电通信失效报 RCF 的编写格式

示例：

(RCF-JAL781/A1243

-0120 128.3 TAJ 0115 TRANSMITTING ONLY 134.2MHz LAST POSITION CONFIRMED BY RADAR)

说明：

(无线电通信失效报-航空器识别标志 JAL781，应答机编码 1243

-最后双向联系时间 01:20(UTC)，最后联系频率 128.3MHz，最后一次位置报告是在 TAJ 导航台，时间 01:15(UTC)，仅能在 134.2MHz 发送，最后的位置是通过雷达确定的)。

二、动态电报

1. 领航计划报

领航计划报(filed flight plan message，FPL)是由空中交通服务单位根据运营人或其代理人申报的飞行计划，拍发给本次飞行相关空中交通服务单位的电报，表示发出的申报的飞

行计划数据的内容和格式。

领航计划报拍发应当符合以下要求。

(1) 电报等级：FF。

(2) 发报单位：受理飞行计划的管制单位或者被指定的单位。

(3) 收报单位：沿航路负责提供空中交通服务的管制单位；目的地机场的报告室；飞行计划涉及的备降机场的管制单位；上述单位所从属的地区空管局运行管理中心；民航局空管局运行管理中心；其他被指定的管制单位。

(4) 拍发时间：在航空器预计撤轮挡时间 2h 前拍发。国内航空器执行国内飞行任务时，不得早于预计撤轮挡时间前 24h 拍发；航空器执行其他任务时，不得早于预计撤轮挡时间前 120h 拍发。对于因特殊原因不能在预计撤轮挡时间 2h 前收到飞行计划并拍发 FPL 电报的，管制单位应当及时受理和拍发，同时记录情况，并向所在地区空管局汇总报备。

领航计划报 FPL 的构成如图 5-3 所示。

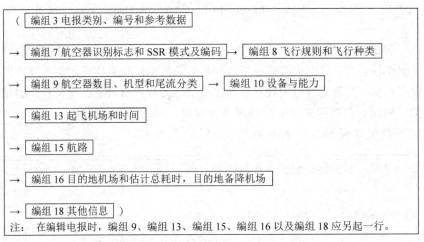

注：在编辑电报时，编组 9、编组 13、编组 15、编组 16 以及编组 18 应另起一行。

图 5-3　领航计划报 FPL 的编写格式

示例 1：

(FPL-CCA1532-IS

-A332/H-SDE3FGHIJ4J5M1RWY/LB1O1

-ZSSS2035

-K0859S1040 PIKAS G330 PIMOL A593 BTO W82 DOGAR

-ZBAA0153 ZBYN

-PBN/A1B2B3B4B5D1L1 NAV/ABAS REG/B6513 EET/ZBPE0112 SEL/KMAL PER/C RIF/FRT N640 ZBYN RMK/TCAS EQUIPPED)

说明：

(领航计划报-航空器识别标志 CCA1532-仪表飞行规则、定期航空运输飞行

-机型 A330-200、尾流分类为重型-航空器载有所飞航路的通信、导航、进近设备并可工作。

有测距仪，具备接受基于 ACARS 网络和协议获取起飞前放行服务的能力，有自动定向

仪、全球导航卫星系统、高频无线电话、惯性导航设备，有基于甚高频模式 2 以及 FANS 1/A 协议的管制员-飞行员数据链通信（CPDLC）、基于海事卫星以及 FANS 1/A 协议的管制员-飞行员数据链通信（CPDLC）、基于海事卫星的空中交通管制卫星话音通信能力，获得基于性能的导航（PBN）、缩小垂直间隔批准，有使用 8.33kHz 间隔甚高频的能力，有具备航空器识别、高度气压信号发射、超长电文（ADS-B）和增强的监视能力的 S 模式应答机，有 1090MHz "发送" 能力的广播式自动相关监视能力，有符合 FANS 1/A 协议的契约式自动相关监视能力。

　　-起飞机场上海虹桥，预计撤轮挡时刻 20：35（UTC）

　　-巡航速度 859km/h、巡航高度 10 400m；航路走向 PIKAS G330 PIMOL A593 BTO W82 DOGAR

　　-目的地机场北京首都国际机场、估计总耗时 1h 53min，目的地备降机场太原

　　-其他信息：PBN 能力为 RNAV10（RNP10）、RNAV5（全球导航卫星系统，测距仪/测距仪，全向信标/测距仪，惯导）、RNAV1（所有传感器）、RNP4，全球导航卫星增强系统 ABAS，航空器注册标志 B6513，起飞至北京飞行情报区边界估计耗时 1h 12min，航空器选呼编码 KMAL，航空器进近类别为 C 类航空器，至修改后的目的地机场的航路航线 FRTN N640 ZBYN，载有机载避撞系统）。

　　示例 2：

　　(FPL-FDX5342-IS

　　-B77L/H-SDE1E2E3FGHIJ2J3J4J5M1P1P2P3RWXYZ/LB1D1

　　-LFPG0234

　　-N0497F310 RANUX UN858 NOSPA UL984 ESATI/N0487F330 UL984 OKG L984 DOPOV

　　T46 DOKEL N871 POLON Z169 GERVI P851 RAVOK Z860 TOBLO B365 OLUPI B923

　　PENIR A368 AKB A360 AKITU/N0493F350 A360 BLH A110 TDK A124

　　RULAD/K0924S1070 A460 XKC L888 SADAN Y1 OMBON B330 KWE W181 DUDIT

　　A599 GYA

　　-ZGGG1044 VHHH

　　-PBN/A1B1C1D1L1O1S2T1 NAV/RNVD1E2A1 SUR/RSP180 RSP400 DOF/170727 REG/N885XD EET/ZWUQ0617 ZLHW0719 ZPKM0840 ZGZU0945 CODE/AC30E9 OPR/FDX

　　RMK/TCAS EQUIPPED)

　　说明：

　　(领航计划报-航空器识别标志 FDX5342-仪表飞行规则、定期航空运输飞行

　　-机型波音 777、尾流分类为重型-航空器载有所飞航路的通信、导航、进近设备并可工作。

　　有测距仪，具备基于 ACARS 网络和协议的飞行管理计算机航空器位置报告、数据链飞行情报服务起飞前放行服务能力，有自动定向仪、全球导航卫星系统、高频无线电话、惯性导

航设备,有基于高频数据链、甚高频模式 A、甚高频模式 2、国际海事卫星和 FANS 1/A 协议的管制员-飞行员数据链通信(CPDLC)通信能力,有基于海事卫星的空中交通管制卫星话音通信能力,CPDLC 所需通信性能 400 和 240(RCP 400 和 RCP 240)、卫星话音通信所需通信性能 400、获得基于性能的导航(PBN)、缩小垂直间隔、MNPS(最低导航性能规范)批准,有使用 8.33kHz 间隔甚高频的能力,有其他通信导航设备或能力/有具有航空器识别、高度气压发射信号、超长电文(ADS-B)和增强的监视能力的 S 模式应答机,具有专用 1090MHz 广播式自动相关监视"发送"能力的广播式自动相关监视,有符合 FANS 1/A 协议的契约式自动相关监视能力。

-起飞机场法国巴黎,预计撤轮挡时刻 02:34(UTC)

-巡航速度 497 节、巡航高度 31 000ft、航路走向 RANUX UN858 NOSPA UL984 ESATI

巡航速度 487 节、巡航高度 33 000ft、航路走向 ESATI UL984 OKG L984 DOPOV T46 DOKEL N871 POLON Z169 GERVI P851 RAVOK Z860 TOBLO B365 OLUPI B923 PENIR A368 AKB A360 AKITU 巡航速度 493 节、巡航高度 35 000ft、航路走向 AKITU A360 BLH A110 TDK A124 RULAD 巡航速度 924km/h、巡航高度 10 700m、航路走向 RULAD A460 XKC L888 SADAN Y1 OMBON B330 KWE W181 DUDIT A599 GYA

-目的地机场广州白云国际机场、估计总耗时 10h 44min,目的地备降机场香港国际机场

-其他信息:PBN 能力为 RNAV10(RNP10)、RNAV5(所有允许的传感器)、RNAV2(所有允许的传感器)、RNAV1(所有传感器)、RNP4、基本 RNP1(所有允许的传感器)、BAR-VNAV 的 RNP APCH、RF 的 RNP AR APCH,其他导航能力为具备 RNAV1 标准仪表离场能力、具备 RNAV 点对点飞行能力、具备 RNAV1 标准仪表进场能力(FAA 规范),监视能力为所需监视性能 RSP180 和 RSP400,飞行日期为 2017 年 7 月 27 日(UTC),航空器注册号为 N885XD,到乌鲁木齐、兰州、昆明、广州情报区边界估计耗时分别 6h 17min、7h 19min、8h 40min、9h 45min,24 位地址码为 AC30E9,运营人为联邦快递,载有机载避撞系统)。

领航计划报发出后,如需要更新领航计划报有关信息要素,应通过 DLA、CHG 或"先拍发 CNL,后拍发新的 FPL"方式进行更新。

先拍发 CNL、后拍发新的 FPL 更新的情形包括以下三种。

(1) 当航空器识别标志、起飞机场、目的地机场三项内容中的任意一项发生变化时。

(2) 当新的 EOBT 时间比当前 FPL 中的 EOBT 时间更早时。

(3) 当航空用户与空管单位一致同意使用与当前 FPL 中不同的一条航线时。

当航班仅发生 EOBT 延误时,应当通过 DLA 报来修改预计撤轮挡时刻,但是当航班延误后的 EOBT 跨日(UTC)时,可使用下列两种方法之一提交延误信息。

(1) 航空器运营人以 CHG 报的方式修改 EOBT,编组 13 的 EOBT 和编组 18 的"DOF/"应为对应飞行计划的最新 EOBT 和"DOF/"值,在编组 22 中修订"DOF/"值为新 EOBT 所在的 UTC 日期。

(2) 当 EOBT 跨 UTC 日期且为 EOBT 跨日后第一次提交 DLA 时,此时 DLA 中的"DOF/"值应当为对应的 FPL 中的"DOF/"值,且后续提交的 DLA 中"DOF/"值为随 DLA 提交的 EOBT 所在 UTC 日期。

注:建议采用第一种方法。各国流量管理运行规则虽有不同,但原则上及时提交延误

信息有利于流量管理单位及时调整可用时隙资源,提高空域资源利用效率。

其他飞行计划要素更新,采用 CHG 方式进行更新。

2. 修订领航计划报

修订领航计划报(FPL modification message,CHG)是用于修订领航计划报中有关内容的电报。

修订领航计划报拍发应当符合以下要求。

(1) 电报等级:FF。

(2) 发报单位:同领航计划报(FPL)的发报单位。

(3) 收报单位:同领航计划报(FPL)的收报单位,以及受变更影响的相关单位。

(4) 拍发时间:最迟在航空器预计撤轮挡时间 30min 前发出。

修订领航计划报 CHG 的构成如图 5-4 所示。

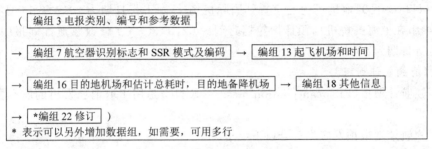

图 5-4 修订领航计划报 CHG 的编写格式

示例 1:

(CHG-CCA1532-ZSSS2235-ZBAA-0-8/IN)

说明:

(修订领航计划报-航空器识别标志 CCA1532-起飞机场为上海虹桥机场,预计撤轮挡时刻 22:35(UTC)-目的地机场为北京首都国际机场-飞行日期为当日,无其他信息-领航计划报中第 8 编组修改为仪表飞行规则、非定期航空运输飞行)。

示例 2:

(CHG-CCA1532-ZSSS2235-ZBAA-0-18/PBN/A1B2B3B4B5D1L1 NAV/ABAS REG/ B6517 EET/ZBPE0112 SEL/GNLA PER/C RIF/FRT N640 ZBYN RMK/TCAS EQUIPPED)

说明:

(修订领航计划报-航空器识别标志 CCA1532-起飞机场为上海虹桥机场,预计撤轮挡时刻 22:35(UTC)-目的地机场为北京首都国际机场-飞行日期为当日,无其他信息-领航计划报中第 18 编组航空器注册标志由原来的 B6513 调整为 B6517)。

注: 建议完整填写 18 编组各项内容,以避免数据丢失。

示例 3:

(CHG-CCA1532-ZSSS2235-ZBAA-DOF/121119-18/PBN/A1B2B3B4B5D1L1 NAV/ABAS DOF/121119 REG/B6517 EET/ZBPE0112 SEL/GNLA PER/C RIF/FRT N640 ZBYN RMK/TCAS EQUIPPED)

说明：

（修订领航计划报-航空器识别标志 CCA1532-起飞机场为上海虹桥机场，预计撤轮挡时刻 22：35（UTC）-目的地机场为北京首都国际机场-计划飞行日期为 2012 年 11 月 19 日-领航计划报中第 18 编组航空器注册标志由原来的 B6513 调整为 B6517）。

注：如原领航计划报中含有 DOF 数据，报文中两个 DOF 日期一致。

示例 4：

（CHG-CCA1532-ZSSS2235-ZBAA-DOF/121119-13/ZSSS0200-18/PBN/A1B2B3B4B5D1L1 NAV/ABAS DOF/121120 REG/B6513 EET/ ZBPE0112 SEL/ KMAL PER/C RIF/FRT N640 ZBYN RMK/TCAS EQUIPPED）

说明：

（修订领航计划报-航空器识别标志 CCA1532-起飞机场为上海虹桥机场，预计撤轮挡时刻 22：35（UTC）-目的地机场为北京首都国际机场-计划飞行日期为 2012 年 11 月 19 日-修改第 13 编组在上海虹桥机场预计撤轮挡时刻为 02：00（UTC）-修改领航计划报中第 18 编组计划飞行日期为 2012 年 11 月 20 日）。

3. 取消领航计划报

取消领航计划报（FPL cancellation message，CNL）是用于取消已发出的航空器领航计划报的电报。

取消领航计划报拍发应当符合以下要求。

（1）电报等级：FF。

（2）发报单位：同领航计划报（FPL）的发报单位。

（3）收报单位：同领航计划报（FPL）的收报单位。

（4）拍发时间：当确知该领航计划报需要取消后立即发出。

取消领航计划报 CNL 的构成如图 5-5 所示。

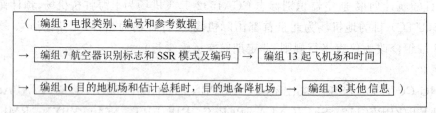

图 5-5　取消领航计划报 CNL 的编写格式

示例 1：

（CNL-CES5301-ZSPD1900-ZGGG-DOF/121120）

说明：

（取消领航计划报-航空器识别标志 CES5301-起飞机场上海浦东机场，预计撤轮挡时刻为 19：00（UTC）-目的地机场广州-飞行日期 2012 年 11 月 20 日）。

示例 2：

（CNL-CES5301-ZSPD1900-ZGGG-0）

说明：

（取消领航计划报-航空器识别标志 CES5301-起飞机场上海浦东机场，预计撤轮挡时刻为 19:00(UTC)-目的地机场广州-飞行日期为当日,无其他信息)。

4. 延误报

延误报(delay message,DLA)是用于通报航空器延误信息的电报。

延误报拍发应当符合以下要求。

(1) 电报等级:FF。

(2) 发报单位:同领航计划报(FPL)的发报单位。

(3) 收报单位:同领航计划报(FPL)的收报单位。

(4) 拍发时间:当领航计划报(FPL)的拍发单位确知航空器预计撤轮挡时间将要或者已推迟 30min 以上时立即发出。

延误报 DLA 的构成如图 5-6 所示。

图 5-6　延误报 DLA 的编写格式

示例 1:

(DLA-CES5301-ZSPD2200-ZGGG-DOF/221120)

说明:

(延误报-航空器识别标志 CES5301-起飞机场上海浦东机场,预计撤轮挡时刻为 22:00(UTC)-目的地机场广州-飞行日期 2022 年 11 月 20 日)。

示例 2:

(DLA-CES5301-ZSPD2200-ZGGG-0)

说明:

(延误报-航空器识别标志 CES5301-起飞机场上海浦东机场,预计撤轮挡时刻为 22:00(UTC)-目的地机场广州-飞行日期为当日,无其他信息)。

示例 3:

(DLA-CES5301-ZSPD0030-ZGGG-DOF/221120)

(DLA-CES5301-ZSPD0230-ZGGG-DOF/221121)

说明:

第 1 份为跨日后第一次提交 DLA,DOF 为 FPL 的 DOF;第 2 份为后续提交的 DLA,DOF 为 EOBT 所在的 UTC 日期。

5. 起飞报

起飞报(departure message,DEP)是用于通报航空器起飞时间的电报。

起飞报拍发应当符合以下要求。

(1) 电报等级:FF。

(2) 发报单位:航空器起飞机场的管制单位。

(3) 收报单位:同领航计划报(FPL)的收报单位;起飞机场的相关管制单位。

（4）拍发时间：航空器起飞后立即发出。

起飞报 DEP 的构成如图 5-7 所示。

```
（ 编组 3 电报类别、编号和参考数据

→ 编组 7 航空器识别标志和 SSR 模式及编码 → 编组 13 起飞机场和时间

→ 编组 16 目的地机场和估计总耗时，目的地备降机场 → 编组 18 其他信息 ）
```

图 5-7　起飞报 DEP 的编写格式

示例 1：

(DEP-CES501/A0254-ZSPD2347-VHHH-DOF/221120)

说明：

（起飞报-航空器识别标志 CES501/应答机编码 0254-起飞机场为上海浦东机场，起飞时间为 23:47(UTC)-目的地机场为香港机场-飞行日期为 2022 年 11 月 20 日）。

示例 2：

(DEP-CES501/A0254-ZSPD2347-VHHH-0)

说明：

（起飞报-CES501 航班/应答机编码 0254，自上海浦东机场前往香港机场，起飞时间为当日 23:47(UTC)）。

6. 落地报

落地报(arrival message,ARR)是用于通报航空器到达时间的电报。落地报拍发应当符合以下要求。

（1）电报等级：FF。

（2）发报单位：落地机场的管制单位。

（3）收报单位：起飞机场的报告室；沿航路及备降机场涉及的地区空管局运行管理中心；民航局空管局运行管理中心；返航、备降时，加发原目的地机场的报告室及其所属地区空管局运行管理中心；其他被指定的管制单位。

（4）拍发时间：不迟于航空器落地后 5min 内发出。

落地报 ARR 的构成如图 5-8 所示。

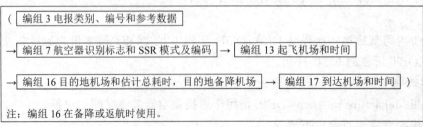

```
（ 编组 3 电报类别、编号和参考数据

→ 编组 7 航空器识别标志和 SSR 模式及编码 → 编组 13 起飞机场和时间

→ 编组 16 目的地机场和估计总耗时，目的地备降机场 → 编组 17 到达机场和时间 ）

注：编组 16 在备降或返航时使用。
```

图 5-8　落地报 ARR 的编写格式

示例 1：

(ARR-CES501-ZSPD2200-VHHH0240)

说明：

（落地报-航空器识别标志 CES501-起飞机场为上海浦东机场，预计撤轮挡时刻 22：00（UTC）-到达机场为香港机场，到达时间为 02：40（UTC））。

示例 2：

（ARR-CES501-ZSPD2200-VHHH-ZGGG0240）

说明：

（落地报-航空器识别标志 CES501-起飞机场为上海浦东机场，预计撤轮挡时刻 22：00（UTC）-目的地机场为香港机场-到达机场为广州白云机场，到达时间为 02：40（UTC））。

示例 3：

（ARR-B12EY-ZBDS2200-ZZZZ0240 ETUOKEQIANQI）

说明：

（落地报-航空器识别标志 B12EY-起飞机场为鄂尔多斯机场，预计撤轮挡时刻 22：00（UTC）-到达机场为鄂托克前旗机场，到达时间 02：40（UTC））。

注：由于到达机场没有四字地名代码，因此用 ZZZZ 表示，并在到达时间后随一空格，填入了到达机场的拼音名称。

三、协调电报

1. 现行飞行计划报

现行飞行计划报（current flight plan message，CPL）是表示由一单位发至另一单位的一次飞行的现行飞行计划数据的内容和格式的电报。

现行飞行计划报拍发应当符合以下要求。

（1）电报等级：FF。

（2）发报单位：航空器申请变更飞行计划时提供空中交通服务的管制单位或者指定的单位。

（3）收报单位：沿原航路尚未飞经的负责提供空中交通服务的管制单位；原起飞机场、目的地机场的报告室；沿改航后航路负责提供空中交通服务的管制单位；改航后目的地机场及备降机场的报告室；上述单位所从属的地区空管局运行管理中心；民航局空管局运行管理中心；其他被指定的管制单位。

（4）拍发时间：不迟于航空器飞行航路（航线）等数据开始发生变化的位置点前10min发出。

现行飞行计划报 CPL 的构成如图 5-9 所示。

示例 1：

（CPLBOS/LGA052-UAL621/A5120-IS

-A320/M-S/C

-KBOS-HFD/1341F220F200A

-N0420F220 V3 AGL V445

-KLGA

-0）

（ 编组3电报类别、编号和参考数据

→ 编组7航空器识别标志和SSR模式及编码 → 编组8飞行规则和飞行种类

→ 编组9航空器数目、机型和尾流分类 → 编组10设备与能力

→ 编组13起飞机场和时间 → 编组14预计数据

→ 编组15航路

→ 编组16目的地机场和估计总耗时，目的地备降机场

→ 编组18其他信息 ）

注：在编辑电报时，编组9、编组13、编组15、编组16以及编组18需另起一行。编组18应填入完整信息。

图5-9　现行飞行计划报CPL的编写格式

说明：

（现行飞行计划电报[附加发送单位代码(BOS)和接收单位代码(LGA)，后随此电报序号(052)]-航空器识别标志UAL621，最后分配的应答机编码5120-仪表飞行规则，定期航空运输飞行

-机型为空客A320、尾流分类为中型，载有所飞航路的通信、导航、进近设备并可工作，载有A模式和C模式应答机

-起飞机场为波士顿机场，预计13:41(UTC)飞越HFD点，许可高度为22 000ft，预计在飞行高度层20 000ft或以上飞越HFD点

-计划真空速为420节、巡航高度层为22 000ft，航路走向V3 AGL V445

-目的地为拉瓜迪亚机场

-飞行日期为当日，无其他信息）。

示例2：

(CPL-CES7547/A6363-IS

-A333/H-SDHIR/S

-ZSPD-PLT/1527S0840

-K0835S0840 PLT A599 ELNEX G204 SHZ W58 XSY

-ZSPD

-PBN/A1B1C1D1L1O1S2 DOF/211113 REG/B303D SEL/DJBL RMK/TCAS EQUIPPED RETURN ZSPD DUE TO AIRCRAFT TRBL)

说明：

（现行飞行计划电报-航空器识别标志CES7547，应答机编码6363，仪表飞行规则，定期航空运输飞行

-机型空客330、尾流分类为重型，载有所飞航路的通信、导航、进近设备并可工作、载有测距仪、高频无线电话、惯性导航设备、获得PBN批准，载有S模式应答机

-起飞机场为上海浦东机场-预计15:27(UTC)在飞行高度层8400m过PLT点

-计划巡航速度835km/h，航路走向为PLT A599 ELNEX G204 SHZ W58 XSY

-目的地机场为上海浦东机场

-PBN 能力为 RNP10、RNAV5、RNAV2、RNAV1、RNP4、基本 RNP1 以及具备气压垂直导航的 RNP APCH,飞行日期 2021 年 11 月 13 日,航空器注册标志 B303D,航空器选呼编码 DJBL,机上载有机载避撞系统。因航空器故障返航上海浦东机场)。

2. 预计飞越报

预计飞越报(estimate message,EST)是用于通报航空器飞越管制移交点或管制区边界点的预计时间、高度及 SSR 编码等信息的电报。预计飞越报拍发应当符合以下要求。

(1)电报等级：FF。

(2)发报单位：国际和地区间飞行的航空器在进入我国情报区边界后首个提供空中交通服务的管制单位和即将飞出我国情报区边界前的最后一个提供空中交通服务的管制单位；为航空器提供空中交通管制服务并即将把航空器移交给下一个管制区的管制单位。

(3)收报单位：将要为航空器提供空中交通服务的所有管制单位；上述管制单位所从属的地区空管局运行管理中心；民航局空管局运行管理中心。

(4)拍发时间：航空器进、出我国情报区时,首个或者最后一个提供空中交通服务的管制单位应当于航空器预计飞越管制移交点进入或者离开我国管制区域前 10min 发出；我国各管制区域间移交时,根据各管制区间的协议或者不晚于航空器预计飞越管制移交点前 10min 发出。

预计飞越报 EST 的构成如图 5-10 所示。

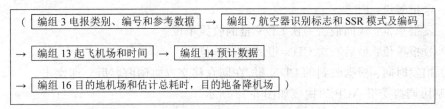

图 5-10　预计飞越报 EST 的编写格式

示例：

(EST-CCA1301/A6001-ZBAA-WXI/1520S1100-ZGGG)

说明：

(预计飞越报-航空器识别标志 CCA1301,应答机编码 6001-起飞机场为北京首都机场-预计 15:20(UTC)、飞行高度层 11 000m 飞越 WXI-目的地广州白云机场)。

3. 管制协调报

管制协调报(co-ordination message,CDN)是在管制移交发生之前,管制单位之间为了协调修改 CPL 或 EST 报中的有关数据而拍发的电报。管制协调报拍发应当符合以下要求。

(1)电报等级：FF。

(2)发报单位：同 CPL、EST 或者 CDN 的接收单位。

(3)收报单位：同 CPL、EST 或者 CDN 的发报单位。

(4)拍发时间：当管制接收单位在收到 CPL、EST 或 CDN 报后,对其中有关数据有疑义,希望与发报方进行管制协调时立即发出。

管制协调报 CDN 的构成如图 5-11 所示。

```
（ ┌─────────────────────────────┐
   │ 编组 3 电报类别、编号和参考数据 │
   └─────────────────────────────┘

 → ┌──────────────────────────────┐   ┌────────────────────┐
   │ 编组 7 航空器识别标志和 SSR 模式及编码 │ → │ 编组 13 起飞机场和时间 │
   └──────────────────────────────┘   └────────────────────┘

 → ┌──────────────────────────────────────┐   ┌──────────────┐
   │ 编组 16 目的地机场和估计总耗时，目的地备降机场 │ → │ *编组 22 修订 │ ）
   └──────────────────────────────────────┘   └──────────────┘
*表示可以另外增加数据组。
```

图 5-11　管制协调报 CDN 的编写格式

示例：

(CDN－CCA1301/A3031－ZBAA－ZGGG－14/WXI/1700S0980)

说明：

(管制协调报-航空器识别标志 CCA1301,应答机编码 3031-起飞机场为北京首都机场-目的地机场为广州白云机场-希望协调修订编组 14,要求 17:00(UTC)在飞行高度层 9800m 飞越 WXI 点)。

4. 管制协调接受报

管制协调接受报(acceptance message,ACP)是当管制单位同意接受 CDN 报中所包含的数据时,向拍发 CDN 报的单位发出的认可电报。管制协调接受报拍发应当符合以下要求。

(1) 电报等级:FF。

(2) 发报单位:认同最后一次 CDN 报的收报单位。

(3) 收报单位:最后一次 CDN 报的发报单位。

(4) 拍发时间:根据收到的 CDN 报,在同意移交方协调内容后立即发出。

管制协调接受报 ACP 的构成如图 5-12 所示。

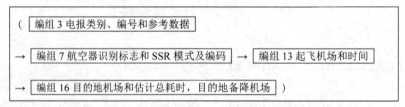

图 5-12　管制协调接受报 ACP 的编写格式

示例：

(ACP-CCA1301/A3031-ZBAA-ZGGG)

说明：

(管制协调接受报(表明接受下列航空器有关的管制协调)-航空器识别标志为 CCA1301,应答机编码为 3031-起飞机场为北京首都机场-目的地机场为广州白云机场)。

5. 逻辑确认报

逻辑确认报(logical acknowledgement message,LAM)是管制单位在收到一份 CPL、EST 或其他有关电报并加以处理后,飞行数据处理系统发出的用于通报对方已对相应报文进行处理的电报,该报只限于在装备有飞行数据处理系统的单位使用。逻辑确认报拍发应当符合以下要求。

（1）电报等级：FF。

（2）发报单位：收发双方签有通信协议的管制单位。

（3）收报单位：收发双方签有通信协议的管制单位。

（4）拍发时间：当管制单位的飞行数据处理系统收到了另一个单位的飞行数据处理系统发来的电报,并对报文进行了处理,在规定的时间里发给发报方作为回复。

逻辑确认报 LAM 的构成如图 5-13 所示。

```
( 编组 3 电报类别、编号和参考数据 )
```

图 5-13　逻辑确认报 LAM 的编写格式

示例：

(LAMP/M178M/P100)

说明：

（逻辑确认报,后随拍发单位巴黎和接收单位马斯特里赫特的识别代码（双方都装备了飞行数据处理系统）,拍发单位电报流水号（178）,后接从马斯特里赫特拍发给巴黎与该电报有关的电报的流水号（100））。

四、补充电报

1. 请求飞行计划报

请求飞行计划报（request flight plan message,RQP）是用于请求得到航空器飞行数据（如 FPL、CPL 等）的电报。请求飞行计划报拍发应当符合以下要求。

（1）电报等级：FF。

（2）发报单位：请求得到飞行计划的管制单位。

（3）收报单位：可以提供飞行计划的有关单位。

（4）拍发时间：需要得到该航空器飞行计划时立即发出。收报单位应当及时提供已有飞行数据。

请求飞行计划报 RQP 的构成如图 5-14 所示。

```
( 编组 3 电报类别、编号和参考数据

→ 编组 7 航空器识别标志和 SSR 模式及编码 → 编组 13 起飞机场和时间

→ 编组 16 目的地机场和估计总耗时,目的地备降机场 → 编组 18 其他信息 )
```

图 5-14　请求飞行计划报 RQP 的编写格式

示例 1：

(RQP-CCA1501-ZBAA-ZSSS-0)

说明：

（请求飞行计划报（请求获取飞行计划数据）-航空器识别标志为 CCA1501-起飞机场为北京首都机场-目的地机场为上海虹桥机场-飞行日期为当日，无其他信息）。

注：通常为请求 CPL 电报，即包括产生的任何更改在内的飞行计划。如果 FPL 无随后的任何变更，也可理解为请求 FPL。

示例 2：

（RQP-CCA1501-ZBAA-ZSSS-DOF/221220）

说明：

（请求飞行计划报（请求获取飞行计划数据）-航空器识别标志为 CCA1501-起飞机场为北京首都机场-目的地机场为上海虹桥机场-飞行日期为 2022 年 12 月 20 日）。

2. 请求补充飞行计划报

请求补充飞行计划报（request supplementary flight plan message,RQS）用于请求得到航空器飞行计划补充数据内容的电报。请求补充飞行计划报拍发应当符合以下要求。

(1) 电报等级：FF。

(2) 发报单位：请求得到航空器领航计划报中补充信息的管制单位。

(3) 收报单位：可以提供航空器领航计划报补充信息的有关单位。

(4) 拍发时间：根据需要立即拍发。

请求补充飞行计划报 RQS 的构成如图 5-15 所示。

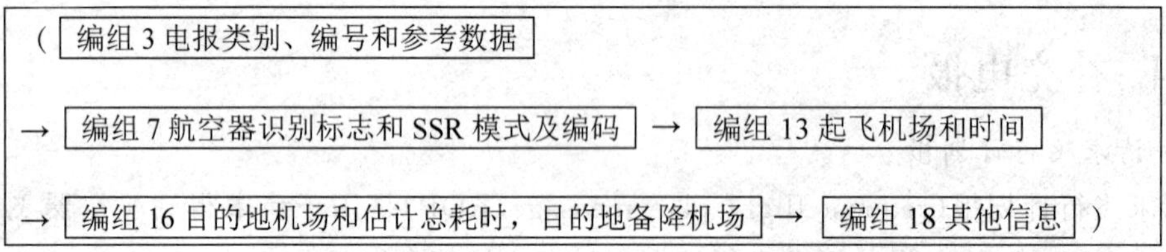

图 5-15　请求补充飞行计划报 RQS 的编写格式

示例 1：

（RQS-CES5841/A2206-ZPPP-ZUUU-0）

说明：

（请求补充飞行计划报（请求获取补充飞行计划信息）-航空器识别标志为 CES5841,应答机编码为 2206-起飞机场为昆明巫家坝机场-目的地机场为成都双流机场-飞行日期为当日,无其他信息）。

示例 2：

（RQS-CES5841/A2206-ZPPP2200-ZUUU-DOF/221220）

说明：

（请求补充飞行计划报（请求获取补充飞行计划信息）-航空器识别标志为 CES5841,应答机编码 A2206-起飞机场为昆明巫家坝机场,预计撤轮挡时刻 22：00（UTC)-目的地机场为成都双流机场-飞行日期为 2022 年 12 月 20 日）。

3. 补充飞行计划报

补充飞行计划报（supplementary flight plan message,SPL）是当收到 RQS 后,有关空

中交通服务单位向请求单位发出的包含航空器飞行计划补充信息的电报。补充飞行计划报拍发应当符合以下要求。

（1）SPL 电报等级：FF。

（2）发报单位：可以提供航空器领航计划报补充信息的相关单位。

（3）收报单位：提出申请的空中交通服务单位。

（4）拍发时间：收到 RQS 报后立即拍发。

补充飞行计划报 SPL 的构成如图 5-16 所示。

```
(  编组 3 电报类别、编号和参考数据 → 编组 7 航空器识别标志和 SSR 模式及编码

→  编组 13 起飞机场和时间

→  编组 16 目的地机场和估计总耗时，目的地备降机场

→  编组 18 其他信息

→  编组 19 补充信息  )
注：在编辑电报时，编组 16、编组 18 以及编组 19 需另起一行。
```

图 5-16　补充飞行计划报 SPL 的编写格式

示例：

（SPL-CSN3484

-ZUUU0800

-ZGGG0145 ZGSZ

-REG/B2826 RMK/CHARTER

-E/0640 P/9 R/V J/L A/BLUE C/LIZHONG）

说明：

（补充飞行计划报-航空器识别标志为 CSN3484

-起飞机场为成都双流机场，预计撤轮挡时刻 08:00（UTC）

-目的地机场为广州白云机场，估计总耗时 1h 45min，备降机场为深圳宝安机场

-航空器注册标志为 B2826，包机飞行

-续航能力 6h 40min，机上 9 人，可使用频率 121.5MHz，救生衣有灯光、颜色为蓝色，机长姓名李忠）。

 **拓展阅读**

关于对《民用无人驾驶航空器实名登记数据交换接口规范（征求意见稿）》 等三项民航行业标准征求意见的通知

按民航行业标准编制计划，我司组织起草了《民用无人驾驶航空器实名登记数据交换接口规范（征求意见稿）》《民用航空空中交通服务报文格式（征求意见稿）》《民用航空器加油规范（征求意见稿）》三项民航行业标准，根据《中国民用航空行业标准管理办法》，现面向各单

位公开征求意见。

请各单位组织相关人员认真研究,按要求填写《民用无人驾驶航空器实名登记数据交换接口规范(征求意见稿)意见反馈表》《民用航空空中交通服务报文格式(征求意见稿)意见反馈表》《民用航空器加油规范(征求意见稿)意见反馈表》,此外,任何个人对于三项征求意见稿有意见或建议,也请填写该意见反馈表。请于 2022 年 7 月 15 日前反馈至邮箱 mhbzh@mail. castc. org. cn,并分别注明邮件标题为"民用无人驾驶航空器实名登记数据交换接口规范(征求意见稿)意见反馈表""民用航空空中交通服务报文格式(征求意见稿)意见反馈表""民用航空器加油规范(征求意见稿)意见反馈表"。

三项标准的征求意见稿、意见反馈表和编制说明均可从中国民用航空局网站"意见征集"栏目下载。

民航局航空器适航审定司

2022 年 6 月 16 日

资料来源:中国民航局. 关于对《民用无人驾驶航空器实名登记数据交换接口规范(征求意见稿)》等三项民航行业标准征求意见的通知[EB/OL]. (2022-06-16)[2023-05-16]. http://www.caac.gov.cn/HDJL/YJZJ/202206/t20220616_213709. html.

思 考 题

1. 找出下面报文的错误之处。

(FPL-ALP675-IG

-G450/M-SADE1E2E3FGHIM1RWY/SD1

-ZSXX0900

-K0632S0360 JDZ J612 P34 H46 NCH

-ZSYY0016 ZHHH ZGHA

-PBN/A1C2D2L1 REG/B8267 SEL/BCDE OPR/ALLPOINTS JET

RMK/TCAS EQUIPPED

-E/0239 P/11 R/UVE S/M J/LF D/2 028 C YELLOW

A/WHITE RED GOLD C/LUO JINCHUAN)

2. 找出下面报文的错误之处。

(FPL-UEA2735/A0775-IS

-A320/M-SDE1E2E3FGHIRWYZ/C

-ZSXX0225

-K0800S0810 JGS J647 PLT H98 TEBON A470 XLN

-ZSYY0100 ZSFZ ZSWZ

-PBN/B2B3B4B5C1D1 NAV/ABAS DAAT/ACARS REG/B6729 SEL/BGHM PER/C

RMK/ACAS Ⅱ CAT Ⅱ)

3. 找出下面报文的错误之处。

(DEP-CCA4366/A1543-ZUDX0941-ZGSZ)

4. 阅读并翻译下述报文。

(FPL-HKE2323-IS

-A320/M-SDE3FGHIRWY/LB1

-ZSYT0720

-K0813S1100 DCT FZ W4 WXI A461 LIG R473
WYN W18 NLG W23 ZUH/K0717S0520 R473 SIERA

-VHHH0312 VMMC

-PBN/A1B1C1D1L1O2　DOF/141015 REG/BLPE
EET/ZHWH0052　　ZGZU0153　　VHHK0247　　SEL/CPBL　　OPR/HONG
KONG EXPRESS

PER/C RMK/TCAS CALLSIGN HONG KONG SHUTTLE TWO THREE TWO
THREE)

第 六 章

空中交通服务

【本章主要内容】

（1）航空器定义及标志。

（2）基于空中交通管制工作的航空器的分类。

（3）三种气压高度。

（4）过渡高度、过渡高度层。

（5）高度表拨正程序。

（6）飞行高度层配备。

（7）最低安全高度。

（8）飞行情报服务。

（9）告警服务。

空中交通服务

空中交通服务是空中交通管理的重要组成部分之一，本章在介绍航空器及基于空中交通管制工作的航空器分类的基础上，详细介绍空中交通服务的工作内容。

第一节　航空器及分类

中国民航空中交通管理工作围绕航空器的运行开展，因此，本节介绍依据民航法规体系对航空器的国籍和登记标志及基于空中交通管制工作的航空器的分类的规定。

一、航空器

航空器是指凡是能从空气的反作用而不是从空气对地面的反作用在大气中获得支承的任何机器，包括气球、飞艇、滑翔机、直升机、飞机等。飞机是指由动力驱动的重于空气的固定翼航空器。航空器的分类如图 6-1 所示。

（一）一般规定

按照《民用航空器国籍登记规定》，民用航空器是指除用于执行军事、海关、警察飞行任务外的航空器。

在中华人民共和国领域内飞行的民用航空器，应当具有规定的国籍标志和登记标志或临时登记标志，并携带国籍登记证书或临时登记证书。

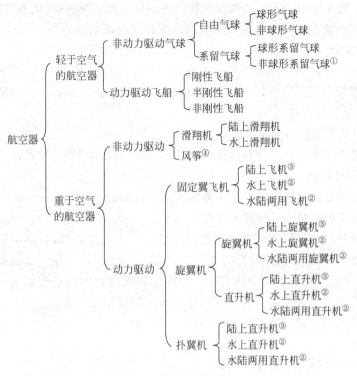

图 6-1　航空器的分类

注：①通常称为"风筝-气球"（细长形系留气球）；②根据情况可增加"浮筒式"或"船身式"字样；③包括装有雪橇式起落架的航空器（改"陆上"为"雪橇"）；④只是为了全面而列入。

下列民用航空器应当进行国籍登记。

（1）中华人民共和国国家机构的民用航空器。

（2）依照中华人民共和国法律设立的企业法人的民用航空器。

（3）在中华人民共和国境内有住所或者主要营业所的中国公民的民用航空器。

（4）依照中华人民共和国法律设立的事业法人的民用航空器。

（5）民航局准予登记的其他民用航空器。

自境外租赁的民用航空器，承租人符合上述规定，该民用航空器的机组人员由承租人配备的，可以申请登记中华人民共和国国籍；但是，必须先予注销该民用航空器原国籍登记。

民用航空器依法登记后，取得中华人民共和国国籍，受中华人民共和国法律管辖和保护。

中华人民共和国作为该航空器登记国，承担《国际民用航空公约》规定的职责和义务。

中华人民共和国根据《国际民用航空公约》与其他国家签署了关于登记国职责和义务转移的协定的，从其规定。

航空器为国外设计型号并且是该型号航空器首次在中华人民共和国登记的，民航局应当把该航空器在我国登记情况书面通知设计国民用航空主管部门。

民航局主管中华人民共和国民用航空器国籍登记，设立中华人民共和国民用航空器国籍登记簿，统一记载民用航空器的国籍登记事项。

民用航空器不得具有双重国籍。未注销外国国籍的民用航空器不得在中华人民共和国申请国籍登记；未注销中华人民共和国国籍的民用航空器，不得在外国办理国籍登记。

民用航空器国籍登记不得作为民用航空器所有权的证据。

（二）国籍登记

符合相关规定的民用航空器的所有人或者占有人（以下简称申请人）向民航局申请中华人民共和国民用航空器国籍登记，应当按照民航局规定的格式如实填写民用航空器国籍登记申请书，并提交下列文件。

（1）证明申请人合法身份的文件。

（2）作为取得民用航空器所有权证明的购买合同和交接文书，或者作为占有民用航空器证明的租赁合同和交接文书。

（3）未在外国登记国籍或者已注销外国国籍的证明。

（4）民航局要求提交的其他有关文件。

民航局自收到民用航空器国籍登记申请之日起 7 个工作日内，对申请书及有关证明文件进行审查；经审查，符合相关规定的，即在中华人民共和国民用航空器国籍登记簿上登记该民用航空器，并向申请人颁发中华人民共和国民用航空器国籍登记证书。民用航空器国籍登记证书的有效期自颁发之日起至变更登记或注销登记之日止。

民航局在民用航空器国籍登记簿中载明下列事项。

（1）民用航空器国籍标志和登记标志。

（2）民用航空器制造人名称。

（3）民用航空器型号。

（4）民用航空器出厂序号。

（5）民用航空器所有人名称及其地址。

（6）民用航空器占有人名称及其地址。

（7）民用航空器登记日期。

（8）民用航空器国籍登记证书签发人姓名。

（9）变更登记日期。

（10）注销登记日期。

民用航空器国籍登记证书应当放置于民用航空器内显著位置，以备查验。

取得中华人民共和国国籍的民用航空器，遇有下列情形之一时，应当向民航局申请办理变更登记。

（1）民用航空器所有人或其地址变更。

（2）民用航空器占有人或其地址变更。

（3）民航局规定需要办理变更登记的其他情形。

申请人应当按照民航局规定的格式填写民用航空器变更登记申请书，并提交有关证明文件，交回原民用航空器国籍登记证书。民航局自收到民用航空器国籍登记变更申请之日起 7 个工作日内，对申请书及有关证明文件进行审查；经审查，符合相关规定的，即在中华人民共和国民用航空器国籍登记簿上进行变更登记，并颁发变更后的民用航空器国籍登记证书。

民用航空器国籍登记证书不得涂改、伪造或转让。

（三）国籍标志和登记标志

中华人民共和国民用航空器的国籍标志为罗马体大写字母 B。中华人民共和国民用航空器登记标志为阿拉伯数字、罗马体大写字母或者二者的组合。

该组合不得与下列标志产生混淆。

（1）Q 简语电码中所用的以 Q 字为首的三字组合。

（2）遇险求救信号 SOS，或者 XXX、PAN 或 TTT 等其他紧急信号。

中华人民共和国民用航空器的国籍标志置于登记标志之前，国籍标志和登记标志之间加一短横线。

取得中华人民共和国国籍的民用航空器，应当将规定的国籍标志和登记标志用漆喷涂在该航空器上或者用其他能够保持同等耐久性的方法附着在该航空器上，并保持清晰可见。

（四）民用航空器的标识

1．民用航空器上国籍标志和登记标志的位置规定

（1）固定翼航空器——位于机翼和尾翼之间的机身两侧或垂直尾翼两侧（如系多垂直尾翼，则应在两外侧）和机翼的下表面。机翼下表面的国籍标志和登记标志应位于左机翼的下表面，除非它们延伸穿过机翼的整个下表面。

（2）旋翼航空器——位于尾梁两侧或垂直尾翼两侧。

（3）飞艇——位于飞艇艇身或安定面上。如标志在艇身上，则应沿纵向配置在艇身两侧及顶部对称线处；如标志在安定面上，则应位于右水平安定面上表面、左水平安定面下表面和垂直安定面下半部两侧。

（4）载人气球——靠近球体表面水平最大圆周直径两端对称部位上。

航空器构形特别，其国籍标志和登记标志的位置不符合上述规定的，应当位于易于识别该航空器的部位。

2．民用航空器上国籍标志和登记标志的字体和尺寸规定

（1）字母、数字、短横线（以下简称字）均由不加装饰的实线构成。

（2）除短横线外，机翼及飞艇、气球上每个字的字高不小于 50cm，机身、垂直尾翼、尾梁上每个字的字高不小于 30cm。

（3）每个字的字宽和短横线的长度为字高的 2/3。

（4）每个字的笔画的宽度为字高的 1/6。

（5）每两个字的间隔不小于字宽的 1/4，不大于字宽的 3/4。

（6）每个单独一组的国籍标志和登记标志的字高应相等。

民用航空器上国籍标志和登记标志的字体或尺寸不符合上述规定的，应当经过民航局核准。

民用航空器两侧标志的位置应当对称，字体和尺寸应当相同。机翼或水平安定面上字母和数字的顶端应朝向前缘，其距前后缘的距离应尽可能相等。国籍标志和登记标志的颜色应与背底颜色呈鲜明对照，并保持完整清晰。

任何单位或者个人不得在民用航空器上喷涂、粘贴易与国籍标志和登记标志相混淆的图案、标记或者符号。

在民用航空器上喷涂中华人民共和国国旗、民航局局徽、"中国民航"字样，应当符合民航局规定。

3. 民用航空器所有人或者占有人的名称和标志规定

（1）名称喷涂在航空器两侧，固定翼航空器还应当喷涂在右机翼下表面、左机翼上表面。

（2）标志喷涂在航空器的垂尾上；航空器没有垂尾的，喷涂在符合民航局规定的适当位置。

这里的"名称"，是指民用航空器所有人或者占有人的法定名称或者简称。

民用航空器所有人或者占有人的标志不得与其他机构的标志相混淆。民用航空器所有人或者占有人应当将每一型号航空器外部喷涂方案的工程图（侧视、俯视、仰视图）及彩图或者彩照报民航局备案。

取得中华人民共和国国籍的民用航空器，应当载有一块刻有国籍标志和登记标志的识别牌。该识别牌应当用耐火金属或者其他具有合适物理性质的耐火材料制成，并且应当固定在航空器内主舱门附近的显著位置。

（五）临时登记

对未取得民用航空器国籍登记证书的民用航空器，申请人应当在进行下列飞行前 30 日内，按照民航局规定的格式如实填写申请书，并向民航局提交有关证明文件，办理临时登记。

（1）验证试验飞行、生产试验飞行。

（2）表演飞行。

（3）为交付或者出口的调机飞行。

（4）其他必要的飞行。

这里的申请人是指民用航空器制造人、销售人或者民航局认可的其他申请人。

民航局准予临时登记的，应当确定临时登记标志，颁发临时登记证书。临时登记证书在其载明的期限内有效。

临时登记标志应当按照上述规定在航空器上标明。取得临时登记标志的民用航空器出口的，可以使用易于去除的材料将临时登记标志附着在民用航空器上，并应当完全覆盖外方要求预先喷涂的外国国籍标志和登记标志。

载有临时登记标志的民用航空器不得从事验证试验飞行、生产试验飞行以外的飞行活动。

二、基于空中交通管制工作的航空器的分类

在空中交通管制工作中，管制员根据航空器产生和承受尾流的大小、入口速度、巡航性能来执行不同的间隔标准和飞行程序。按照空中交通管制工作的需要，对航空器进行以下分类。

（一）航空器尾流重新分类

1. 航空器尾流重新分类的含义

航空器尾流重新分类（re-categorization，RECAT）是指在航空器尾流消散、数值模拟、尾流遭遇、雷达探测等方面开展的大量研究基础上，对航空器所属类别进行重新划分，在满足可接受安全水平的前提下，优化尾流间隔，达到提高运行效率的目的。

尾流类型标识符是指空管自动化系统等空管设备及辅助工具中描述航空器机型尾流类型的字段。关于每个机型的尾流类型，载于国际民航组织《航空器型号代码》文件（ICAO

Doc 8643)。

中国民航局空管局拟定了中国民航的 RECAT 分类方法和间隔标准(RECAT-CN),将重型机分为 B、C 两类,其他类别与 ICAO 的分类相同,保持不变。RECAT-CN 具体分类方法如下。

在 RECAT-CN 中航空器机型按航空器最大允许起飞全重和翼展分为下列五类。

(1) 超级重型机(super):最大允许起飞全重等于或大于 136t,翼展等于或大于 75m 的航空器,尾流类型标识符为 J。

(2) 重型机(heavy):最大允许起飞全重等于或大于 136t,翼展等于或大于 54m、小于 75m 的航空器,尾流类型标识符为 B。

(3) 一般重型机(heavy):最大允许起飞全重等于或大于 136t,翼展小于 54m 的航空器,尾流类型标识符为 C。

(4) 中型机(medium):最大允许起飞全重大于 7t,小于 136t 的航空器,尾流类型标识符为 M。

(5) 轻型机(light):最大允许起飞全重等于或小于 7t 的航空器,尾流类型标识符为 L。

其中 B757 飞机(包含 B757-200、B757-300 等)属于中型机。

航空器尾流重新分类如图 6-2 所示。

具体机型分类如表 6-1 所示。

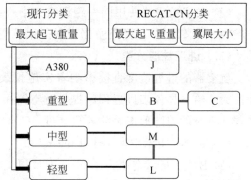

图 6-2　航空器尾流重新分类示意图

表 6-1　机型分类一览表

类别	最大起飞重量/t	翼展/m	典 型 机 型
J	≥136	≥75	A380
B	≥136	≥54 且 <75	A332、A333、A337、A338、A339、A342、A343、A345、A346、A359、B741、B742、B743、B744、B748、B778、B779、B787、B773、B772、AN22、B52 等
C	≥136	<54	A310、A3ST、B703、B762、B763、B764、MD11、A400、IL62、IL76、IL86、C135、C17、DC10、DC85 等
M	7~136		B752、B753、A318、A321、B38M、B734、B737、B738、B739、A320、MD80、MD82、A319、E190 等
L	≤7		Cessna172、西锐 SR20、奖状-CJ1、西门诺尔、TB-200 等

2. RECAT-CN 尾流间隔标准

RECAT-CN 尾流间隔标准如表 6-2 所示。

表 6-2　RECAT-CN 尾流间隔标准一览表　　　　　　　单位：km

标　准		后　机				
		J	B	C	M	L
前机	J		9.3	11.1	13.0	14.8
	B		5.6	7.4	9.3	13.0
	C				6.5	11.1
	M					9.3
	L					

以上尾流间隔标准用于使用下述跑道。

(1) 同一跑道，一架航空器在另一架航空器以后同高度或者在其下 300m 内飞行。

(2) 两架航空器使用同一跑道或者中心线间隔小于 760m 的平行跑道。

(3) 交叉跑道，一架航空器在另一架航空器后以同高度或者在其下 300m 内穿越。

（二）进近性能分类

航空器的进近速度直接影响着实施仪表进近程序的各种机动飞行所需的空域和能见度。为了给具体仪表进近程序提供航空器操纵可能性的标准化基础，根据航空器在最大允许着陆重量的着陆形态着陆入口速度，ICAO 将航空器分为五类。

(1) A 类：指示空速小于 169km/h。

(2) B 类：指示空速为 169km/h 或以上，但小于 224km/h。

(3) C 类：指示空速为 224km/h 或以上，但小于 261km/h。

(4) D 类：指示空速为 261km/h 或以上，但小于 307km/h。

(5) E 类：指示空速为 307km/h 或以上，但小于 391km/h。

(6) H 类直升机。

目前，我国常见运行的民用航空器按照进近性能分类如表 6-3 所示。

表 6-3　我国常见运行的民用航空器进近性能分类

进近性能分类	常 见 机 型
A	运 5、TB20/200、夏延Ⅲ A、西锐 SR20、塞斯纳 172R
B	新舟 60、Dash-8、ATR72、西门诺尔
C	B737、B757、A330、A318、A319、A320、C919　ARJ21、CRJ200/700、Do328、ERJ145/190、MD82、MD90
D	B747、B767、B777、B787、A321、A340、A380、MD11、A300、A310
E	我国暂无 E 类航空器(目前国际上只有 Tu-144 和协和属于 E 类)

（三）按巡航的性能划分

按照航空器的巡航速度、上升率、下降率、升限、有无增压舱和氧气设备等航线综合性能，在《我国境内民航班机飞行航线和高度层配备规定》中将航空器分为 A、B、C、D、E 五类，鉴于 C 类飞机较多，性能差异较大，又将 C 类飞机由小到大分为 C4、C3、C2 和 C1 类。具体分类如表 6-4 所示。

表 6-4 《我国境内民航班机飞行航线和高度层配备规定》对航空器的分类

类别		机 型
A		运 11、运 12、肖特 360、双水獭、运五、大篷车、DA40、小鹰 500、西门诺尔、西锐 SR20、塞斯纳 172R、钻石 DA40D
B		萨伯 340、安 24、安 26、运 7、冲 8、美多-23、ATR-72、雅克 40
C	C4	BAe146、安 12、运 8、L100、C130、空中国王 350、道尼尔 328、冲八 400Q（DH80）、福克 50
	C3	福克 70、福克 100、雅克 42
	C2	波音 707、波音 727、波音 737-200、波音 737-300、波音 737-400、波音 737-500、DC9、DC10、MD80、MD82M、MD90、伊尔 86、伊尔 62、伊尔 76、RJ200、奖状、里尔、伊尔 96、豪克 800XP、EMB145、CRJ-200/700、图 134、MD83、安 124、EMB170、首相一号、奖状 525
	C1	A319、A320、A321、波音 737-600、波音 737-700、波音 737-800、波音 737-900、波音 757、C919、奖状 10、湾流 200、图-214、图 154、A300、A310、挑战者 604、图 204、波音 717
D		波音 767、波音 747、波音 777、B787、A330、A340、A380、L1011、MD11、湾流 4
E		暂缺

除以上三种与飞行和空管密切相关的分类标准外，民航还对航空器进行了其他分类，以适应不同的管理要求。

第二节 空中交通管制服务

一、空中交通管制服务的提供

空中交通管制员利用间隔来达到防止航空器与航空器相撞、防止航空器与障碍物相撞的目的。

1. 防止航空器与航空器相撞

为了防止航空器与航空器相撞，管制员需为航空器之间配备间隔。为管制的航空器配备间隔时，应当为航空器提供至少下列一种间隔。

（1）垂直间隔。航空器的垂直间隔应当按照规定的飞行高度层、高度或者高配备。

（2）水平间隔。在同航迹、交叉航迹或者逆向飞行的航空器之间，可以通过保持一个以时间或者距离表示的纵向间隔的方式配备水平间隔；在不同的航路上或者在不同地理位置飞行的航空器之间，可以通过使航空器保持横向间隔（即侧向间隔）的方式配备水平间隔。

管制间隔如图 6-3 所示。

管制员除了利用水平间隔（纵向和侧向间隔）来保证航空器之间的安全外，更方便的是利用垂直间隔来避免航空器相撞，尤其是相对飞行、交叉飞行、追赶飞行时，利用垂直间隔可以很方便地达到调整飞行冲突的目的，因此本节围绕垂直间隔的配备进行介绍，水平间隔的配备在后续课程进行介绍。

2. 防止航空器与障碍物相撞

在空中交通管制服务中，管制员通过最低安全高度来保证航空器与障碍物之间的安全。

空中交通管制服务逻辑结构如图 6-4 所示。

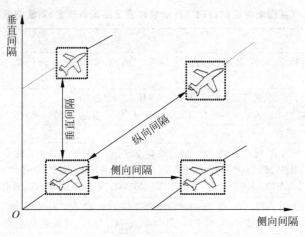

图 6-3　管制间隔示意图

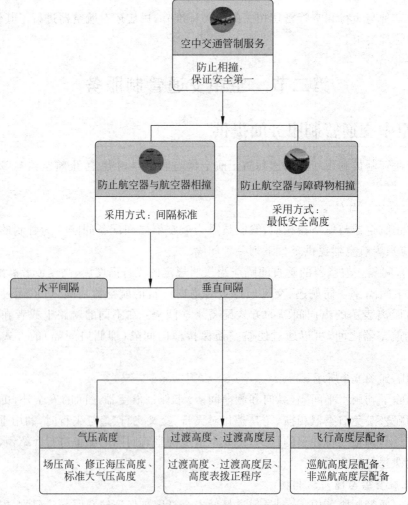

图 6-4　空中交通管制服务逻辑结构图

二、气压高度

高度是人们日常生活中经常遇到和使用的物理概念,其基本特点是有两个点或面,高度指的是一个点相对于另外一个参考面(点)之间的垂直距离。人们日常生活中对高度的理解通常指以下两种情形。

(1) 物理高度,指物体几何尺寸。例如,楼房高度 20m,某人身高 176cm 等。这些关心点和参考(点)都是在一个物体上。

(2) 真实高度,指物体距某一物理面(点)的垂直距离,通常指距离地面(或水面)的垂直距离,简称真高。例如,雷达天线距离地面 45m,海鸥在 20 多米的水面上空翱翔等。这时候关心的点和参考面(点)通常属于不同的物体。

空管中利用垂直间隔达到调整飞行冲突的目的时,管制员关心的都是航空器真高,也就是飞行时航空器距其正下方障碍物或航空器的垂直距离。

根据无线电测距原理,航空器上安装的无线电高度表可以测出航空器的真实高度。如图 6-5 所示,但是,在实际使用中无线电高度表只能作为飞行员在进近着陆阶段的辅助仪表,飞行员不必向管制员报告真高,管制员在任何时候都不能以真高作为调整航空器之间垂直间隔的依据。主要原因如下。

图 6-5 真实高度

(1) 空中不同航空器分布在不同的地理位置,不同的航空器测量的真高是距其正下方地标的垂直距离,假设 10 架航空器报告各自的真高,随着地面障碍物的高低起伏,则存在 10 个不同基准面,对于管制员来说,无法判断 10 架飞机彼此之间是否具备足够的垂直间隔。

(2) 飞机在空中是高速运动的,在航线飞行的飞机速度为 15km/min 左右,就同一架飞机而言,其下方的地理环境瞬间发生巨变,假定此时飞机一直保持平飞,但是无线电高度表的读数却在无规律地巨幅频繁变化,这样的高度数据对管制员来说没有丝毫意义,飞行员也只是在进近着陆阶段(飞机速度稍小,高度较低,地势起伏较小)才把它作为辅助参考。

(3) 虽然电波速度很快,但是,对于飞行高度较高、速度很快的飞机,其向地面发射的电波和接收到的反射信号存在较大误差,高度指示不准。

鉴于真高在飞行和空中交通管制过程中不能满足安全的需要,因此,必须通过另外的高度测量原理和方法来测量飞行高度。首先要求这种测量方法不能受航空器飞行状态的影响,同时还要能方便管制员判断航空器与障碍物或与其他航空器的真实高度,还需要这种测量方法能方便更换参考面,能很方便地测量出航空器相对于不同参考面的高度。气压高度能满足以上三个基本要求,以下将重点介绍气压高度。

（一）气压与高度的关系

气压高度是指用测量气压的方式来测量高度,是一种间接测量高度的方法。日常生活中在攀登高山时有这样的体会,随着攀上的高度越来越高,越来越感到胸闷、呼吸困难,是因为随着高度的升高气压逐渐减少。经研究,在标准大气条件下高度每升高 8.25m,大气压力减少 1hPa,这正是气压高度表设计时候采用的固定的气压递减率。如图 6-6 所示。根据气压高度表的工作原理,只要测量气压差即可测出高度差,在标准大气条件下其计算公式为

$$高度 \ h = （设定基准面气压 \ P_0 - 所在高度外界气压 \ P_k）\times 8.25 \qquad (6\text{-}1)$$

上式中,气压单位为百帕(hPa),高度单位为米(m)。需要注意的是,只有在标准大气环境下,测量原理上不存在误差,但在非标准大气环境下,会存在测量原理误差。

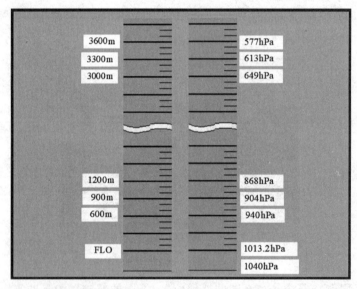

图 6-6　标准大气条件下气压与高度的对应关系

在空管中,气压高度表测量的气压高度比无线电高度测量的真实高度具有以下突出优点。

（1）测量气压高度的精度不受飞行高度、速度、地理环境的影响。

（2）非常方便改变基准面。在不同的飞行区域,根据空中交通管制员的要求,飞行员通过调节气压高度表面板上的旋钮改变气压设定基准,就能够快速测出飞机距不同基准面的垂直距离。

（3）非常方便统一基准面。管制员通知飞行员将气压高度表的基准气压设定为某一固定值,如 1013.2hPa 或跑道入口处的气压值等。高度表感受当时的外界大气压力,就能够测出外界大气压力与高度表设定的基准气压差值,然后转换成高度显示。管制员只要通知空中多架航空器将气压高度表的基准气压设定为同一固定值,就能够保证这些飞机的气压

高度表显示的高度使用的是同一基准面,管制员就能够根据飞行员的报告或者二次雷达屏幕上显示的不同航空器的高度值,快速判断航空器之间的真实的垂直距离。

A320 驾驶舱主飞行显示器部分的高度表(高度带)如图 6-7 所示。

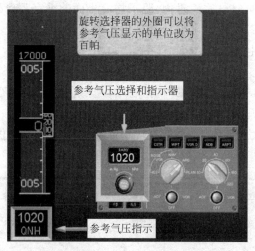

图 6-7　A320 驾驶舱主飞行显示器部分的高度表(高度带)

(二) 场面气压高、修正海平面气压高度、标准气压高度

确定航空器在空间的垂直位置需要两个要素:设定的基准面和自该基准面至航空器的垂直距离。在飞行的不同阶段,需要重点关注的航空器高度基准面不同,为能方便区分使用,航空器对应不同的测量基准面,相应的垂直位置具有特定的名称。

为便于后面的学习,首先介绍几个相关的名词定义。

(1) 高(height):指自某一个特定基准面量至一个平面、一个点或者可以视为一个点的物体的垂直距离。

(2) 高度(altitude):指自平均海平面量至一个平面、一个点或者可以视为一个点的物体的垂直距离,也就是俗称的海拔高度,也称绝对高度。航图和日常使用的地图中标注的山峰、障碍物等高度均指此高度。航空器在起飞离场和进场进近阶段,最需要的是保证安全越障,因此在此阶段飞行管制员更关心这个高度,必须保证航空器实际位置高出障碍物绝对高度以上一个足够的安全裕量,从而保证航空器安全越障。

(3) 标准气压高度:指以气压为 1013.2hPa 对应的物理面为基准面测至某被测点的垂直距离。

(4) 飞行高度层(flight level):指以气压为 1013.2hPa 等压面为基准(对应的物理面可能是曲面),建立起来的高度层,层与层之间具有规定的气压差。航空器在巡航阶段,管制员更需要关心的是航空器与航空器之间的高度差,所以在巡航阶段所有航空器都要统一的气压基准面来保证航空器与航空器之间有足够的垂直间隔。实际工作中正是使用标准气压面作为统一的基准面,管制员通过为航空器分配不同飞行高度层来保证航空器间的垂直间隔。

(5) 高度表拨正值:指将气压高度表的基准气压刻度调整到某一气压值,也就是需要设定的基准面的气压值。可以根据不同飞行阶段的需要,设置不同高度表拨正值。如需要知道航空器距离跑道的垂直距离,那么高度表拨正值就应该拨正到跑道面场面气压值;表示高度时,应该使用修正海平面气压作为高度表拨正值;表示标准气压高度或飞行高度层时,必须使用标准大气压作为高度表拨正值。

(6)标高(elevation):机场(障碍物)距平均海平面的垂直距离称为机场(障碍物)标高,在航图上注明数值和地理位置。可见标高是机场或障碍物高度的一种特定表示,有时也称高程,严格意义上应该叫标高度。

1. 场面气压高

场面气压(q field elevation,QFE)简称场压,是指航空器着陆区域最高点的气压。

场面气压高简称场压高或场高,是指以着陆区域最高点为基准点,上升至某一点的垂直距离。换句话说,标准大气环境下,高度表拨正值设定为场面气压值时,高度表所指示的数值就是场面气压高,如图6-8所示。

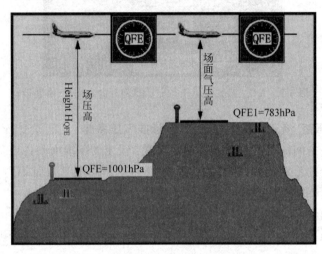

图 6-8 场压高

采用场面气压高的优点是方便判断飞机距跑道的垂直距离。

使用场面气压高的缺点如下:因为地图上注明的障碍物标高是指障碍物最高点距平均海平面的垂直距离,而不是距机场跑道的垂直距离,所以使用 QFE 不能给飞行员提供直观的超障参考;因为高海拔机场的场压很低,一些老式气压高度表的气压刻度窗不能调到过低的气压值,所以在高原机场有些老式气压高度表无法使用 QFE;终端管制区负责本区内多个机场的航空器进、离场的管制工作,这些机场的标高差异导致场压的差异,如果进出这些机场的航空器使用各自起飞机场的场压作为高度表拨正值,则管制员无法根据直观判断这些航空器之间是否具备足够的垂直间隔,如果为了统一基准面而指定某一个机场的场压值作为终端管制区内所有飞机的高度表拨正值,则对进出周围其他机场的航空器来说,更无优点可言。所以在终端区内不宜使用 QFE;同理,来自不同机场的飞机在航线上汇聚、交叉,更不宜使用 QFE。

场面气压高的使用范围是只能在进近、起飞和着陆阶段使用。鉴于场压高存在诸多不安全因素,欧美国家民用机场一般不使用,但部分军用机场仍然使用。我国过去所有机场都使用 QFE,但现在民航机场也已不再使用 QFE。

2. 修正海平面气压高度

前面提到，航空器在起飞离场以及进场进近阶段最需要关心的是航空器的越障，必须保证足够的高度安全裕量，因航图上障碍物都是以平均海平面为基准物理面标注的高度，也就是标高，绝对高度。为方便航空器越障，其高度测量的基准物理面也应该设为平均海平面，即将气压高度表拨正值设为平均海平面气压，这样方便飞行员和管制员计算航空器的超障裕量。但是如果将平均海平面气压值作为气压高度表拨正值，会出现以下问题。

(1) 因气压高度表均是按照标准大气环境设计的，也就是气压递减率固定在 $-8.25\mathrm{m/hPa}$，而在实际中绝大部分时候大气环境都不是标准大气，气压递减率就不再是 $-8.25\mathrm{m/hPa}$，那么此时气压高度表指示的高度与实际航空器高度就会出现偏差。

(2) 不方便测量平均海平面气压。有的机场标高很高，直接垂直向下测量此处海平面气压不方便。另外，因水平距离相差很远之后，大气环境也会相差很大，所以也不能将甲地测得的平均海平面气压直接拿到乙地使用。

为了解决上述问题，就需要采取一个变通的办法，要求是测量基准面还是平均海平面，同时要能利用气压式高度表固定 $-8.25\mathrm{m/hPa}$ 的气压递减率，为此引入修正海平面气压。按照前述气压与高度变化的关系，在标准大气条件下，可得

$$\text{机场标高} = (P_\text{修} - \text{QFE}) \times 8.25 \tag{6-2}$$

$$P_\text{修} = \text{QFE} + \frac{\text{机场标高}}{8.25} \tag{6-3}$$

$P_\text{修}$ 称为修正海平面气压，用 QNH 表示，指将观测到的场面气压，按照标准大气条件修正得到的气压，可以将此时 $P_\text{修}$ 对应的物理面称为修正海平面。

需要说明的是，QNH 是通过测量场压，通过机场标高修正得到的，气压高度表放在机场测量标高点处显示的高度值与机场标高是完全相等的。在实际运行过程制定各种越障标准时均已考虑到各种误差，故可以认为当气压高度表拨正值为 QNH，高度表指示的高度就等效为航空器高出平均海平面的高度。

1) 与场压高相比，修正海平面气压高度的优点

(1) 使用 QNH 能方便地判断航空器距障碍物的垂直距离，因为航空器和障碍物的高度测量基准面是相同的。

(2) 不受高原机场限制。不同季节、不同地区修正海平面气压值通常在 $980\sim1040\mathrm{hPa}$ 之间，几乎所有气压高度表都能调到这个气压范围。

(3) 终端区使用 QNH，满足同一空域内的航空器使用统一的气压基准面的要求。因为大气在邻近机场的区域内特性变化不大，终端区内大气状况近似相等，根据基本修正公式"QNH=QFE+机场标高/气压递减率"可以得出：根据终端区内不同机场的 QFE 修正而得到的 QNH 近似相等。

2) 采用修正海平面气压高度与采用场压高相比较的缺点

(1) 不方便判断飞机距跑道的垂直距离，需要根据公式"场压高=修正海平面气压高度-机场标高"进行推算。采取以下方法可以避免此项缺点：第一种方法是在航图上标明不同航段和位置点的飞机应飞修正海平面气压高度；第二种方法是将飞机上另一个高度表短时切换到 QFE 拨正值作为参考。

(2) 飞机在航线上不能使用 QNH。因为航线飞行距离较远，相去甚远的机场大气状况

差异可能很大,气压垂直递减规律差异也很大,根据基本修正公式"QNH=QFE+机场标高/气压递减率"可以得出:根据相距较远的不同机场的 QFE 修正而得到的 QNH 值相差很大,不能满足同一管制区内使用统一基准面的要求。

统筹考虑以上的优缺点,我国民用机场在 2001 年 8 月至 2002 年 8 月完成了高度表拨正程序改革方案,规定在终端区飞行使用 QNH 为高度表拨正值。

3. 标准气压高度

标准大气压(q normal elevation,QNE)是指在标准大气条件下平均海平面的气压,其值为 1013.2hPa(或 760mmHg)。

标准气压高度是指以标准大气压 1013.2hPa 为气压基准面,上升至某一点的垂直距离。即气压高度表拨正值为标准大气压值时,高度指针所指示的数值就是标准气压高度。

飞行高度层(flight level)是指以 1013.2hPa 气压面为基准的等压面,各等压面之间具有规定的气压差,而其对应的物理面之间的实际距离可能是不同的。

使用标准气压高度的优点:航线飞行使用 QNE 固定拨正值,满足同一管制区使用统一基准面的要求,方便判断航空器之间的垂直距离差。

使用标准气压高度的缺点:不方便判断飞机距障碍物的垂直距离。因为地图上的障碍物标高是指障碍物最高点距平均海平面的垂直距离,所以使用 QNE 不能给飞行员提供直观的超越障碍物的参考。通常,标准大气压与修正海平面气压的差值在 $-30\sim+30$hPa 之间,判断超障高度的误差在 $-250\sim+250$m 之间。同时也不方便用来判断航空器距跑道的距离。

标准气压高度的适用范围如下。

(1) 用于航线飞行。

(2) 在高海拔机场进近着陆时也可使用,通过假定零点高度,判断飞机距跑道的垂直距离。假定零点高度(零点高度),实际上就是机场跑道平面的标准气压高度,主要用于高原机场,航空器在起飞、着陆时,气压高度表的气压窗口不能显示场面气压而使用标准大气压为高度表拨正值,管制员向航空器通报零点高度,飞行员根据公式"场压高=标准气压高度-零点高度"推算飞机距跑道的垂直距离,但不如使用 QNH 安全和方便。在我国民用机场,已经统一使用修正海平面气压拨正值代替 20 世纪的场面气压拨正值和"零点高度",但我国军用机场和部分军民合用机场仍然继续使用此种方法。

4. 三种气压高、高度的比较

通过上面的分析可以看到:三种气压高、高度的测量都是通过改变气压高度表的气压基准值来实现的。三者之间的比较分别如图 6-9 和表 6-5 所示。

表 6-5　三种气压高、高度比较

名　　称	拨正值	主 要 优 点	主 要 缺 点	适 用 范 围
场压高	QFE	方便测量航空器距跑道垂直距离	不便越障;终端、航线不宜使用	航空器进近、起飞、着陆阶段
修正海平面气压高度	QNH	方便比较航空器与障碍物的垂直距离	不便判断距跑道垂直距离;航线飞行阶段不宜使用	航空器进场、离场、进近阶段
标准气压高度	QNE	方便判断航空器之间的垂直距离差	不便越障;不便判断距跑道垂直距离	航线飞行阶段

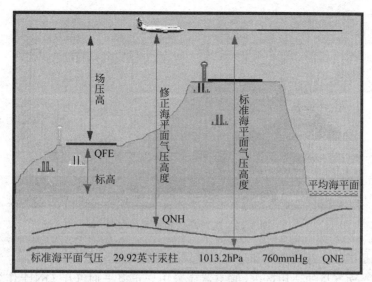

图 6-9　三种气压高、高度

三、过渡高度、过渡高度层与高度表拨正程序

（一）修正海平面气压、标准大气压的适用区域

为了保证安全,航空器在不同飞行阶段飞行时,需要重点关注的高度有所不同,从而需要采用不同的基准面测量高度,以方便飞行员和管制员使用。

为了便于管制员和飞行员掌握航空器的超障余度,航空器在机场附近起飞、爬升、下降和着陆过程中最需要保证的是航空器与其垂直下方的障碍物有足够的高度差余量,避免与障碍物相撞,所以此阶段飞行的航空器和障碍物在垂直方向上应使用同一测量基准,即平均海平面。因此,在机场地区应使用修正海平面气压(QNH)作为航空器的高度表拨正值。

在航路飞行阶段,此时航空器的飞行高度都比较高,与其垂直下方的障碍物已经有非常大的高度差,此阶段最需要关心的是航空器与其他航空器保持足够的高度差,所以需要此阶段飞行的所有航空器使用统一的高度测量基准面。因此,航线飞行时统一使用 QNE 作为高度表拨正值。

为了便于空中交通管制员和飞行员明确不同高度基准面的有效使用区域,并正确执行高度表拨正程序,高度表拨正值的适用范围在水平方向上用修正海平面气压适用区域的侧向界限作为水平边界,在垂直方向上用过渡高度和过渡高度层作为垂直分界。

1. 修正海平面气压的适用区域

过渡高度(transition altitude,TA)是指一个特定的修正海平面气压高度,在此高度或以下,航空器的垂直位置按照修正海平面气压高度表示。

过渡高度层(transition level,TL)是指在过渡高度之上的最低可用飞行高度层。在此高度或以上,航空器的垂直位置按照标准气压高度表示。过渡高度层高于过渡高度,二者之间满足给定的垂直间隔(300～600m),如图 6-10 所示。

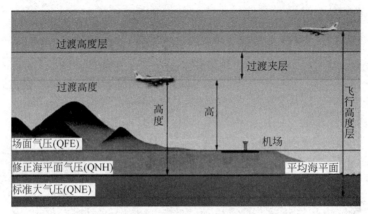

图 6-10　过渡高度和过渡高度层

过渡夹层是指位于过渡高度和过渡高度层之间的空间。

在修正海平面气压的适用区内,航空器应采用修正海平面气压 QNH 作为高度表拨正值,高度表指示的是航空器的高度,航空器着陆在跑道上时高度表指示机场标高,如图 6-11 所示。

图 6-11　修正海平面气压的适用区域

2. 划定修正海平面气压适用区域的水平边界的方法

除了在垂直方向上需要划定 QNH 的适用范围外,在水平方向也需要划定其适用范围,划定遵循以下原则。

（1）以机场的 VOR/DME 为圆心,在半径 55km（30n mile）以内使用该机场修正海平面气压 QNH,以外使用标准大气压 QNE。

（2）有若干个 VOR/DME 台的机场,则应明确定位的台,在半径 55km（30n mile）以内使用该机场修正海平面气压 QNH,以外使用标准大气压 QNE。

（3）没有 VOR/DME 台的机场,以航线 NDB 台为圆心,在半径 55km（30n mile）以内使用该机场修正海平面气压 QNH,以外使用标准大气压 QNE。

（4）没有 VOR/DME 台和航线 NDB 台的机场,以主降方向的一个 NDB 台为圆心,在半径 55km(30n mile)以内使用该机场修正海平面气压 QNH,以外使用标准大气压 QNE。

（5）如果有 DME 与 ILS 下滑台合建,以 DME 为圆心,在半径 55km(30n mile)以内使用该机场修正海平面气压 QNH,以外使用标准大气压 QNE。

（6）机场导航设施不全,航空器难以利用机场导航台定位时,在距机场中心 10min 以内使用该机场修正海平面气压 QNH,10min 以外使用标准大气压 QNE。

（7）设置空中走廊的机场,在空中走廊外口之内用机场修整海平面气压 QNH,在空中走廊外口之外使用标准大气压 QNE。

（8）如果上述选择方法不能满足实际需要时,还可以使用以下方法确定使用 QNH 的水平边界：强制报告点；管制交接点；机场区域范围界限；管制协调规定中明确的范围。

3. 标准大气压的适用区域

在未建立过渡高度和过渡高度层的区域和航路航线飞行阶段,航空器应当按照规定的飞行高度层飞行。各航空器均采用标准大气压,即 1013.2hPa 作为气压高度表拨正值,高度表指示的是标准气压高度。

（二）有关气压高度表拨正的规定

1. 使用统一的高度表拨正值

中国民航规定,军用、民用航空器在同一机场同时飞行的,必须统一航空器上气压高度表拨正时机和拨正值。

2. 建立机场过渡高度和过渡高度层的原则

（1）过渡高度层高于过渡高度,且二者垂直距离至少为 300m(300～600m)。

（2）一般过渡高度层确定后不随气压的变化而变化。

注意：为了确保在气压变化很大的情况下,过渡夹层有安全合理的垂直空间,当机场海平面气压小于 979hPa(含)时,过渡高度应降低 300m；当机场的修正海平面气压大于 1031hPa 时,过渡高度应提

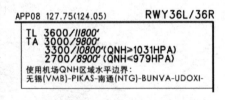

图 6-12　某机场 TA/TL 设置图

高 300m,如图 6-12 所示。有些机场采用固定过渡高度不变而调整过渡高度层的方式来保证过渡夹层的厚度。

（3）过渡高度不得低于仪表进近程序的起始进近高度。

（4）终端管制区的上限高度应尽可能与过渡高度一致,以便于管制调配。

（5）两个或两个以上机场之间距离较近,需要建立协调程序时,应建立共同的过渡高度和过渡高度层,这个共用的过渡高度和过渡高度层必须是这些机场规划的过渡高度和过渡高度层中最高的。

3. 建立机场过渡高度和过渡高度层的办法

建立机场过渡高度和过渡高度层的规定如表 6-6 所示。

表 6-6   机场过渡高度和过渡高度层的建立办法

机 场 标 高	过 渡 高 度	过 渡 高 度 层
1200m（含）以下	3000m	3600m
1200～2400m（含）	4200m	4800m
2400m 以上	视需要定	视需要定

4. 高度表的拨正程序和拨正时机

高度表的拨正程序和拨正时机如图 6-13 和图 6-14 所示。

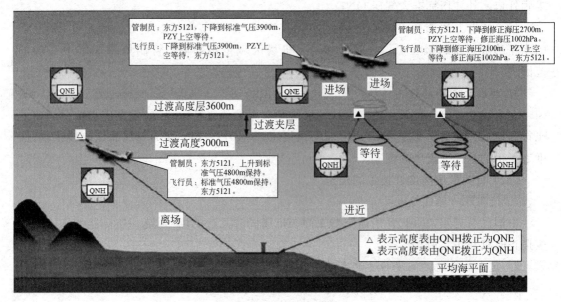

图 6-13　高度表的拨正程序

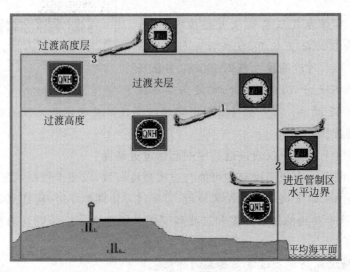

图 6-14　高度表的拨正时机

在规定有过渡高度和过渡高度层的机场,高度表的拨正程序和拨正时机如下。

1)离场航空器

(1)起飞前在放行许可中必须包括本场 QNH,并将此作为气压高度表拨正值。

(2)离场航空器在爬升过程中,保持本场的 QNH 直至达到过渡高度。在穿越过渡高度时立即将高度表拨正值调到标准大气压 QNE,其后航空器的垂直位置用标准气压高度表示。

(3)离场航空器在爬升过程中,若在过渡高度以下穿越 QNH 适用区域的侧向水平边界,必须立即将高度表气压刻度调到标准大气压 QNE,其后航空器的垂直位置用标准气压高度表示。

2)进场航空器

(1)进场航空器在进场、进近许可或加入起落航线许可中应包括本场 QNH,在过渡高度层或以上飞行时使用标准大气压 QNE 拨正值,垂直位置用标准气压高度表示。

(2)进场航空器在下降穿过机场的过渡高度层时,应立即将气压高度表拨正值调到本场 QNH 值,其后航空器的垂直位置用高度表示。

(3)进场航空器在过渡高度以下进入 QNH 适用区域的侧向边界时,应立即将高度表气压刻度调到本场 QNH 值,其后航空器的垂直位置用高度表示。

3)飞越机场的航空器

(1)在过渡高度层或者以上飞越机场的航空器,高度表拨正值使用标准大气压 QNE。

(2)在过渡高度以下飞越机场的航空器,在 QNH 适用区域内飞行时,其高度表拨正值使用 QNH;在 QNH 适用区域外飞行时,使用其高度表拨正值使用标准大气压 QNE。

(3)因在过渡夹层中不同航空器高度表拨正值可能不一致,为保证安全,过渡夹层不得用于平飞。当航路、航线飞行高度层恰好在某机场过渡夹层,且要穿越此机场 QNH 适用区域的水平边界时,管制员必须指令飞行员改变航空器飞行高度层,避开过渡夹层。

4)航空器在相邻机场之间飞行

在相邻机场之间飞行的航空器(不含飞越航空器),其高度表拨正程序按照管制移交协议的有关规定执行。

5.航空器等待高度气压面的确定及等待高度的使用

航空器在过渡高度层(含)以上等待,高度表拨正使用标准大气压(QNE),最低等待高度层为过渡高度层。

航空器在过渡高度(含)以下等待,高度表拨正值使用机场修正海压(QNH),最高等待高度为过渡高度。每间隔 300m 为一个等待高度,最低等待高度不得低于起始进近高度。

(三)有关注意事项

(1)有些国家规定,当修正海平面气压达到一定数值时,要相应调整过渡高度层。而我国大部分是规定过渡高度层不改变,必要时相应调整过渡高度。

(2)管制员在管制过程中,对在修正海平面气压适用区域的侧向边界附近且高度在过渡高度上下运行的航空器要特别注意最低间隔的配备。

(3)管制员提供 QNH 的时机:空中交通管制发给航空器的放行许可、进场、进近许可和进入起落航线许可中应包括 QNH。

(4)QNH 和 QFE 共存时应注意的问题:当飞行员请求使用场面气压值 QFE 时,管制员可以在进近和着陆许可中提供,但飞行员只能在最后进近阶段使用 QFE。QNH 适用区域内,管制员应以 QNH 为基准在各航空器之间配备垂直间隔。

(5) 管制员和飞行员应切记:过渡夹层不得用于平飞。当航路或航线的飞行高度层恰在过渡夹层内,航空器在进入 QNH 适用区域的侧向边界时,应按照管制员的指令调整飞行高度层,以避免在过渡夹层内平飞。

(6) 管制员和飞行员均应严格遵守高度表拨正程序,正确掌握高度表拨正时机。

四、飞行高度层配备与缩小垂直间隔

为了确保安全和有效利用空域,便于运行管理,需要对航空器在空中飞行时高度配备进行科学规划和配置。

(一)飞行高度层配备

1. 巡航高度层配备

航空器进行航路和航线飞行时,应当按照所配备的巡航飞行高度层飞行,我国现行的巡航高度层配备如图 6-15 所示。巡航高度层按照下列方法划分。

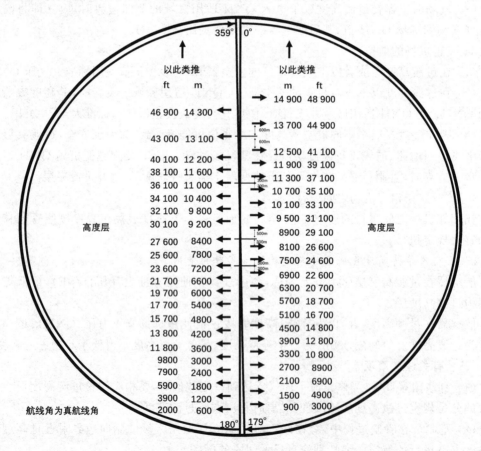

图 6-15 飞行高度层配备示意图

注:管制员将发布米制飞行高度层指令。飞行机组应当根据中国民航飞行高度层配备标准示意图(表)来确定对应的英制飞行高度层。航空器应当飞对应的英制飞行高度层。航

空器驾驶员应当知晓公英制转换带来的差异,驾驶舱仪表显示的米制高度与管制指令的米制高度不一定完全一致,但存在的差异不会超过30m。

（1）真航线角在0°~179°范围内,高度由900~8100m,每隔600m为一个高度层;高度由8900~12 500m,每隔600m为一个高度层;高度在12 500m以上,每隔1200m为一个高度层。在12 500m(含)以下满足"东单"的原则。

（2）真航线角在180°~359°范围内,高度为600~8400m,每隔600m为一个高度层;高度由9200~12 200m,每隔600m为一个高度层;高度在13 100m以上,每隔1200m为一个高度层。在12 200m(含)以下满足"西双"的原则。

（3）巡航高度层应当根据标准大气压条件下假定的海平面计算。真航线角应当从航线起点和转弯点量取,如果航线的个别航段曲折,应当根据该航线总的方向规定。

2.非巡航高度层配备

机场塔台或进近管制室管制区域内的飞行高度层配备,不论使用何种高度表拨正值,不论航向如何,航空器垂直间隔在12 500m以下不得小于300m。

机场等待空域的飞行高度层配备,从600m开始,每隔300m为一个高度层。最低等待高度层距离地面最高障碍物的真实高度不得小于600m,距离仪表进近程序起始高度不得小于300m。

航路等待空域的飞行高度层配备,高度在8400m以下时,每隔300m为一个等待高度层;高度在8400~8900m,每隔500m为一个等待高度层;高度在8900~12 500m,每隔300m为一个等待高度层;高度在12 500m以上,每隔600m为一个等待高度层。航路等待空域的最低飞行高度层不得低于航线最低飞行高度。

3.选择巡航高度层应当考虑的因素

（1）只有在航线两侧各25km以内的最高标高不超过100m、大气压力不低于1000hPa(750mmHg)时,才能允许在600m的高度层飞行,如果最高标高超过100m、大气压力低于1000hPa(750mmHg)时,巡航飞行高度层应当相应提高,以保证飞行的真实高度不低于安全高度。

（2）航空器的最佳巡航高度层。

（3）航线天气状况。

（4）航线最低飞行的安全高度。

（5）航线巡航高度层占用和空闲情况。

（6）飞行任务的性质。

（二）缩小垂直间隔和RVSM空域

1.缩小垂直间隔和RVSM空域的定义

缩小垂直间隔(reduced vertical separation minimum,RVSM)是相对于常规垂直间隔(conventional vertical separation minimum,CVSM)而言的。国际民航组织建议的RVSM指FL290与FL410(含)之间将原来的2000ft垂直间隔最低标准缩减到1000ft。我国于2007年11月22日零时(北京时)起,在我国境内的沈阳、北京、上海、广州、武汉、昆明、兰州、乌鲁木齐飞行情报区以及三亚飞行情报区岛内空域实施RVSM。在上述飞行情报区及扇区内8900~12 500m定义为RVSM空域。

2. 在缩小垂直间隔标准空域内的运行

除非满足下列条件,任何人不得在缩小垂直间隔(RVSM)空域内运行。

(1) 航空器及其机载系统(含空中交通警戒与防撞系统)应当获得适航审定的批准。

(2) 具备相应的运行程序。

(3) 飞行机组人员接受了有关的航空理论知识和飞行训练等培训。

(4) 向空中交通管制提交的飞行计划中说明了缩小垂直间隔(RVSM)运行能力和航空器的状况。

(5) 上述(1)款至(4)款不适用于根据 CCAR-121 部规章颁发的运行合格证持有人所实施的运行。按 CCAR-91-R4 运行的任何民用航空器驾驶员不得做根据 CCAR-121 部规章颁发的合格证持有人所实施在缩小垂直间隔(RVSM)空域内运行,除非该运行是按照该合格证持有人的运行规范进行的。

获准 RVSM 运行的民用航空器可以在 RVSM 空域内飞行。未获准 RVSM 运行的航空器,除非事先得到民航局空管局运行管理中心或地区空管局批准,方可在 RVSM 空域运行;否则应当在 8400m 以下飞行,或者在 13 100m 以上飞行,不得在 RVSM 空域内运行。

在 RVSM 空域内,获准 RVSM 运行的航空器之间的最小垂直间隔为 300m。

在 RVSM 空域内,管制员应当为以下的航空器之间配备最小为 600m 的垂直间隔:①未获准 RVSM 运行的航空器与其他任何航空器之间;②通信失效或发生其他特殊情况的航空器与其他任何航空器之间。

五、最低安全高度

最低安全高度是避免航空器与地面障碍物相撞的最低飞行高度。

1. 航线仪表飞行航空器的最低安全高度

航路、航线飞行或者转场飞行的安全高度,在高原和山区应当高出航路中心线、航线两侧各 25km 以内的最高标高 600m;在其他地区应当高出航路中心线、航线两侧各 25km 以内的最高标高 400m。

受性能限制的航空器,其航路、航线飞行或者转场飞行的安全高度由有关航空管理部门另行规定。

航线飞行时,600m 的安全余度已是最小值,高度表拨正值为 QNE,而航图上障碍物标高是以平均海平面为基准面,基准面是不统一的,当 QNH 比 QNE 小 30hPa 多时,气压误差已经接近 300m,飞机距障碍物最高点的真高只有大约 300m,如果再考虑气压高度表误差和气流颠簸等综合误差因素,真高可能还会更小。因此飞行员和管制员必须严格遵守最低安全高度规定,否则极有可能发生撞山事故。

2. 机场区域内仪表飞行的最低安全高度

以机场归航台为中心,在半径 55km 范围内,距离障碍物的最高点,平原地区不得少于 300m,丘陵和山区不得少于 600m。

航空器利用仪表进近程序图进入着陆的过程中,飞行高度不得低于该程序所规定的最低超障高度。

3. 航线目视飞行的最低安全高度

巡航表速在 250km/h(不含)以上的航空器,按照航线仪表飞行最低安全高度的规定执行。

巡航表速在 250km/h(含)以下的航空器,通常按照航线仪表飞行最低安全高度的规定执行;如果低于最低高度层飞行时,距航线两侧各 5km 地带内最高点的真实高度,平原和丘陵地区不得低于 100m,山区不得低于 300m。

4. 机场区域内目视飞行的最低安全高度

巡航表速在 250km/h(不含)以上的航空器,按照机场区域内仪表飞行最低安全高度的规定执行。

巡航表速在 250km/h(含)以下的航空器,距离最高障碍物的真实高度不得小于 100m。

第三节 飞行情报服务

飞行情报服务的任务是向飞行中的航空器提供有助于安全和有效地实施飞行的建议和情报。飞行情报服务由民航局指定的管制单位提供,并按照规定程序予以公布。

管制单位应当向接受其空中交通管制服务的航空器提供飞行情报服务。管制单位可以向了解情况的但未接受其空中交通管制服务的航空器提供飞行情报服务。

管制单位同时提供飞行情报服务和空中交通管制服务时,空中交通管制服务应优先于飞行情报服务。

为航空器提供飞行情报服务的责任通常在其飞越共同飞行情报区或者管制区边界时移交。

在航空器进入下一飞行情报区或者管制区并与有关管制单位建立双向通信联络之前,当前管制单位应当尽可能继续为其提供飞行情报服务。

一、航行通告

航行通告(notice to airmen,NOTAM)是航空情报服务机构所提供的一种动态信息服务。它是有关航行的设施、服务、程序的设立、状况、变化,以及涉及航行安全的危险情况及其变化的通知。航行通告以报文的形式通过航空固定电信网(AFTN)发布。雪情通告(SNOWTAM)是航行通告的一个专门系列,是以特定格式拍发的,针对机场活动区内有雪、冰、雪浆及其相关的积水导致危险的出现和排除情况的通告。火山通告(ASHTAM)是航行通告的一个专门系列,是以特定格式拍发的,针对可能影响航空器运行的火山活动变化、火山爆发和火山烟云的通告。

二、自动终端情报服务

自动终端情报服务(automatic terminal information service,ATIS)由塔台管制单位负责提供。在年起降超过 36 000 架次的机场,为了减轻空中交通管制甚高频陆空通信波道的通信负荷,应当设立自动终端情报服务系统,为进、离场航空器提供信息服务。

提供自动终端情报服务可以选择下列方式之一。

（1）向进场航空器提供服务的通播。

（2）向离场航空器提供服务的通播。

（3）同时向进场和离场航空器提供服务的通播。

（4）若为进场和离场航空器同时服务的通播播放一遍所需时间过长时，应当为进场与离场的航空器分别提供通播。

（一）话音自动终端情报服务

自动终端情报服务通播应当在一个单独的频率上播放。

1. 自动终端情报服务通播要求

（1）通播只播放一个机场的情报。

（2）通播应当持续、重复播放。

（3）通播的内容应当按照拼读字母的形式予以识别，连续性的通播的代码应当按照英文字母的顺序依次排列、循环。

（4）话音自动终端情报服务通播不得使用仪表着陆系统的音频波道播放。

（5）如果话音通播使用多种语言时，不同语言可以使用不同的频道。

（6）使用话音通播的报文，一般不超过30s，并应当注意通播报文的清晰度。

自动终端情报服务通播应当在机场开放期间每小时更新一次。通播的情报内容有重大变化时，应当立即更新。当同时提供话音和数据链自动终端情报服务时，话音通播和数据链自动终端情报服务应当同时更新。

当同时提供话音自动终端情报服务和数据链自动终端情报服务时，数据链通播的内容应当与话音通播一致。

当气象条件变化迅速，不宜利用自动终端情报服务来提供天气情报时，则应当在通播报文中说明，有关天气情报将在首次与有关管制单位联络时提供。

航空器与提供管制服务的管制单位建立了通信联络时，应当表明已收到通播。当证实收到现行通播中的情报，管制单位则不需要再向该航空器直接发送通播中的情报，但是管制单位仍然需要向航空器提供高度表拨正值。

当发现航空器收到的通播不是最新的时，管制单位应当及时将任何需要更新的情报内容发送给航空器或通知机组收听最新的通播。

2. 同时为进场和离场航空器提供服务的自动终端情报服务通播时的内容顺序

（1）机场名称。

（2）进场与离场识别代号。

（3）通播代码。

（4）需要时，指明观测时间。

（5）预计进近类别。

（6）使用跑道。

（7）重要的跑道道面情况，需要时提供道面刹车效应情况。

（8）需要时，提供延误的情况。

（9）过渡高度层。

（10）其他重要运行信息。

（11）地面风向风速。

（12）能见度、跑道视程。

（13）当前天气现象。

（14）低于1500m或者最高的扇区最低安全高度的云、积雨云、天空不明时可获得的垂直能见度。

（15）大气温度。

（16）露点温度。

（17）高度表拨正值。

（18）可获得的有关进近和爬升区域内的重要天气情报,包括风切变和对运行有重要影响的最新的天气情报。

（19）可获得的趋势型天气预报。

（20）其他自动终端情报服务信息。

3. 只为进场航空器提供服务的自动终端情报服务通播应当包含的主要内容

（1）机场名称。

（2）进场识别代号。

（3）通播代码。

（4）需要时,指明观测时间。

（5）预计进近类别。

（6）主用着陆跑道。

（7）重要的跑道道面情况,需要时提供道面刹车效应情况。

（8）需要时,提供延误的情况。

（9）过渡高度层。

（10）其他重要运行信息。

（11）地面风向风速。

（12）能见度、跑道视程。

（13）当前天气现象。

（14）低于1500m或者最高的扇区最低安全高度的云、积雨云、天空不明时可获得的垂直能见度。

（15）大气温度。

（16）露点温度。

（17）高度表拨正值。

（18）可获得的有关进近区域内的重要天气情报,包括风切变和对运行有重要影响的最新的天气情报。

（19）可预测的天气变化趋势。

（20）其他自动终端情报服务信息。

4. 只为离场航空器提供服务的自动终端情报服务通播应当包含的主要内容

（1）机场名称。

（2）离场识别代号。

（3）通播代码。

（4）需要时，指明观测时间。

（5）起飞跑道。

（6）起飞跑道道面情况，需要时提供道面刹车效应情况。

（7）需要时，提供延误的情况。

（8）过渡高度层。

（9）其他重要运行信息。

（10）地面风向风速。

（11）能见度、跑道视程。

（12）当前天气现象。

（13）低于 1500m 或者最高的扇区最低安全高度的云、积雨云、天空不明时可获得的垂直能见度。

（14）大气温度。

（15）露点温度。

（16）高度表拨正值。

（17）可获得的有关爬升区域内的重要天气情报，包括风切变和对运行有重要影响的最新的天气情报。

（18）可预测的天气变化趋势。

（19）其他自动情报服务信息。

例 1 上海浦东国际机场通播 K，世界协调时 01：37，预期 ILS 进近，跑道 35L，34R，起飞跑道 35R，34L，降落跑道 35L，34R，风向 340°，风速 10m/s，阵风风速 15m/s，能见度大于 10km，少云，云底高度 1200m，气温 0℃，露点－11℃，修正海压 1038hPa，终端区修正海压 1038hPa，进近频率 125.4，离场航空器离地后自行脱波联系上海进近。

例 2 Stansted Information Hotel，time 2150，

Runway in use：22，Expect an ILS approach，

Ground is closed，delivery is closed，

Surface wind 210，11 knots，

Visibility 10 kilometers or more，

Slight rain，

Broken 700 feet，overcast 1100 feet，

Temperature：9，dew point 8，

QNH：982 hectopascal，

Transition Level：FL 70，

Runway 22：wet-wet-wet，

Acknowledge receipt of information Hotel and advise aircraft type on first contact。

解析： 通播 H，21：50 UTC，跑道 22 ILS 进近，地面和放行频率关闭。地面风 210°，11 节，能见度大于 10km，小雨，700ft 有多云，1100ft 有满天云，气温 9℃，露点 8℃，修正海压 982hPa，过渡高度层 FL70，跑道 22 湿滑。首次联系时报告机型、已收到通播 H。

（二）数据链自动终端情报服务

数据链自动终端情报服务（digital automatic terminal information service，D-ATIS）系统结合数据链通信技术和通播服务技术，为航班提供更为高质量的信息服务，用以改进只提供语音服务的 ATIS（automatic terminal infomation system，自动终端情报服务）系统。D-ATIS 提供当地天气资料和主要机场的跑道状况，利用合成语音和数据链两种方式将 ATIS 信息上传给飞机，能够有效解决繁忙机场因使用人工话音通播造成的低效率，并能够显著提高大型机场管制服务效率和信息服务水平。

D-ATIS 服务流程如下：D-ATIS 系统服务流程以传统自动话音情报服务流程为基础，系统从 AFTN 报文中提取气象信息，由管制员根据机场气象采集和监测系统校验气象信息并输入跑道和其他机场运行信息，合成通播话音信号覆盖传统自动话音情报服务，并生成播报信息报文，发往系统部署在北京网控中心的服务器，服务器存储各个机场实时的自动终端情报服务信息，等待航空器通过地空数据链进行申请。飞行员通过地空数据链发送请求报文，系统服务器接到请求后根据请求类型应答对应的信息报文，以报文的方式回传至飞行员。

D-ATIS 系统在机场开放期间，每半小时自动收取气象部门发布的日常航空天气报告（meteorological routine weather report，METAR）报文并更新一次，并且该系统在收到特殊天气报告（special aviation weather reports，SPECI）报文后立即自动更新通报内容。

D-ATIS 如图 6-16～图 6-19 所示。

图 6-16　D-ATIS 界面（1）

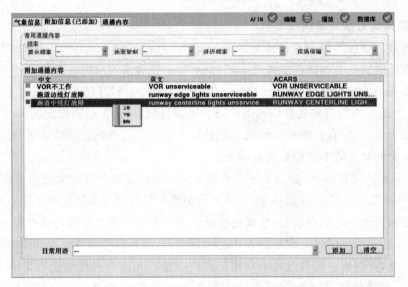

图 6-17　D-ATIS 界面(2)

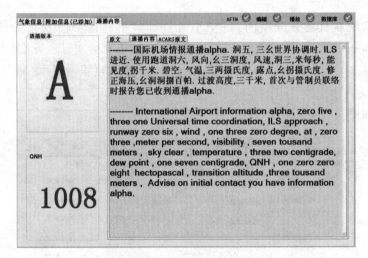

图 6-18　D-ATIS 界面(3)

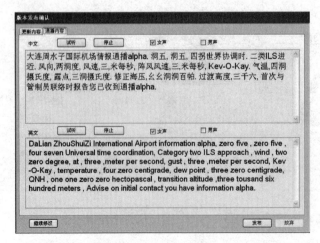

图 6-19　D-ATIS 界面(4)

三、气象情报

(一)气象情报的发布要求

1. 日常航空天气报告

日常航空天气报告(METAR)是一种固定格式的常规航空天气报告,报告内容主要是机场视程范围内的天气实况。管制员在适当时机主动向所有起落的航空器发布(在没有ATIS 或 VOLMET 的情况下),或根据机长的要求发布。

METAR 的格式应按顺序含以下内容:报头、机场名称、时间、风向风速、能见度、跑道视程、重要天气现象、云量、云高、云状(CB 或 TCU)、温度、露点、修正海平面气压、其他情报。

2. 特选天气报

特选天气报(SPECI)是一个特选的固定格式气象报告,其内容是有关机场视程范围内的天气的变化情况,"特选报"的发布对象是所有距起飞机场、目的机场和备降机场 1h 航程内的航空器。"特选报"的格式与"日常航空天气报告"的格式相同。

反映天气变坏的"特选报"应在观测到后立即发布,而反映天气变好的"特选报",应在变化内容稳定 10min 后发布。当一种天气要素转坏而伴有另一种要素转好时,必须发布一份单独的特选报告,这份报告必须作为一份转坏的报告来对等。

3. 航站天气预报

航站天气预报(terminal aerodrome forecasts,TAF)是一种固定格式的航站天气预报,其有效时限为 9~24h,发布对象是所有距起飞机场和备降机场 1h 航程内的航空器。"航站天气预报"应按顺序含以下内容:报头、机场、有效时间、地面风向、风速、能见度、天气现象、云量、云状、云高、结冰状况、颠簸、天气要素变化情况。

4. 重要天气情报

重要天气情报(SIGMET)是用明语编发的,该报反映在航路上出现或预计出现的影响航空器安全远行的天气现象,这些天气现象包括雷雨、强飑线、冰雹、严重颠簸、严重结冰、大范围沙暴和尘暴。在遇到上述各种情况或由某种途径收到上述情报时,如这种重要天气可能会影响到航空器及其前方 2000km 航程内的飞行,管制员应尽快向航空器通报。

重要天气情报的格式应按顺序含以下内容:机场、报头、情报编号、有效时间、天气现象、范围、地点、移动方向、发展趋势、其他。

5. 机场危险天气警告

机场危险天气警告(AD WARNING)是对机场上要出现的或预计出现的危险天气现象的警告。管制员接到警告后立即向所有在该机场起降及在距离机场 1h 航程以内的航空器发出警告。

发布机场危险天气警告应遵循以下标准。

(1) 地面风的平均风速大于 13m/s。

(2) 阵风风速超过 20m/s。

(3) 水平能见度低于 800m。

(4) 有龙卷风、飑线、雷雨及冰雹。

(5) 4 个以上的低云云高低于 170m。

机场危险天气警告格式与重要天气情报格式基本类似。

（二）播发气象情报注意事项

管制单位向航空器和其他有关管制单位通报的气象情报,均以民用航空气象服务机构(以下简称气象服务机构)所提供的情报为准。但管制单位也可通报由航空器驾驶员报告的或管制单位观察到的气象情报,并说明气象情报的来源。

管制单位引接使用气象服务机构自动观测气象情报时,应当与该气象服务机构明确气象情报的使用条件和方法。

气象服务机构所提供的气象情报与塔台管制单位观察到的气象实况有重大差异时,塔台管制单位应当将该情况通知气象服务机构。

收到飞行中的航空器关于颠簸、结冰、风切变、雷雨等重要气象情报时,管制单位应当及时向在该空域内飞行的其他航空器和有关气象服务机构通报。向气象服务机构通报航空器所报气象情报时,应当一并通报该航空器的机型、位置、高度、观测时间。

接到重要气象情报和特殊天气报告后,如果预计在本区内飞行的航空器可能会受到该天气的影响,管制单位应当向可能会受到影响的航空器及相关管制单位进行通报。

（三）跑道视程值的通知

跑道视程(runway visual range,RVR)是指航空器驾驶员在跑道中线上,能看到跑道道面标志、跑道灯光轮廓或辨认跑道中线的距离。通常由仪器测定得到。

跑道视程的主要用途是向航空器驾驶员、空中交通服务部门和其他航空用户提供在低能见度期间有关跑道能见度条件的信息。在许多地方,无论是由于雾还是诸如雨、雪或沙尘暴等引起的低能见度,尤其是天气条件处于机场特定的最低运行标准边缘时,需要用RVR来评估天气情况。

跑道视程需注意两点:一是RVR数值的大小与跑道灯强度有关,跑道灯光强度不同,所测出的RVR值不同,RVR数值在夜间可比地面能见度大5～6倍,在白天大2～3倍。二是跑道视程是用仪器测定的,其方向与跑道平行。

当本场主导能见度或者正在使用跑道的任一位置测量跑道视程RVR小于1500m时,塔台管制员应向起飞或着陆的航空器驾驶员通报RVR数值。

塔台管制员不受气象部门向本场外发布的RVR情报及自动终端情报服务播放的RVR情报的约束,可以根据航空器实际起飞或着陆地带向航空器驾驶员通报该位置的RVR。

当使用的跑道不只一条时,报告RVR时应指明该值所代表的跑道。

塔台管制员通报RVR或者目视能见度时,不得以塔台目视能见度代替RVR或以RVR代替塔台目视能见度。

RVR的使用单位是"米",塔台管制员通报时应按RVR指示器上显示的实际数值报告。

RVR具体通报办法如下。

(1)对离场航空器,管制单位发出地面滑行许可时,由塔台管制员通报起飞跑道的RVR。

(2)对进场航空器,由塔台管制员在发布落地许可时通报着陆跑道的RVR。

(3)当本场主导能见度<1500m,而所有探测点的RVR>2000m时,只通报RVR大于2000m或RVR指示器实际显示数值。

(4)当正在使用的跑道起飞或接地地带RVR≤2000m时,不论其值大小,均应按该地带 RVR 指示器实际显示的数值进行通报。

（5）当跑道中间地带（MID,若有）或终端地带（END）的 RVR≤600m 时,加报中间地带（MID,若有）或终端地带（END）的 RVR。

多点观测的跑道视程分别代表接地段、中间段、停止端的跑道视程,并按照位置顺序通报。

例如：CCA1331,15 号跑道接地段跑道视程 800m,中间段跑道视程 600m,停止端跑道视程 500m。

某机场 RVR 探测仪布置如图 6-20 所示。

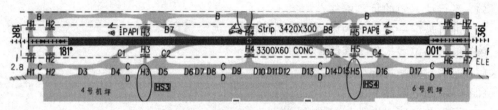

图 6-20　某机场 RVR 探测仪布置图

第四节　告警服务

一、紧急情况的阶段划分

根据航空器紧急程度、遇险性质,可将紧急情况分为情况不明、告警、遇险三个阶段。

1. 情况不明阶段的情形

（1）30min 未能与航空器建立或者保持正常的通信联络。

（2）航空器在预计到达时间以后 30min 内仍未到达。

符合以上条件,但管制单位能够确认航空器及其机上人员安全的除外。

2. 告警阶段的情形

（1）在不明阶段之后,继续设法和该航空器建立通信联络而未能成功,或者通过其他有关方面查询仍未得到关于该航空器的消息。

（2）已经取得着陆许可的航空器,在预计着陆时间后 5min 内尚未着陆,也未再取得通信联络。

（3）收到的情报表明,航空器的运行能力已受到损害,但尚未达到可能迫降的程度。

（4）已知或者相信航空器受到了非法干扰。

3. 遇险阶段的情形

（1）在告警阶段之后,进一步试图和该航空器联络而未成功或者通过广泛的查询仍无消息,表明该航空器已有遇险的可能性。

（2）认为机上燃油已经用完,或者油量不足以使该航空器飞抵安全地点。

（3）收到的情报表明,航空器的运行能力已受到损害可能需要迫降。

（4）已收到的情报表明或有理由相信该航空器将要或已经迫降。

符合以上条件,但有充足理由确信航空器及其机上人员未受到严重和紧急危险的威胁而不需要立即援助者除外。

当发生遇险情况时,管制单位应当立即按规定通知有关援救协调单位,同时应尽快通知航空器的运营人,航空器处于不明或告警阶段后,应当尽可能先通知运营人,然后通知有关援救协调单位。

4. 当航空器发生紧急情况时,管制单位应当将以下信息通知援救协调单位

(1) 航空器所处情况不明、告警或者遇险的阶段情况。

(2) 报警的机构及人员。

(3) 紧急状况。

(4) 飞行计划中的重要资料。

(5) 进行最后一次联络的单位、时间和所用方式。

(6) 最后的位置报告及其测定方法。

(7) 航空器的颜色和显著标志。

(8) 运输的危险品情况。

(9) 报告单位所采取的任何措施。

(10) 其他有关事项。

当发生紧急情况时,应当将该航空器的飞行航迹等情况标画在地图上,以便确定航空器大致的位置,对处于紧急情况航空器附近的其他航空器的飞行也应标出。

当管制单位获悉或者相信某航空器已受到非法干扰,不得在陆空通信中提及此状况。

除航空器受到非法干扰外,当管制单位已确定某航空器处于紧急情况时,应当尽早将紧急状况通知在该航空器附近飞行的其他航空器。

二、搜寻和援救

收到关于航空器情况不明、紧急、遇险的情况报告或者信号时,管制员应当迅速判明航空器紧急程度、遇险性质,立即按照情况不明、告警、遇险三个阶段的程序提供服务。

1. 情况不明阶段应当采取的措施

(1) 立即报告值班领导并与有关管制单位联系。

(2) 按照航空器失去通信联络的程序工作。

(3) 采取相应的搜寻措施,设法同该航空器沟通联络。

2. 告警阶段应当采取的措施

(1) 通知援救协调单位做好准备,并报告值班领导。

(2) 开放通信、导航、监视设备进行搜寻。

(3) 通知有关管制单位,开放通信、导航、监视设备进行搜寻。

(4) 调配空中有关航空器避让,通知紧急状态的航空器改用备用频率,或者通知其他航空器暂时减少通话或者改用备用频率。

(5) 当处于紧急状态的航空器尚无迫降危险时,根据航空器的情况,及时提供有利于飞行安全的指示,协助航空器驾驶员处理险情。

3. 遇险阶段应当采取的措施

(1) 立即报告值班领导,通知有关报告室及其他管制单位,并按照《中华人民共和国搜寻援救民用航空器规定》通知有关援救协调单位。

（2）将遇险航空器的推测位置、活动范围或航空器迫降地点通知救援协调单位。

（3）航空器在场外迫降时，应当尽可能查明航空器迫降情况和地点。

 **拓展阅读**

西北空管局空管中心技保中心通信室开展数字化通播系统（D-ATIS）培训

近期，为使塔台管制员和科室成员进一步了解新安装的数字化通播系统（D-ATIS）功能及操作，在上级的统一安排下，西北空管局空管中心技保中心通信室组织塔台管制员和科室成员开展数字化通播系统（D-ATIS）培训。

数字化通播系统（D-ATIS）是数字化空管系统的子系统，数字化空管系统是集成了数字化通播与数字化起飞放行的机场终端区管理系统，将原先由管制员语音播放气象信息和塔台进近频率的方式转变为由计算机程序通过获取气象报文信息并且在设定所有需要的频率信息后由程序控制甚高频电台以 D-ATIS 通播方式自动进行播放，同时对于起飞程序由原先的管制员语音放行变成由终端区 DCL 数字化放行程序控制的放行机制。

为确保能够圆满完成此次培训工作，通信室提前邀请厂家工程师进行培训，和管制部门确认合适的培训时间，确保不影响管制运行。此次培训采取线上授课方式进行。首先，工程师向大家介绍了咸阳国际机场在用 D-ATIS 系统和新 D-ATIS 系统架构及区别，新 D-ATIS 系统可适用于双塔台，为管制的今后发展提供方便。其次，工程师向大家展示新 D-ATIS 系统现场终端、多频服务器、服务端、播报端、操作端各个模块信息及基本操作。并通过视频教程，向大家详细展示了每一个服务器、模块的功能及详细操作流程。接着向大家详细阐述了旧系统和新系统之间相互切换的详细步骤，能有效提升因使用人工话音放行造成的低效率和安全隐患。最后，针对管制人员和通信室人员对操作过程提出的问题，做出了详细的解答。

通过此次培训，使在岗管制员清晰地掌握了新 D-ATIS 系统操作步骤，为今后数字化空管系统运行打下了坚实的基础，同时大幅提升了管制应急水平，增加了紧急情况下 D-ATIS 系统运行手段。同时，有效地增强了通信全体员工设备保障知识，提升了通信保障水平，为今后更好做好管制通信保障工作提供了强有力的支持。通信室全体人员将"不忘初心、牢记使命"，尽忠职守，不辞辛苦，全力以赴，做好数字化空管系统安全保障工作。

资料来源：樊启光.西北空管局空管中心技保中心通信室开展数字化通播系统（D-ATIS）培训［EB/OL］.（2023-03-20）［2023-05-16］.https://www.ccaonline.cn/hqtx/839244.html.

思 考 题

1. 飞机飞往兰州中川机场，着陆在跑道后，飞机标牌上显示的高度是什么？（兰州机场标高为 1970m）

2. 机场标高 1201m，障碍物标高 1899m，高度表拨正值为 QFE，气压高度表显示的数值为 900m（即场高 900m），则此时飞机距该障碍物的真实高度是多少米？

3. 简述我国现行巡航高度层的配备。

4. 简述高度表拨正程序及拨正时机。

第七章

空域管理

【本章主要内容】

（1）空域的基本概念。

（2）空域分类。

（3）空中交通服务区域。

（4）空域管理。

空域管理

空域是航空器飞行活动的重要载体。本章首先从空域的属性出发，阐述空域的基本概念，分析了国际民航组织、美国和我国的空域分类标准和各类空中交通服务区域。空域管理是保障公共运输航空、军事航空和通用航空发展在空间上的合理布局，实现安全有序高效运行的基础。本章第四节围绕空域管理的概念和内容，对我国目前正在进行的低空空域管理改革进行简要介绍。

第一节 空域的基本概念

空域是指地球表面以上可供航空器飞行的空气空间。空域是航空活动的最主要场所，是空中交通服务提供者向空域用户提供服务的资源。空域是国家资源，具有自然属性、社会属性和技术属性。

一、空域的自然属性

空域的自然属性是指空域自身所固有的物理、化学等属性。

（1）介质性：以空气为介质，决定航空器的运动原理和运动特点。

（2）有限性：具有一定的空间位置、界限和容量。全球所能使用的空域总量是相对确定的，因此空域也属于一种有限的资源。

（3）连续性：围绕地球的一个连续整体，航空器可实现不间断飞行。

二、空域的社会属性

空域的社会属性是指由于人参与使用空域资源而形成的社会属性。

（1）主权性：1944年《国际民用航空公约》第一条规定，"缔约各国承认每一国家对其领土之上的空气空间具有完全的和排他的主权。国家对其领空拥有完全的、排他的主权。"《中华人民共和国民用航空法》第二条明确规定，"中华人民共和国的领陆和领水之上的空域为中华人民共和国领空。中华人民共和国对领空享有完全的、排他的主权。"

（2）公共性：空域资源属于整个社会所有，为社会公众服务。

（3）安全性：飞行安全和国土防空安全。因此，根据需要将空域划分为限制使用空域和公共活动空域。限制使用空域是指不对公众飞行活动开放的专属空域，包括禁区、限制区、危险区等。公共活动空域是指社会公众能够按照规则和程序申请使用，享受使用权和飞行服务权的空域。

（4）经济性：具有使用价值并可重复使用。

三、空域的技术属性

空域的技术属性是指航空通信、航空导航、航空监视等技术形成的各类信息场。

（1）通信技术包括 VHF、HF、卫星通信（satellite communications，SATCOM）等形成的通信场。

（2）导航技术包括 VOR、NDB、DME、GNSS 等形成的导航场。

（3）监视技术包括 PSR（primary surveillance radar，一次监视雷达）、SSR（secondary surveillance radar，二次监视雷达）、ADS 等形成的监视场。

第二节 空 域 分 类

一、国际民航组织建议的空域分类标准

国际民航组织建议将空中交通服务空域分为七类，分别为 A、B、C、D、E、F、G 类，从 A 类到 G 类空域的限制等级逐渐递减。

A 类空域：仅允许 IFR 飞行，对所有飞行均提供空中交通管制服务，并在其相互之间配备间隔。

B 类空域：允许 IFR 和 VFR 飞行，对所有飞行均提供空中交通管制服务，并在其相互之间配备间隔。

C 类空域：允许 IFR 和 VFR 飞行，对所有飞行均提供空中交通管制服务，在 IFR 飞行与其他 IFR 以及 VFR 飞行之间配备间隔。VFR 飞行应当接收其他 VFR 飞行的交通情报。

D 类空域：允许 IFR 飞行和 VFR 飞行，对所有飞行均提供空中交通管制服务。IFR 飞行与其他 IFR 飞行之间配备间隔，并接收关于 VFR 飞行的交通情报。VFR 飞行接收关于所有其他飞行的交通情报。

E 类空域：允许 IFR 和 VFR 飞行，对 IFR 飞行提供空中交通管制服务，与其他 IFR 飞行之间配备间隔。所有飞行均尽可能接收活动情报。E 类空域不得用于管制地带。

F 类空域：允许 IFR 和 VFR 飞行，对所有按 IFR 飞行者均接受空中交通咨询服务，如经要求，所有飞行接受飞行情报服务。

注：实施空中交通咨询服务的地方，通常应将空中交通咨询服务仅视为空中交通管制服务替代前的一种临时性措施。（参阅 ICAO Doc 4444《空中交通管理》第 9 章）

G 类空域：允许 IFR 和 VFR 飞行，如经要求，接受飞行情报服务，如表 7-1 所示。

表 7-1　ICAO 建议空中交通服务空域类别表

空域类型	飞行种类	间隔配备	提供的服务	速度限制	无线电通信需求	管制许可
A	仅限 IFR	一切航空器	空中交通管制服务	不适用	持续双向	需要
B	IFR	一切航空器	空中交通管制服务	不适用	持续双向	需要
	VFR	一切航空器	空中交通管制服务	不适用	持续双向	需要
C	IFR	IFR 与 IFR IFR 与 VFR	空中交通管制服务	不适用	持续双向	需要
	VFR	VFR 与 IFR	为 VFR 与 IFR 之间提供间隔服务；VFR 之间提供交通情报服务和根据要求提供交通避让建议	AMSL 3050m（10 000ft）以下：指示空速（IAS）为 250 节	持续双向	需要
D	IFR	IFR 与 IFR	空中交通管制服务，关于 VFR 飞行的交通情报和根据要求提供交通避让建议	AMSL 3050m（10 000ft）以下：IAS 为 250 节	持续双向	需要
	VFR	不配备	IFR 与 VFR，VFR 与 VFR 间提供交通情报和根据要求提供交通避让建议	AMSL 3050m（10 000ft）以下：IAS 为 250 节	持续双向	需要
E	IFR	IFR 与 IFR	空中交通管制服务，尽可能提供关于 VFR 飞行的交通情报	AMSL 3050m（10 000ft）以下：IAS 为 250 节	持续双向	需要
	VFR	不配备	尽可能提供交通情报	AMSL 3050m（10 000ft）以下：IAS 为 250 节	不需要	不需要
F	IFR	IFR 与 IFR（尽可能）	空中交通咨询服务，飞行情报服务	AMSL 3050m（10 000ft）以下：IAS 为 250 节	持续双向	不需要
	VFR	不配备	飞行情报服务	AMSL 3050m（10 000ft）以下：IAS 为 250 节	不需要	不需要
G	IFR	不配备	飞行情报服务	AMSL 3050m（10 000ft）以下：IAS 为 250 节	持续双向	不需要
	VFR	不配备	飞行情报服务	AMSL 3050m（10 000ft）以下：IAS 为 250 节	不需要	不需要

注：当过渡高度低于 AMSL 3050m（10 000ft）时，应使用 FL100 代替。

二、美国空域分类标准

国际民航组织（ICAO）提供的建议空域分类标准是一个较为原则的模板，各国可结合本国实际情况对之进行选择和扩充。空域分类在各国的实践并不相同，但其目的都是为了建立一个更为简单、有效的国家空域系统。

美国联邦航空管理局（FAA）根据美国的实际情况有选择地引入了国际民航组织空域

分类标准,将美国的空域分为 A、B、C、D、E、G 六类。美国国家空域系统从管制方式上分为绝对管制空域(A 类空域)、管制空域(B、C、D、E 类空域)、非管制空域(G 类空域)以及一些特殊使用空域。

A 类空域:即绝对管制区(positive control area),横跨美国全境,从 18 000ft 至 60 000ft,只有 IFR 飞行,空中交通管制机构负责所有飞行间隔。

B 类空域:即终端管制区(terminal control area),一般建立在繁忙机场附近,从地面至 8000ft MSL,每个终端区的建立应极大地满足当地地形特点和航线的要求。IFR、VFR 均可飞行,空中交通管制机构负责飞行间隔,每架飞机应有通信、导航、应答机等设备。

C 类空域:即机场雷达服务区(airport radar service area),一般建立在中型机场,从地面或从某一高度至地面以上 4000ft,该区域一般由两部分组成即内环(半径 5n mile)和外环(半径 10n mile,下限 1200ft),飞行员要保持和管制员的通信联络,飞机具有应答机、间隔的提供取决于飞行的种类,此乃 B,C 类空域的最大区别之一。

D 类空域:即管制地带(control zone),一般建立在有管制塔台的机场,半径 5n mile,从地面至管制空域的下限,通常是航路的下限 1000~3000ft。这样设计的目的是使飞机从航路飞行至目的地机场的全过程能为管制空域所覆盖。

E 类空域:即过渡区(transition area),一般从 1200ft AGL 至管制空域的下限,除 A、B、C、D 以外部分,也可以是 1200ft AGL 以下的空域,以确保飞机的进近过程为管制空域所包围。仅对 IFR 提供管制服务,且只负责 IFR 间的间隔。

G 类空域:即非管制空域,一般指 1200ft AGL 以下的空域,飞行安全由飞行员本人负责。如表 7-2 所示。

表 7-2 美国空域类别表

空域类型	A 类空域	B 类空域	C 类空域	D 类空域	E 类空域	G 类空域
飞行种类	仪表飞行	仪表飞行和目视飞行	仪表飞行和目视飞行	仪表飞行和目视飞行	仪表飞行和目视飞行	仪表飞行和目视飞行
进入许可	需要管制中心许可	需要管制中心许可	仪表飞行需要管制中心许可	仪表飞行需要管制中心许可	仪表飞行需要管制中心许可	不要求
无线电通信要求	持续双向	持续双向	持续双向	持续双向	仪表飞行要求持续双向	不要求
飞行员最低执照要求	仪表等级执照	私人或学生执照	学生执照	学生执照	学生执照	学生执照
目视飞行最低能见度	无	3mi	3mi	3mi	平均海平面高度 10 000ft 以下为 3mi;平均海平面高度 10 000ft(含)以上为 5mi	平均海平面高度 10 000ft 以下为白天 1mi,晚上 3mi;平均海平面高度 10 000ft(含)以上为 5mi(高于真高 1200ft)

续表

空域类型	A类空域	B类空域	C类空域	D类空域	E类空域	G类空域
目视飞行距云最小距离	无	云外飞行	云下500ft；云上1000ft；水平2000ft	云下500ft；云上1000ft；水平2000ft	平均海平面高度10 000ft以下为云下500ft，云上1000ft，水平2000ft；平均海平面高度10 000ft(含)以上为云下1000ft，云上1000ft，水平1mi	平均海平面高度10 000ft以下为云下500ft，云上1000ft，水平2000ft；平均海平面高度10 000ft(含)以上为云下1000ft，云上1000ft，水平1mi
间隔服务	全部飞行	全部飞行	仪表飞行之间，仪表飞行与目视飞行之间	仪表飞行之间	仪表飞行之间	不提供
交通咨询服务	无	无	提供	管制员工作负荷允许时提供	管制员工作负荷允许时提供	管制员工作负荷允许时提供
安全咨询服务	提供	提供	提供	提供	提供	提供

美国空中交通服务空域类别如图7-1示意图。

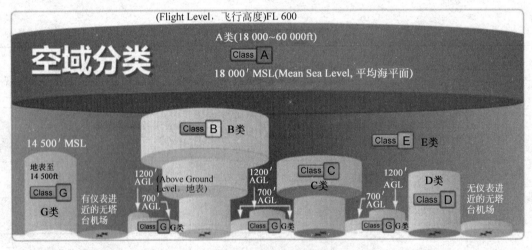

图7-1 美国空中交通服务空域类别示意图

三、我国空域分类标准

根据 CCAR-71《民用航空使用空域办法》，我国空域根据航路、航线结构，通信、导航、气象和监视设施以及空中交通服务的综合保障能力进行划分，以便对所划空域内的航空器飞行提供有效的空中交通服务。

在我国,航路、航线地带和民用机场区域设置高空管制区、中低空管制区、终端(进近)管制区和机场塔台管制区。通常情况下,高空管制区、中低空管制区、终端(进近)管制区和机场塔台管制区内的空域分别为 A、B、C、D 四种类型。

（一）**A 类空域**

A 类空域为高空管制空域。在我国境内标准大气压高度 6000m 以上的空间,可以划设高空管制空域。在此空域内飞行的航空器必须按照仪表飞行规则飞行,并接受空中交通管制服务。

A 类空域内仅允许航空器按照仪表飞行规则飞行,对所有飞行中的航空器提供空中交通管制服务,并在航空器之间配备间隔。

（二）**B 类空域**

B 类空域为中低空管制空域。在我国境内标准大气压高度 6000m(含)至其下某指定高度的空间,可以划设中低空管制空域。在此类空域内飞行的航空器,可以按照仪表飞行规则飞行,并接受空中交通管制服务;对符合目视气象条件的,经航空器驾驶员申请,并经过相应的管制单位批准,也可以按照目视飞行规则飞行,并接受空中交通管制服务。

B 类空域内允许航空器按照仪表飞行规则飞行或者按照目视飞行规则飞行,对所有飞行中的航空器提供空中交通管制服务,并在航空器之间配备间隔。

（三）**C 类空域**

C 类空域为进近管制空域。通常是指在一个或者几个机场附近的航路、航线汇合处划设的、便于进场和离场航空器飞行的管制空域。它是高空管制空域或者中低空管制空域与机场管制地带之间的连接部分。在此类空域内飞行的航空器,可以按照仪表飞行规则飞行,并接受空中交通管制服务;对符合目视气象条件的,经航空器驾驶员申请,并经相应的管制单位批准,也可以按照目视飞行规则飞行,并接受空中交通管制服务。

C 类空域内允许航空器按照仪表飞行规则飞行或者按照目视飞行规则飞行,对所有飞行中的航空器提供空中交通管制服务,并在按照仪表飞行规则飞行的航空器之间,以及在按照仪表飞行规则飞行的航空器与按照目视飞行规则飞行的航空器之间配备间隔;按照目视飞行规则飞行的航空器应当接收其他按照目视飞行规则飞行的航空器的活动情报。

（四）**D 类空域**

D 类空域为机场管制地带。机场管制地带通常包括起落航线和最后进近定位点之后的航段以及第一个等待高度层(含)以下至地球表面的空间和机场机动区。在此类空域内飞行的航空器,可以按照仪表飞行规则飞行,并接受空中交通管制服务;对符合目视气象条件的,经航空器驾驶员申请,并经塔台管制室批准,也可以按照目视飞行规则飞行,并接受空中交通管制服务。

D 类空域内允许航空器按照仪表飞行规则飞行或者按照目视飞行规则飞行,对所有飞行中的航空器提供空中交通管制服务;在按照仪表飞行规则飞行的航空器之间配备间隔,按照仪表飞行规则飞行的航空器应当接受按照目视飞行规则飞行的航空器的活动情报;按照目视飞行规则飞行的航空器应当接收所有其他飞行的航空器的活动情报。

A、B、C 类空域的下限,应当为该空域的最低可用飞行高度层;D 类空域的下限应当为地面或者水面。A、B、C、D 类空域的上限,应当根据提供空中交通管制服务的情况确定,其上限通常应当取某个飞行高度层为其值。A～D 类空域所需提供的空中交通服务和对飞行的要求如表 7-3 所示。

表 7-3　我国各类空域对空中交通服务和飞行的要求

空域类型	飞行种类	间隔配备	提供的服务	VMC 能见度和离云距离限制	速度限制	无线电通信需求	管制许可
A	仅限 IFR	一切航空器	空中交通管制服务	不适用	不适用	持续双向	需要
B	IFR	一切航空器	空中交通管制服务	不适用	不适用	持续双向	需要
	VFR	一切航空器	空中交通管制服务	AMSL 3000m 及以上能见度 8km；AMSL 3000m 及以下能见度 5km；无云	不适用	持续双向	需要
C	IFR	IFR 与 IFR	空中交通管制服务	不适用	不适用	持续双向	需要
	VFR	VFR 与 IFR	配备与 IFR 间隔的 ATC 服务；VFR 与 VFR 之间的交通情报和根据空中交通提供交通避让建议	AMSL 3000m 及以上能见度 8km；AMSL 3000m 及以下能见度 5km；离云水平距离 1500m，垂直距离 300m	AMSL 3000m 以下：IAS 不大于 463km/h	持续双向	需要
D	IFR	IFR 与 IFR	包括 VFR 飞行交通情报的 ATC 服务和根据要求提供交通避让建议	不适用	AMSL 3000m 以下：IAS 不大于 463km/h	持续双向	需要
	VFR	不配备	VFR 与 IFR 间提供交通情报和根据要求提供交通避让建议	AMSL 3000m 及以上能见度 8km；AMSL 3000m 及以下能见度 5km；离云水平距离 1500m，垂直距离 300m	AMSL 3000m 以下：IAS 不大于 463km/h	持续双向	需要

注：当过渡高度低于 AMSL 3000m 时，应当采用飞行高度层 3000m 代替 AMSL 3000m。

第三节　空中交通服务区域

空中交通服务是空中交通管理的主要组成部分，包括空中交通管制服务、飞行情报服务和告警服务。确定需要提供空中交通服务后，应当根据所需提供的空中交通服务类型设立相应的空中交通服务区域。空中交通服务区域包括飞行情报区、高空管制区、中低空管制区、终端（进近）管制区、机场塔台管制区、航路和航线以及特殊区域等。

一、飞行情报区

飞行情报区（flight information region，FIR）是为提供飞行情报服务和告警服务而划设的空间。飞行情报区内的飞行情报服务工作由该区飞行情报部门承担或由指定的单位负责。这些情报包括机场状态、导航设备的服务能力、机场或航路上的气象、高度表拨正值调定、有关危险区域、航空表演以及特殊飞行限制等。

飞行情报区应当包括我国境内上空,以及由国际民航组织亚太地区航行会议协议,并经国际民航组织批准由我国提供空中交通服务的,毗邻我国公海上空的全部空域以及航路结构。公海上空的飞行情报区边界的划定或调整,应按照国际民航组织地区航行会议协议的有关要求进行。

飞行情报区应当根据向该飞行情报区提供服务的飞行情报单位或者指定的其他单位的名称进行命名。飞行情报区的名称由民航局通报国际民航组织亚太地区办事处并协调确定其代码。飞行情报区名称、代码、范围以及其他要求的信息应当按照航行情报发布规定予以公布。

为了及时有效地对在我国飞行情报区内遇险失事的航空器进行搜寻援救,在我国境内以及由国际民航组织地区航行会议协议,并经国际民航组织批准由我国提供空中交通服务的海域上空划设搜寻援救区,搜寻援救区的范围和飞行情报区的范围相同。

我国境内和国际民航组织批准的由我国提供飞行情报服务的公海范围内,共划分成 11 个飞行情报区,分别是沈阳、北京、上海、广州、昆明、武汉、兰州、乌鲁木齐、三亚、香港和台北飞行情报区。

二、高空和中低空管制区

高空管制区和中低空管制区统称为区域管制区。区域管制区的范围应当包含按照仪表飞行规则运行的所有航路和航线,以及仪表等待航线区域和空中放油区等特殊飞行区域,但是终端(进近)管制区和机场塔台管制区除外。

区域管制区的水平和垂直范围在符合有关标准的情况下,应当尽量减少对空中交通服务和航路、航线运行的限制。

区域管制区的划设,必须与通信、导航、监视和气象等设施的建设和覆盖情况相适应,并考虑管制单位之间的协调需要,以便能够有效地向区域内所有飞行的航空器提供空中交通服务。

确定区域管制区边界应当考虑航空器绕飞雷雨等特殊运行的要求,实现管制移交点附近的通信覆盖,以及雷达管制时的雷达覆盖。

测距台的位置点可以作为描述区域管制区边界时的重要参照点。用作参照点时,由测距台确定的位置点应当标注该点与测距台之间的距离。标注时,距离使用千米(海里)表示。

设置区域管制区的水平边界,应当尽量避免出现以下情形。

(1)管制区边界划设在航路或者航线的侧向缓冲区内。

(2)航路或者航线短距离穿越某管制区,导致管制移交频繁。

(3)管制区边界设在航空器爬升或者下降阶段的航路、航线上,导致航空器在爬升或者下降阶段进行管制移交。

(4)来自几个管制区的多条航路、航线的汇聚点距离管制区边界较近,增加汇聚点附近区域管制工作的难度。

高空管制区的下限通常高于标准大气压高度 6000m(不含),或者根据空中交通管制服务情况确定,并取某个飞行高度层为其值。高空管制区的上限应当根据空中交通管制服务情况确定,并取某个飞行高度层为其值。

中低空管制区的下限通常在距离地面或者水面 200m 以上,或者为终端(进近)管制区或者机场塔台管制区的上限;中低空管制区的下限确定在平均海平面高度 900m 以上的,则应当取某个飞行高度层为其值。中低空管制区的上限通常衔接高空管制区的下限;其上方未设高空管制区的,应当根据空中交通管制服务情况确定其上限,并取某个飞行高度层为其值。

区域管制区可以根据区域内的空中交通流量、管制员工作负荷以及地空通信的繁忙程度,划设管制扇区。

高空管制区内提供空中交通服务的空域通常为 A 类空域;在包含其他类型空域的情形下,应当明确其空域类型和范围。中低空管制区内提供空中交通服务的空域通常为 B 类空域;在包含其他类型空域的情形下,应当明确其空域类型和范围。

区域管制区应当以向该区域提供管制服务的空中交通管制单位所在城市的名称加上高空或者中低空管制区作为识别标志。区域管制区的名称、范围、责任单位、通信频率以及其他要求的信息应当按照航行情报发布规定予以公布。

三、终端(进近)管制区

机场附近进场和离场航线飞行比较复杂,或者一个或几个邻近机场全年总起降架次超过 36 000 架次,应当考虑设立终端或者进近管制区,以便为进场、离场飞行的航空器提供安全、高效的空中交通管制服务。

通常情况下,在终端管制区内同时为 2 个或者 2 个以上机场的进场和离场飞行提供进近管制服务,在进近管制区内仅为一个机场的进场和离场飞行提供进近管制服务。

终端(进近)管制区应当包含仪表着陆、起飞及必要的等待空域。起始进近航段的选择与终端(进近)管制区设计应当协调一致,尽量减少对空域的需求。终端(进近)管制区的水平和垂直范围在符合有关标准的情况下,应当尽量减少对空中交通服务和航路、航线运行的限制。

终端(进近)管制区的划设,应当与通信、导航、监视和气象等设施的建设和覆盖情况相适应,并考虑管制单位之间的协调需要,以便能够有效地向区域内所有飞行的航空器提供管制服务。

终端(进近)管制区的设计应当满足飞行程序设计的要求,并兼顾航路或者航线飞行阶段与进离场飞行的衔接。特殊情况下,终端(进近)管制区也可以包含部分飞越的航路、航线,或者将部分进离场航线交由区域管制负责。

测距台的位置可以作为终端(进近)管制区设计的参照点,测距台的距离值必须在图上予以标注,标注时,距离使用千米(海里)表示。终端(进近)管制区边界的划设应当尽量避免出现以下情形:管制区边界划设在航路或者航线的侧向缓冲区内;航路、航线飞行与进离场飞行之间的空间界定模糊,导致飞越航空器与进离场航空器的飞行高度相互穿插;航路、航线短距离穿越某终端(进近)管制区,导致管制移交频繁;管制区边界设置在航空器爬升或者下降阶段的航路、航线上,导致在爬升或者下降阶段进行管制移交;来自几个管制区的多条航路、航线的汇聚点距离管制区边界较近,增加汇聚点附近管制工作的难度。

终端(进近)管制区的下限通常应当在距离地面或者水面 200m 以上,或者为机场塔台管制区的上限。如果终端(进近)管制区内存在弧半径为 13km 的机场管制地带,则终端(进近)管制区的下限应当在地面或者水面 450m 以上。如果终端(进近)管制区的下限确定在平均海平面高度 900m 以上,则应当取某个飞行高度层为其值。终端(进近)管制区的上限通常不超过标准大气压高度 6000m,并应当取某个飞行高度层为其值。

终端(进近)管制区的外围边界呈阶梯状的,确定其外围边界时应当考虑终端(进近)管制区内的最小爬升梯度、机场标高、机场管制地带的半径、管制区阶梯状外围边界是否与机场周围空域和地理环境相适应并符合有关的安全标准。

终端(进近)管制区阶梯状外围边界应当按照下列规定确定。

(1) 机场管制地带外围边界至外侧 20km,若管制地带半径为 10km,则阶梯最低高为300m,若管制地带半径为 13km,则阶梯最低高为 450m。

(2) 机场管制地带外围边界向外 20～30km,阶梯最低高为 750m。

(3) 机场管制地带外围边界向外 30～40km,阶梯最低高为 1050m。

(4) 机场管制地带外围边界向外 40～60km,阶梯最低高为 1350m。

(5) 机场管制地带外围边界向外 60～120km,阶梯最低高为 2250m。

(6) 机场管制地带外围边界向外 120～180km,阶梯最低高为 3900m。

(7) 机场管制地带外围边界向外 180～240km,阶梯最低高为 5100m。

上述阶梯最低高的参照面为机场跑道。在阶梯最低高加上机场标高超过机场过渡高度时,应当将其转换为相应的标准大气压高度。对外公布时,还应当根据机场过渡高或者过渡高度和过渡高度层的设置,将有关高度数据转换为相应的气压面高度。

终端(进近)管制区可以根据区域内的空中交通流量、管制员工作负荷以及地空通信繁忙程度,划设管制扇区。

终端(进近)管制区内提供空中交通管制服务的空域通常为 C 类空域,包含其他类型空域的,应当明确其空域类型和范围。

四、机场管制地带和塔台管制区

民用机场应当根据机场及其附近空中飞行活动的情况建立机场管制地带,以便在机场附近空域内建立安全、顺畅的空中交通秩序。一个机场管制地带可以包括一个机场,也可以包括 2 个或者 2 个以上位置紧靠的机场。

机场管制地带应当包括所有不在管制区内的仪表进离场航线,并考虑机场能够运行的所有类型航空器的不同性能要求。划设机场管制地带,不得影响不在机场管制地带内邻近机场的飞行活动。

机场管制地带通常是圆形或者椭圆形的。但是如果只有一条跑道或者是为了方便目视推测领航而利用显著地标来描述机场管制地带的,也可以是多边形的。

划设机场管制地带,通常应当选择机场基准点作为管制地带的基准点。在导航设施距离机场基准点小于 1km 时,也可以以该导航设施的位置点作为管制地带的基准点。

机场管制地带的水平边界通常按照下列办法确定。

(1) 对于可供 D 类和 D 类以上航空器使用的机场,如果为单跑道机场,则机场管制地带为以跑道两端入口为圆心 13km 为半径的弧和与两条弧线相切的跑道的平行线围成的区域；如果为多跑道机场，则机场管制地带为以所有跑道的两端入口为圆心 13km 为半径的弧及相邻弧线之间的切线围成的区域。该区域应当包含以机场管制地带基准点为圆心，半径为 13km 的圆。如果因此使得跑道入口为圆心的弧的半径大于 13km，则应当向上取值为 0.5km 的最小整数倍。

（2）对于仅供 C 类和 C 类以下航空器使用的机场，其机场管制地带水平边界的确定办法与上述相同。但是此处以跑道两端入口为圆心的弧的半径以及应当包含的以机场管制地带基准点为圆心的圆的半径应当为 10km。

（3）对于仅供 B 类和 B 类以下航空器使用的机场，其机场管制地带的水平边界为以机场管制地带基准点为圆心以 10km 为半径的圆。

（4）对于需要建立特殊进近运行程序的机场，其机场管制地带的水平边界可以根据需要适当放宽。

机场管制地带的下限应当为地面或者水面，上限通常为终端（进近）管制区或者区域管制区的下限。如果机场管制地带的上限需要高于终端（进近）管制区或者区域管制区的下限，或者机场管制地带位于终端（进近）管制区或者区域管制区的水平范围以外，则机场管制地带的上限应当取某个飞行高度层为其值。

机场管制地带提供空中交通管制服务的空域应当设置为 D 类空域。

机场管制地带通常应当使用机场名称加机场管制地带进行命名。机场管制地带的名称、范围、空域类型以及其他要求的信息，应当按照航行情报发布规定予以公布。

为保护机场附近空中交通的安全，在机场净空保护区域以外至机场管制地带边界内施放无人驾驶自由气球，施放气球的单位或者个人应当征得机场空中交通管制单位的同意。

设立管制塔台的机场应当划设机场塔台管制区。机场塔台管制区应当包含机场管制地带，如果机场在终端（进近）管制区的水平范围内，则机场塔台管制区的范围通常与机场管制地带的范围一致。机场塔台管制区的范围与机场管制地带的范围不一致的，应当明确机场管制地带以外空域的类型。

机场塔台管制区通常应当使用机场名称加塔台管制区命名。机场塔台管制区的名称、范围、责任单位、通信频率、空域类型以及其他要求的信息，应当按照航行情报发布规定予以公布。

五、航路与航线

航线是航空器在空中飞行的预定路线，沿线须有为保障飞行安全所必需的设施。航路是以空中航道形式建立的，设有无线电导航设施或者对沿该航道飞行的航空器存在导航要求的管制区域或者管制区的一部分。

（一）划设基本规定

航路和航线的建设，应当充分考虑所经地区的地形、气象特征以及附近的机场和空域，充分利用地面导航设施，方便航空器飞行和提供空中交通服务。航路和航线的建设和使用，应当有利于提高航路和航线网的整体运行效率，并且应当符合下列基本准则。

（1）航路或者航线应当根据运行的主要航空器的最佳导航性能划设。

（2）中高密度的航路或者航线应当划设分流航线，或者建立支持终端或者进近管制区空中交通分流需要的进离场航线。

（3）航路或者航线应当与等待航线区域侧向分离开。

（4）最多可以允许两条空中交通密度较高的航路或者航线汇聚于一点，但是其交叉航迹不得大于 90°。

（5）最多可以允许三条空中交通密度较低的航路或者航线汇聚于一点。

（6）航路或者航线的交叉点应当保持最少，并避免在空中交通密度较大的区域出现多个交叉点；交叉点不可避免的，应当通过飞行高度层配置减少交叉飞行冲突。

空中交通管制航路的宽度为 20km，其中心线两侧各 10km；航路的某一段受到条件限制的，可以减少宽度，但不得小于 8km。航路和航线的高度下限不应当低于最低飞行高度层，其上限与飞行高度层的上限一致。

航路和航线的最低飞行高度，应当是航路和航线中心线两侧各 25km 以内的障碍物的最高标高，加上最低超障余度后向上以米取整。在高原和山区，最低超障余度为 600m，在其他地区，最低超障余度为 400m。根据受性能限制的航空器在某段航路或者航线上运行的需要，可以对该段航路或者航线的最低飞行高度进行评估，并根据评估结果重新确定其最低飞行高度。

评估航路和航线的最低飞行高度时，应当将 95% 概率可容度所确定的导航容差区域，与导航设施上空的多值性倒圆锥容差区域相连接形成的区域确定为航路或者航线的主区。航路和航线导航设施的精度优于标准信号或者有雷达监视时，航路、航线的主区可以适当缩小。评估航路和航线的最低飞行高度时，应当将 99.7% 概率可容度所确定的区域确定为航路或者航线的超障区，包括中间的主区和两侧的副区。如果具有有关实际运行经验的资料以及对导航设施的定期校验，可以保证导航信号优于标准信号，或者有雷达引导时，航路和航线副区的宽度可以适当缩小。评估航路和航线的最低飞行高度时，航路和航线主区、副区内的最低超障余度应当按照导航容差和缓冲区确定。航路和航线的最低飞行高度为超障区内障碍物的标高加上其所处位置的最低超障余度后，取其中的最大值，向上以米取整。

根据航空器机载导航设备的能力、地面导航设施的有效范围以及提供空中交通服务的情况，可以按照规定在某些空域内建立区域导航航路。为了增加空域容量和提高空中飞行的灵活性，可以按照规定建立临时航线，明确临时航线的使用限制和协调规定。为保持航空器进场或者离场飞行的安全顺畅，应当设置标准进场和标准离场航线。进离场航线的设置应当使得航空器的运行接近于最佳操作状态。邻近有多机场的，各机场的进离场航线应当尽可能统一设置。航路和航线上应当根据全向信标台的布局设置转换点，以帮助沿航路或者航线飞行的航空器准确飞行。根据航路和航线的布局、空中交通服务对掌握飞行中航空器进展情况的需要，航路和航线上应当设置重要点，并使用代号予以识别。

航路和航线应当根据对导航性能的要求设置导航设施。为了帮助航路和航线上的航空器保持在规定的范围之内运行，导航设施的类型和布局应当符合有关技术规范。

航路和航线上影响飞行安全的自然障碍物体，应当在航图上标明；航路和航线上影响飞行安全的人工障碍物体，应当设置飞行障碍灯和标志，并使其保持正常状态。

在距离航路边界 30km 以内的地带，禁止修建影响飞行安全的射击靶场和其他设施。在前述规定的地带以外修建固定或者临时靶场，应当按照有关规定获得批准。靶场射击或者发射的方向、航空器进入目标的方向不得与航路交叉。

包括进离场航线在内的航路和航线，必须用代号予以识别。航路和航线的代号、航段距离、两端点的起始磁航向、航段最低飞行高度和其他要求的信息,应当按照航行情报发布规定予以公布。

机场仪表进场或者离场飞行程序建立、变更或者撤销的,程序设计部门应当及时协调空域管理部门,提出调整机场仪表进近程序保护空域的意见。

(二) 航路航线代号识别规范

1. 一般规定

航路和航线必须指配能够被唯一识别的代号。

航路和航线代号指配的目的:无须借助于地面坐标或者其他方法即可明确识别任何空中交通服务航路或者航线;通过代号指配可以明确航路或者航线的性质和类型;当沿着空中交通服务航路或者航线或者在一个特定区域内运行时,能指明所需的导航性能准确性的程度;能指明一条主要或者专门用于某种类型航空器运行的航路和航线。

航路和航线代号的指配应当在一定范围内由指定的机构或者部门进行协调,以免出现重复。航路和航线代号的指配应当遵循下列原则。

(1) 能够简单并且唯一地识别任意一条空中交通服务航路和航线。

(2) 避免航路或者航线代号的重复。

(3) 方便地面和自动化系统的应用,符合空中交通服务和航空器数据处理及显示的需要。

(4) 使得运行中使用最为简短。

(5) 具有充分发展的可能性,以供未来需要而无需作根本变动。

(6) 进离场航线的代号指配应当能够清楚区分:离场航线和进场航线;进离场航线与其他空中交通服务航路和航线;要求利用地面无线电导航设施或者机载导航设备进行领航的航路或者航线与利用目视地标进行领航的航路或者航线。

(7) 进离场航线应当使用一个明语代号或者一个相对应的编码代号予以识别。对于明语代号,应易于辨别代号是关于标准进场或者离场的航线,且不应造成航空器驾驶员和空中交通服务人员在发音上产生困难。

2. 代号的组成

1) 除进离场航线以外的航路和航线的代号确定规则

航路航线代号包括一个表示属性的字母,后随 1~999 的数码。

A、B、G、R 表示国际(地区)航路航线。

L、M、N、P 表示国际(地区)区域导航航路。

W 表示不涉及周边国家或地区的对外开放航路航线(含进离场航线)。

Y 表示不涉及周边国家或地区的对外开放区域导航航路。

V 表示对外开放临时航线。

H 表示国内航路航线。

Z 表示国内区域导航航路。

J 表示国内进离场航线。

X 表示国内临时航线。

其他类型的航路、航线代号原则上参照国际民航组织的有关规定执行。

如果需要,可以在基本代号前加上一个前置字母。

K：表示主要为直升机划设的低空航路或者航线。

U：表示航路或者航线或者其中的部分航段划设在高空空域。

S：表示专门为超音速航空器加速、减速和超音速飞行而划设的航路或者航线。

在基本代号之后可以加上一个后置字母，表示航路或者航线提供服务的种类或者所需的转向性能。

Y：在飞行高度层6000m（含）以上的所需导航性能类型1（RNP1）的航路，字母Y表示航路上在30°～90°之间的所有转弯，必须在直线航段间正切圆弧允许的所需导航性能精度容差内进行，并限定转弯半径为42km。

Z：在飞行高度层5700m（含）以下的所需导航性能类型1（RNP1）航路，字母Z表示航路上30°～90°之间的所有转弯必须在直线航段间正切圆弧允许的所需导航性能精度容差内进行，并限定转弯半径为28km。

D：表示航路、航线或者部分航段只提供咨询服务。

F：表示航路、航线或者部分航段只提供飞行情报服务。

2）进离场航线的代号由明语代号和编码代号组成

（1）标准进离场航线的明语代号应包括：

① 基本指示码；

② 航路指示码；

③ "进场（approach）"或者"离场（departure）"字样。

如果该进离场航线是供航空器按照目视飞行规则飞行使用而划设，则增加"目视（visual）"字样。

基本指示码应当是一条标准离场航线的终点或者一条标准进场航线的起点的名称或者名称代码。航路指示码应当是从01～09之间的某个数字。

（2）仪表或者目视标准进离场航线的编码代号应包括：

① 标准离场航线的终点或者标准进场航线的起点的编码代号或者名称代码，后随；

② 明语代号中的航路指示码；

③ 字母A表示进场航线，字母D表示离场航线。

如果基本指示码是五字代码，由于航空器显示装置的限制，可能要求缩短基本指示码，缩短该指示码的方法由航空器所有人或者经营人自行处理。

3）区域导航进近程序代号包括明语代号和编码代号

（1）明语代号。区域导航进近程序的明语代号应当包括：

① "RNAV"；

② 一个基本指示码；

③ 一个航路指示码；

④ "进近（approach）"字样；

⑤ 设计进近程序的跑道代码。

基本指示码应当是进近程序开始实施的重要点的名称或者名称代码；航路指示码应当是从01～09之间的某个数字。

（2）编码代号。区域导航进近程序的编码代号应当包括：

① "RNAV"；

② 基本指示码；

③ 航路指示码；

④ 字母 A 表示进场航线，字母 D 表示离场航线；

⑤ 设计进近程序的跑道代码。

3. 代号的指配

1）除进离场航线外的航路和航线的基本代号指配原则

主要干线航路和航线，不论其经过哪些飞行情报区或者管制区，其全长应当只指定一个基本代号；凡两条或者两条以上干线航路或者航线有一段共同航段，其共同航段应当分别指配各航段的代号。如果这种指配对提供空中交通服务造成困难，应当通过协议确定只指定一个代号；指定给一条航路或者航线的基本代号不得再指定给任何其他航路或者航线；对国际航路或者航线代号的需求，由民航局空中交通管理局通告国际民航组织亚太地区办事处协调确定。

2）进离场航线代号指定原则

每条进离场航线应当指定一个单独的代号；为了区分与同一重要点有关，即使用同一基本指示码的两条或者多条进离场航线，每条航线应指定一个单独的航路指示码。

3）区域导航进近程序的代号指定办法

区域导航进近程序代号必须按照为具有同一航迹但不同飞行剖面的程序指定一个单独的代号；区域导航进近程序的航路指示码字母，必须对一个机场的所有进近统一分配，其指定应当是唯一的。

以字母 A、B、G、R、L、M、N、P 开头的航路航线代号，由国际民航组织协调指配。以W、Y、V、H、Z、J、X 开头的航路航线代号，由民航局提出方案，中国人民解放军空军司令部负责指配。原则上，实施多跑道运行的机场不指配进离场航线代号。指配 W 代号时，W1～W499 为对外开放的航路航线，W500～W999 为对外开放的进离场航线。

我国航路航线代号规则如图 7-2 所示。

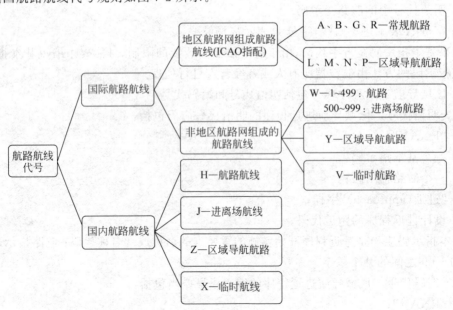

图 7-2　我国航路航线代号规则

4. 代号的使用

除进离场航线外的航路或者航线的代号在通信中按照以下原则使用：在印字通信中，任何时候代号均应当以不少于两个且不多于六个的字符表示；在话音通信时，代号的基本字母应按照国际民航组织的规定发音；如代号中含有前置字符，在话音通信时应按下述发音，如 K-KOPTER、U-UPPER、S-SUPERSONIC。

由于航空器上显示设备的限制，代号的后置字符可能无法显示，此时，航空器驾驶员在通话中可以不使用代号的后置字符。

进离场航线代号在通信中按照以下原则使用：在话音通信中，应当只使用航线的明语代号，且明语代号中的"离场（departure）""进场（arrival）""目视（visual）"等词须作为明语代号的必要组成部分；在印字或者编码通信中，应当只使用编码代号。

每条现行有效的航路或者航线的详细说明，包括其代号，应当在给航空器指定航路或者航线，即向航空器发布放行许可的有关工作席位，或者与提供空中交通管制服务有关的工作席位上予以展示；如具备条件，还应展示航路或者航线图。

六、等待航线区域

等待航线区域是为了解决或者缓解航空器在空中飞行过程中已经或者将要出现的矛盾冲突，在航路、航线或者机场附近划设的用于航空器盘旋等待或者上升、下降的区域。

确定是否需要划设等待航线区域应当考虑下列因素。

（1）附近的空域、航路和航线的布局。

（2）空中交通密度、复杂程度以及空中交通管制的需要程度。

（3）需要等待的航空器的性能。

划设等待航线区域通常应当利用有效的全向信标台和测距台来准确定位。等待航线的进入航向应当朝向或者背向用以定位的全向信标台和测距台，以提高航空器在等待航线区域内的导航精度。

利用无方向信标台划设等待航线区域的，等待航线的定位点应当设置在无方向信标台的上空。

划设等待航线区域应当按照等待航空器的性能和飞行程序设计规范进行，并且与周围空域、航路、航线和障碍物保持安全的缓冲区。

划设和使用等待航线区域，应当明确等待高度的气压基准面。等待高度在机场过渡高度（含）以下的，其气压基准面应当为修正海平面气压；等待高度在机场过渡高度层（含）以上的，其气压基准面应当为标准大气压；过渡高度和过渡高度层之间的部分不得用于空中等待飞行。

等待航线区域应当使用标定等待航线区域的导航设施的名称或者代码命名。等待航线区域的名称、范围、使用限制以及其他要求的信息，应当按照航行情报发布规定予以公布。

七、特殊区域

特殊区域是指国家为了政治、军事或科学试验的需要，划设一定的限制或禁止航空器进入的空域，通常分为空中禁区、空中危险区、空中限制区，它是空域的重要组成部分。

特殊区域是指空中放油区、试飞区域、训练区域、空中禁区、空中限制区、空中危险区和临时飞行空域。

空中放油区应当根据机场能够起降的最大类型的航空器所需的范围确定,并考虑气象条件和环境保护等方面的要求。

试飞区域应当根据试飞航空器的性能和试飞项目的要求确定。

训练区域应当根据训练航空器的性能和训练科目的要求确定。

空中禁区、空中限制区和空中危险区根据国家有关规定划设。

根据空域使用的要求,按照国家规定可以划设临时飞行空域。临时飞行空域应当尽量减少对其他空域或者飞行的限制,使用完毕及时撤销。

特殊区域应当确保与周围空域、航路和航线之间的侧向和垂直缓冲区。无法保证要求的侧向或者垂直缓冲区的,经批准可以适当缩小,但必须在通信、导航或者监视等方面予以保障。

1. 空中禁区、限制区和危险区应当公布的资料

(1) 区域的名称或者代号。

(2) 区域的范围,包括垂直和水平范围。

(3) 区域的限制条件。

(4) 区域活动的性质。

(5) 其他要求提供的内容。

2. 空中禁区、限制区和危险区的代号

(1) 空中禁区、空中限制区和空中危险区的代号由飞行情报区代码、区域性质代码以及从001~999之间的某个三位数字编码组成,其中区域性质代码应当加括号。

(2) 飞行情报区代码为飞行情报区四字代码中的前两位字母。

(3) 空中禁区的区域性质代码为P,空中限制区的区域性质代码为R,空中危险区的区域性质代码为D。例如,ZB(P)001,表示北京情报区001号禁区;ZG(R)104表示广州情报区104号限制区。

(4) 每个飞行情报区所用空中禁区、空中限制区和空中危险区代号中的数字编码的范围应当统一分配,不得重叠。

(5) 每个飞行情报区内的空中禁区、空中限制区和空中危险区代号中的数字编码应当按照数字顺序统一编号,而不是按照区域性质单独编号。

(6) 空中禁区、空中限制区或者危险区取消时,该区域的代号在两年之内不得被重新使用。

(7) 空中禁区、空中限制区或者危险区的位置跨越飞行情报区时,其代号按照该区域的负责单位所在的飞行情报区的顺序来编号。

(8) 空中禁区、空中限制区和空中危险区的代码,应当与军方识别编号之间建立对应表,并向有关单位提供。

第四节　空域管理概述

一、基本概念

空域管理是指按照各国国家法律规定以及国际民航组织相关标准的要求,对空域资源

进行规划、管理和设计的一项工作。《中华人民共和国民用航空法》明确规定：划分空域应当兼顾民用航空和国防安全的需要以及公众的利益，使空域得到合理、充分、有效的利用。空域的使用用户通常包括公共运输航空、军事航空和通用航空三类。

为了对航空器能提供安全及时、有效、正常的管制服务、飞行情报服务和告警服务，防止航空器空中相撞或航空器与地面障碍物相撞，保证飞行安全，促使空中交通有秩序地运行，必须对空域资源进行规划、管理和设计。在我国，由国务院、中央军事委员会制定空域管理的具体办法。中国民用航空局空中交通管理局负责提出民用航空对空域的需求、建设和使用意见，按照国家规定组织相关空域的建设和使用，监督和检查民用航空活动使用空域的情况。

二、空域管理的主要内容

空域管理主要包括空域规划、空域划设、空域数据管理等几方面，具体工作内容如下。

（一）空域规划

空域规划是指对某一给定空域，通过对未来空中交通量需求的预测或空域使用各方的要求，根据空中交通流的流向、大小与分布，对其实施战略设计和规划，并加以实施和修正的全过程。其目的是增大空中交通容量，有序空中交通运行，有效地利用空域资源，减轻空中交通管制员工作负荷，提高飞行安全水平。空域规划工作是空域管理工作中的重要组成部分，为空域管理工作提供了宏观指导，是其他空域管理工作开展的目标和依据。

（二）空域划设

空域划设是指对空域中涉及的飞行情报区和管制区、航路、航线、进离场航线（飞行程序）、禁区、限制区、危险区等空域资源以及飞行高度、间隔等空域标准进行设计、调整、实施与监控的过程。空域划设工作是空域规划工作的具体实现，在工作开展过程中，需要针对不同的空域使用者的需求，提出合理的空域设计调整方案，并通过对空域容量、工作负荷、安全设施设备、环境等方面的评估，确保设计方案能够满足空域标准的要求后，才能投入运行使用。空域划设是空域管理工作中内容最多的一部分，它需要协调的相关环节比较多，在划设过程中，既需要保障运行安全又需要满足空域使用各方的要求，是一项复杂的设计工作。

（三）空域数据管理

空域数据按照使用性质分为空域结构数据和空域运行数据。空域数据管理包括空域结构数据和运行数据的收集、整理和使用。空域结构数据是指导航设施数据、飞行情报区和管制区数据、管制地带数据、航路和航线数据、其他空域数据等静态数据。空域运行数据是指各类空域使用方面的数据，包括该空域范围内活动的种类、飞行架次、使用时间等动态数据。为了保证空域数据的时效性，空域建设方案生效后，会对相关的空域数据及时进行修订。空域数据管理是空域规划和空域划设工作的基础，除了空域结构与运行数据外，航班飞行历史统计数据、气象数据、地理地形数据等相关辅助数据也是空域管理工作所需要的重要参考数据，因此也可以纳入空域数据管理的工作范畴。

三、我国低空空域管理改革

空域是国家的重要战略资源，在国民经济社会发展中发挥着不可替代的作用。低空空域是通用航空活动的主要区域,合理使用低空资源是通用航空业发展繁荣必不可少的条件。

为适应经济社会发展的需求,2010 年国务院、中央军委印发《关于深化我国低空空域管理改革的意见》,将 1000m 以下低空空域划分为管制空域、监视空域和报告空域三类,配套制定管理政策法规,提升运行管理能力和保障手段。但是,低空空域管理存在的空域划分不够合理、管理体制不够科学、运行机制不够顺畅、法规制度不够健全、政策措施不够配套、安全责任不够明晰、服务保障不够完善等问题还未得到明显改善,还无法适应通用航空业的发展需要。

2016 年 5 月 13 日,国务院办公厅印发了《关于促进通用航空业发展的指导意见》,提出扩大低空空域开放,明确要求科学规划空域、优化飞行服务、提高审批效率,促进通用航空业快速发展。《关于促进通用航空业发展的指导意见》要求,"实现真高 3000m 以下监视空域和报告空域无缝衔接,划设低空目视飞行航线,方便通用航空器快捷机动飞行。"较好地解决了借鉴国际标准和做法、满足通用航空活动高度基本需求和空域容量问题;打破了低空空域划设中监视空域、报告空域的"孤岛"现象,切实解决了通用航空场外飞行和转场飞行活动的空域使用难题。

近年来,我国在开展空域管理体制改革和空域精细化改革的同时,正推进研究空域灵活使用管理办法、无人驾驶航空器飞行管理规定,研究制定并组织实施空域分类标准等,这些都为推动我国空域管理改革奠定基础。

 **拓展阅读**

低空经济蓄势待发未来可期

近日,在地处黄河上游、我国华北通往西北的重要枢纽的内蒙古自治区乌海市,由乌海市人民政府、内蒙古民航机场集团、北京中投联航集团主办的内蒙古·乌海 2022 航空嘉年华系列活动拉开帷幕。在活动中,直升机飞行表演、单人动力伞表演、三角翼编队飞行表演、空中跳伞表演……集中展示了通航飞行的多种模式以及低空经济蓬勃发展的态势。

低空经济正在成为推动中国经济增长的又一重要引擎。活动期间,通用航空产业发展座谈会举办,来自内蒙古民航机场集团、中国航空运输协会、中国民航大学、广州民航职业技术学院、飞滴航空科技公司的专家就低空经济发展、通航新业态等议题进行了深入探讨,为开拓通用航空新业态、推动低空经济发展出谋划策。

1. 发展低空经济十分必要,通航先飞起来是前提

低空通常是指距正下方地平面垂直距离在 1000m 以内的空域,根据不同地区特点和实际需要可延伸至 3000m 以内的空域。低空经济是以低空空域为依托,以通用航空产业为主导,涉及低空飞行、航空旅游、支线客运、通航服务、科研教育等众多行业的一个经济概念;是以各种有人驾驶和无人驾驶航空器的各类低空飞行活动为牵引,辐射带动相关领域融合发展的综合性经济形态,广泛体现于第一产业、第二产业、第三产业之中,在促进经济发展、加强社会保障、服务国防事业等方面发挥着日益重要的作用。

要发展低空经济,就要让通航先飞起来。通航是民用航空器从事公共航空运输以外的民用航空活动,涉及农业、渔业、工业、建筑业作业以及医疗卫生、抢险救灾、文化旅游等领域。它以飞机制造为核心,涵盖通航运营、综合保障等,直接涉及新材料、电子、机械、能源等制造业以及培训、售后、租赁、运营、商务、保险、信息等服务业。近年来,随着国家一系列支

持政策的出台,我国通航产业和低空经济迎来了前所未有的发展机遇。

2016 年,国务院办公厅发布《关于促进通用航空业发展的指导意见》后,民航局持续树立"分类管理"理念,深化"放管服"改革,多措并举、协同共治,开创了通航发展的全新局面。2019 年 11 月,全国通用机场数量首次超过运输机场。截至 2020 年年底,全国在册管理的通用机场数量达到 339 个,比 2016 年的 66 个增加 273 个,增长率为 413%;全国获得通用航空经营许可证的通用航空企业 523 家;通用航空在册航空器总数达到 2892 架。

自 2010 年国务院、中央军委出台《关于深化我国低空空域管理改革的意见》以来,我国通航产业得到快速发展,地方政府成为推动区域通航发展的主导力量。从投资总量来看,通航产业聚集投资估算超过 1700 亿元,通用飞机交付总价值约 600 亿元,各类通航产业园区、基地增长到 140 余个,遍及内陆 28 个省区市。

2021 年 2 月,中共中央、国务院印发《国家综合立体交通网规划纲要》,提出"发展交通运输平台经济、枢纽经济、通道经济、低空经济"。这是"低空经济"概念首次写入国家规划,具有标志性意义。

"我国是人多可用耕地少的国家,发展低空经济对于减少土地占用,提升经济发展质量具有重大战略意义。发展城市空中交通被西方国家誉为第四次交通革命,对于解决最后一km 具有重要价值。我国正处于实现中华民族伟大复兴的关键时期,全国上下期待经济发展新引擎、新动能,国内需要统一大市场、畅通大循环。经验表明,以低空交通为主要产出形式的低空经济,有助于国内统一市场的完善和国内大循环的畅通。"中国航空运输协会通航分会会长丁跃介绍。

2. 低空经济发展前景广阔,无人机将成主导产业

谈到低空经济,专家们在论坛上一致认为:发展低空经济,市场是根本。我国目前的低空经济市场总体上呈现出有人机市场增长平缓,无人机市场蓬勃发展的局面。"除了要大力发展应急救援、低空游览、警用安防等应用,要积极鼓励消费类航空的发展,激发市场潜力。"广州民航职业技术学院副教授慕琦表示。

近年来,我国无人机产业异军突起,发展势头强劲,年均增长率超过 20%,正在成为国民经济一个新的增长点。同时,在全球民用无人机领域,我国占绝对优势。2020 年,在全球民用无人机前十大品牌企业中,中国占 7 家。其中,排名第一的大疆创新公司,旗下的商用无人机占领美国 47% 的市场份额,占领全球 70% 的市场份额。

据经济学家、国家发展改革委原副秘书长范恒山介绍,低空经济具有立体性、局地性、融合性、广泛性特点。许多低空飞行作业"飞行在空中,作用在地面",空地衔接十分紧密,是一种典型依托三维空间发展的经济形态。同时,低空经济主要以小飞机、小航线、小企业为依托,总体上具有地域窄、规模小和较为分散等特点,使其与各地区的关联度十分紧密,有利于相关产业的拓展。作为一种"组合式"经济形态,低空经济的核心是航空器与各种产业形态的融合,如"农林+航空""电力+航空""公安+航空""医疗+航空""体育+航空"等,还具有军民融合、空地融合、有人机无人机融合等一些特点。

融合发展、带动作用在无人机领域已初步显现。据专家介绍,2025 年,全球将整体进入无人驾驶航空器商业化应用的发展时代,也是推进城市群内部交通运输一体发展、发展城市空中服务、构建城市群内部快速空中交通网络的关键时期。"也就是说,有人驾驶与无人驾驶相融合、新旧产业互相依存的低空生态圈将初步形成,低空经济的带动效益将初步显现。"丁跃介绍。

"无人机产业将成为低空经济的主导产业。近年来,无人机在低空经济发展中的牵引和带动作用日益增强,'无人机产业化'和'产业无人机化'可能会是未来低空经济发展的基本方向。下一步,规模化应用的无人机对有人机的替代程度将逐步提高,对各行业的渗透程度也会日益深广,因而对人们生产生活的支撑力度越来越大,主导作用越来越强。"范恒山如是表达对无人机产业未来发展的信心。

科技创新是民航发展的重要引擎。对低空经济来说,发展的根本支撑同样离不开科技创新。专家们表示,我国低空经济发展潜力巨大。"十四五"时期,要坚持以质量开拓市场,实现创新突破。既要重视体制和管理创新,更要重视科技创新,包括关键核心技术的突破、应用场景的创新、营销模式的转换等,也包括数字化、信息化等手段的深度融合与应用。同时,要强化政府与市场的双轮驱动,全面发挥各种所有制经济的作用,推动区域优势互补、链条对接,形成各具特色、相互支撑、一体发展的良好局面。

3. 试点先行作用明显,为破解发展难题找准着力点

"发展低空经济,释放低空资源,做大做强通用航空是重点。"中国民航大学教授刘光才表示。我国低空空域管理改革已经经历了20多年,继2000年国家将航路航线移交给民航管制指挥后,新一轮低空空域管理改革是在空域管理领域展开的又一次重大改革。

"特别是2015年低空空域管理改革进入综合试点阶段以来,济南、重庆、海南、四川、江西、安徽等地先后作为试点,积累了不同形式的研究成果和经验。"丁跃介绍。

2015年6月,济南和重庆被列为低空空域管理和通用航空发展综合配套改革试验单位,为国家出台全面放开低空空域管理改革的意见提供借鉴,成为将多元化用户需求与优质高效服务深度结合、协同推进的有益尝试。2016年,国家空管委组织军民航在珠三角和海南地区启动空域精细化管理改革试点,扎实推进低空空域空管服务保障示范区建设。2018年,在国家空管委批准四川省低空空域协同管理改革方案后,四川尝试构建了新型低空空域运行管理服务体系。2020年,新一轮低空空域管理改革拓展试点工作启动,同年8月,湖南在全国率先提出"全域低空空域协同管理改革方案";2020年9月,江西被列为试点省份,探索"军民融合、权责利一致、可持续发展"的低空空域协同运行管理机制;2021年2月,安徽省成为全国第三个全域低空空域管理改革试点省份。

"低空空域是一种不可移动的极具位置价值的、稀缺的、非完全共享的无形空间资源,具有部分竞争性和不可交易性。低空空域使用得当,就能创造巨大的物质和精神财富,增进人民群众福祉。"丁跃介绍,集中试点期间,在初步形成了试点地区低空监视与通信服务的保障能力的基础上,组织试点地区共划设各类低空空域254个,为我国低空空域改革作出了有益尝试,积累了丰富经验。

2021年,通用航空全行业完成生产飞行117.8万小时,通用机场达370个、通航企业达599家。民航局无人驾驶航空器空管信息服务系统年保送作业小时为1861.5万,日均飞行5.1万小时、128万架次。民航局云系统保送生产作业143.6万小时,无人机拥有者注册用户达78.1万个。目前,我国建有低空飞行服务站27个、航空产业园36个。同时,2019年,我国民用航空工业企业完成民用航空产品产值达865亿元。

然而,目前我国通用航空与世界发达国家水平还有着很大的差距,制约通航发展的很多难题还亟待解决。例如,低空空域管制严格,通航起飞难;通航机场建设缓慢,通航难落地;

通航业务类型不多元,限制私人飞行市场发展;制造技术相对落后;通航飞行保障体系不健全等问题普遍存在。

资料来源:中国民航网. 低空经济蓄势待发未来可期[EB/OL]. (2022-08-31)[2023-05-16]. http://www.caacnews.com.cn/1/tbtj_/202208/t20220831_1352276.html.

思 考 题

1. 简述我国空域的分类标准。

2. 在我国境内和国际民航组织批准的由我国提供飞行情报服务的公海范围内,共有哪11个飞行情报区?

3. 航路和航线的区别是什么?

4. 空中禁区、空中危险区、空中限制区的使用和管理有哪些区别?

5. 等待航线通常划设在哪些区域? 划设等待航线需考虑哪些因素?

6. 空域管理包括哪几方面? 请简述各方面具体工作内容。

第 八 章

空中交通流量管理

【本章主要内容】

（1）空中交通流量管理概述。

（2）我国民航流量管理机构。

（3）空中交通流量管理阶段与过程。

（4）典型流量管理措施介绍。

（5）流量管理系统应用。

空中交通
流量管理

随着全球范围内航空飞行活动的快速增长，空中交通拥堵问题愈发突出，已成为制约空中交通发展、影响空中交通安全的重要因素之一。天空虽大，但可利用的空域资源有限。为确保安全，航空器之间必须保持一定的安全间隔，这要求空中交通管制部门在事先进行流量预测的基础上，进行空中交通流量管理，确保在需要或预期需要超过空中交通管制系统的可用容量期间，保证空中交通最佳地流向或通过这些区域。

第一节　空中交通流量管理概述

空中交通流量管理（air traffic flow management，ATFM）是空中交通管理的三大组成部分之一，是提高航班正常性、提升运行效率、减少航班延误的重要手段。

空中交通流量管理是指为有助于空中交通安全、有序和快捷地运行，确保最大限度地利用空中交通管制服务，并符合有关当局公布的标准和容量而设置的一种运行服务。

管制单位应按规定确定所负责提供空中交通服务的空域或机场（跑道）的空中交通管制服务容量（以下简称"容量"）。当空中交通的需求超过或者将要超过公布的容量时，应当实施空中交通流量管理。容量取决于多种因素，包括空中交通服务空域和航路的结构、管制方式和设备、使用该空域的航空器的导航精度、与天气有关的诸种因素以及管制员的工作量等，通常以指定空域或机场在某一特定时间内最多能够接受的航空器数量表示。

空中交通流量管理的实施原则是安全效率兼顾原则和协调集中兼顾原则。安全效率兼顾原则是指坚持安全第一，通过有效的流量管理为空中交通管制运行创造安全、有序的运行环境；通过合理的容流平衡措施，充分利用空域资源，提高空管运行效率，提升航班正常水平，实现安全与效率的统一。协调集中兼顾原则：坚持协同决策，实现三级流量管理单位（两级决策、一级执行）之间，流量管理单位与管制运行、气象服务和设备保障部门之间以及空管系统和航空公司、机场等相关方之间的信息共享,协同会商,并由相关流量管理单位按照权限对流量管理措施进行最终决策,实现协同与集中的统一,提高流量管理决策的科学性与合理性。

第二节　我国民航流量管理机构

空中交通流量管理既是一种运行服务,也是一种管理活动,需要专门的组织机构承载职能,高效的运行机制保障实施,科学的技术手段支持决策,统一的法规标准约束行为,是一个由组织机构、运行机制、技术手段、法规标准等要素组成的有机整体。

我国空中交通流量管理机构分为三个级别:全国级、地区级、执行级。中国民航局负责指导全国流量管理工作。各地区管理局负责监督辖区内流量管理工作。民航局空管局负责组织实施全国流量管理以及涉外流量管理。

随着空管体制改革的不断推进,我国民航空管系统已初步建立以空管局运行管理中心为中枢,以地区级流量管理室为支撑,以塔台、进近、区域执行级流量管理席位为延伸,覆盖全空管系统的垂直流量管理运行体系。在空管单位与航空公司、机场之间形成覆盖全民航系统的横向流量管理协同联动体系。

一、全国级流量管理单位

全国级流量管理单位由民航局空管局运行管理中心承担,是全国流量的管理、监督、指导单位,主要负责全国范围内流量和容量的统筹管理,职责包括但不限于以下几方面内容。

(1)监视全国空中交通流量态势、关键机场和关键空域单元的流量和容量,及时发现容流不平衡问题。

(2)指导、协调流量管理措施的制定,按照职责权限审批和发布地区级流量管理单位申报的流量管理措施,监控流量管理措施的合理性、有效性和执行情况。

(3)组织实施或授权地区级流量管理单位启动地面延误程序(ground delay program,GDP)、改航(rerouting)、地面停止(ground stop,GS)等跨区流量管理措施。

(4)组织召开空管运行协商视频会议。

(5)组织协调解决运行中的难点问题,包括关键机场大面积航班延误、重大军事活动、重大任务保障等。

(6)组织开展跨国界流量管理工作,视情况授权相关地区级流量管理单位具体实施。

(7)协同相关单位维护全国流量管理系统的动态运行环境、航班计划和情报等数据。

(8)组织开展相关事后分析工作。

二、地区级流量管理单位

地区级流量管理单位为地区级流量管理室(当前为 7 个地区空管局管制中心流量管理室和海南空管分局流量管理室),主要承担本地区内及相关国际地区的流量管理工作,职责包括但不限于以下几方面。

(1)监视和预测管辖范围内各机场和空域单元的航班流量。

（2）组织相关方进行会商，对可能影响容量变化的天气趋势、军事活动、设备设施保障等因素提前进行分析，协同执行级流量管理单位和相关管制运行部门共同确定辖区内机场、繁忙航路（点）、扇区等空域单元的运行容量，提前识别容流不平衡问题。

（3）根据容流不平衡的情况，协同执行级流量管理单位制定流量管理措施，并向全国级流量管理单位进行申报。

（4）按照职责权限，发布和记录有关流量管理措施，指导、协调和监督所辖范围内所有流量管理措施的实施，持续跟踪其有效性、执行情况和实施效果，视情况及时进行调整或给出调整建议。

（5）组织辖区内相关单位参加空管协同决策视频会议。

（6）按照职责分工协同执行级流量管理部门、管制运行部门维护全国流量管理系统动态运行环境数据，如临时航路开关、扇区开合等。

（7）组织或参与相关事后分析工作。

（8）区内流量管理措施由地区级流量管理单位进行决策制定，并向全国级流量管理单位报备；跨区流量管理措施由地区级流量管理单位向全国级流量管理单位申请，批准后方可实施。

注：若地区级流量管理单位暂时不具备对空管分局（站）内部流量的管理和决策能力，作为过渡，空管分局（站）可作为 2.5 级流量管理单位，在运行中具有一定的流量管理措施决定权。地区级流量管理单位可部分或全部授权 2.5 级流量管理单位在其辖区范围内承担地区级流量管理单位职责。

三、执行级流量管理单位

流量管理执行单位由塔台、进近、区域管制单位流量管理席位或具有流量管理职能的席位承担，主要负责以下工作。

（1）监视辖区内交通流量态势。

（2）协同相关部门，对可能影响容量变化的天气趋势、军事活动、设备设施保障等因素进行持续关注，分析确定机场、繁忙航路（点）、扇区等空域单元的运行容量，至少提前 6 小时上报地区级流量管理单位，并滚动更新。

（3）预判本区可能出现的容流不平衡问题，提出流量管理措施建议。

（4）执行最终确定的流量管理措施，持续跟踪流量管理措施的实施，对实施偏差进行主动协调，并协同有关单位予以修正。

（5）按要求参加协同决策视频会议。

（6）按照职责分工协同地区级流量管理部门、管制运行部门维护全国流量管理系统动态运行环境数据，如临时航路开关、扇区开合等。

（7）组织或参与相关运行事后分析工作。

（8）对本管制单位内实施的但不对其他单位产生影响的流量管理措施可以由执行级流量管理单位决策；其他流量管理措施需要向地区级流量管理单位申请，批准后方可实施。

四、航空公司（或责任代理方）

（1）负责将本公司的次日飞行计划，通过数据传递、系统填报等方式及时传递到全国流量管理系统，并实时更新，确保流量管理系统计划数据的及时、准确、完整。

（2）负责航班动态的追踪和预测，通过全国流量管理系统等途径提供运行所需关键信息（如航班运行状态等）。

（3）加强与空管、机场的协同，关注流量管理措施以及复杂天气等影响航班运行的环境变化，结合自身运营情况主动决策，及时调整保障工作。

（4）协同机场完成地面相关服务，按照所分配的航班时隙保障航班。否则，应及时向相关流量管理部门反馈。

（5）预计或出现大面积航班延误时，应积极协同相关单位做好航班计划调整工作，及时向相关单位通报航班计划调整情况。

（6）根据要求和需要参加相关运行视频协调会议。

五、机场

（1）负责跟踪航空器运行动态和航空公司地面保障动态，掌握地面运行保障时间节点，按照相应的工作流程进行机位资源调整，并对相应的地面服务和保障进行合理调配。

（2）负责汇总、整合及维护进出机场航班的运行相关数据及信息（如停机位信息、备降资源信息以及滑入、滑出时间等），与空管、航空公司等单位共享，改善各参与方共同情景意识，提高地面运行各保障节点和离港时间的可预测性。

（3）负责接收并查看与本机场有关的航班时隙分配安排。协同航空公司，按照措施分配的航班时间保障航班。否则，应及时向相关流量管理部门反馈。

（4）当机场出现或预计出现大面积航班延误时，负责统筹评估本场地面保障能力。根据地面运行情况和可用时隙，合理调配停机位、拖车等资源使用，协同航空公司做好航班上客安排。

（5）根据要求和需要参加相关运行视频协调会议。

六、气象服务部门

（1）负责向空管部门提供各种气象服务，向全国流量管理系统输出与流量管理工作相关的气象数据及信息，包括覆盖全国、各地区以及周边国家的各类气象数据及信息。

（2）根据全国流量管理系统的需求，设计和开发相关气象产品供流量管理系统使用。

（3）根据要求和需要参加相关运行视频协调会议。

（4）组织或参与相关运行事后分析工作。

第三节　空中交通流量管理阶段与过程

流量管理包括多个循环往复的过程，通常可将其分为空中交通管理规划、流量管理实施（包括战略、预战术、战术）和事后分析三个阶段。各阶段按照时间范围、管理方式、管理对象等进行区分,并形成一体化运行过程,如图 8-1 所示。

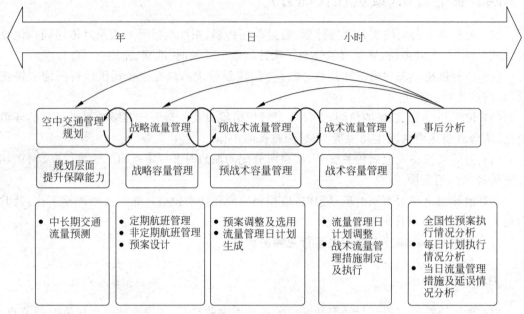

图 8-1　流量管理运行阶段

一、空中交通管理规划阶段

空中交通管理规划阶段是流量管理实施的前置过程,时间范围根据所采取的具体措施而定,通常需要提前半年以上。管制单位基于未来时段内空域用户容量使用需求的发展趋势以及航路和空域的可用性等,对容量与交通需求的平衡状态进行评估,向空域规划与设计部门提出建设需求,针对引起重大容量降低或者存在流量容量严重失衡的重大事件,提前采取空域优化与调整和管制手段升级等方式来解决容量需求问题。

二、流量管理实施阶段

流量管理实施过程包括战略流量管理阶段(先期流量管理)、预战术流量管理阶段(飞行前流量管理)、战术流量管理阶段(实时流量管理)。

(一)战略流量管理阶段

战略流量管理阶段时间通常涵盖运行日前 1 周(不含)以上,该阶段大部分工作应提前至少 2 个月完成。在此阶段,空中交通管理方(包括空中交通服务、空域管理和流量管理)与军民航等空域用户、机场以及局方一起协作,开展空中交通流量需求预测,并基于空中交通管理部门评估的空域单元容量(静态通行能力),实现流量需求与容量的平衡,从而科学提升运行效率,提高运行安全水平。

例如,当空域结构、设备设施、管制运行程序、间隔标准、管制扇区数量、跑道运行模式等影响通行能力的因素已经发生或预期将发生重大改变时,相关静态通行能力应进行研究调整,相关工作在战略流量管理阶段完成。

当出现"机场航班放行正常率在最近一年内有 9 个月低于 70%"或"因机场不停航施

工、机场净空环境受到破坏等原因导致机场保障能力明显下降"的情况时,相关管制单位应尽早提出流量需求与容量平衡的相关处置意见,相关工作在战略流量管理阶段完成。

(二) 预战术流量管理阶段

预战术流量管理阶段通常涵盖运行前 1 天至 1 周的运行情况,以及运行日对预战术流量管理的更新(该更新需具备一定提前量,通常为 6h)。预战术阶段各级流量管理单位协同管制运行部门以及空域用户对运行日运行态势进行提前分析和预演,增强运行态势感知和共同情景意识。

例如,运行前一日 22:00 前,全国级流量管理单位组织一次全国级预战术流量管理会商,制定次日流量管理初步预案。会商参与方包括地区级流量管理单位、相关执行级流量管理单位、气象服务单位、设备保障单位、航空公司和机场等。初步预案要在流量管理系统进行模拟仿真以确定最终预案。

(三) 战术流量管理阶段

战术流量管理包括动态流量管理和实时流量管理。战术流量管理阶段工作包括从容流监视开始进行流量分析、协同制定措施、组织措施实施以及实施过程中措施评估优化的全过程。

例如,由于天气、设备、空域环境等原因,预测到未来机场接收率下降,流量管理单位应及时组织管制运行、气象服务和设备保障人员进行会商,分析未来影响机场接收率的天气发展趋势、设备保障情况、空域保障方案等。在会商的基础上,综合考虑天气发展趋势、设备保障能力、跑道运行模式、离场航班流量、运行保障要求、安全间隔等因素,流量管理单位与管制单位协商确定机场未来一段时间的机场接收率。

三、事后分析阶段

流量管理事后分析是空中交通流量管理工作的最后一个阶段,也是流量管理下一个循环周期的开始,与流量管理的其他阶段形成闭环和相互衔接的运行过程,是各级流量管理单位提升流量管理科学性和有效性,实现持续改进的重要工作。

事后分析阶段的分析对象是已执行完毕的流量管理过程。事后分析旨在对空中交通运行及流量管理过程进行记录和统计分析,对流量管理其他阶段进行优化改进,为空中交通管理规划提供参考。该阶段要求持续回顾流量管理行为目标和结果,包括流量管理日计划的制订及执行情况、当日所执行流量管理措施及延误情况等,并向空域管理、流量管理、空中交通管制等各层级相关部门和利益相关方(如航空公司等)反馈相关信息。

例如,各级流量管理单位应在参与事后分析协同会后 5 个工作日内完成事后分析报告,报所属空管单位审批后对流量管理参与方发布。报告应以描述此次流量管理案例的运行环境和发生原因,以时间线方式展示重要或特殊节点事件,并提供《事后过程分析记录表》,内容包含各效能评价指标分值、优化改进建议和措施等。

第四节 典型流量管理措施介绍

一、地面延误程序

地面延误程序(ground delay program,GDP)是指当预测某机场的进场流量显著超出机场进场接收率(airport acceptance rate,AAR),且持续时间较长时,对某个时段范围内计划在该机场进港的航班统一安排其起飞时刻的流量管理措施。地面延误程序对飞往该机场的航班通过统一分配安排降落时隙,从而推算航班起飞时间,控制航班在起飞机场延迟起飞,把预计的空中延误转移到地面上来。

通过 GDP 作用时段分析受影响航班对象,根据航班优先级为航班依次分配机场或终端区到达时隙资源,即高优先级的航班优先占用机场或终端区时隙资源,考虑的主要约束为 AAR、ADR 或总量控制,复杂情况下航班需要同时满足 GDP 时段内的多重限制,当机场或终端区资源达到饱和时,采用延误的方式进行处理,使得航班在机场或终端区存在可用资源的时段内进入,同时通过飞行时长倒推的方式得到计算起飞时刻(calculated take-off time,CTOT)。

二、空域流量程序

空域流量程序(airspace flow program,AFP)是因天气等原因造成某空域运行容量下降后,对计划途经该空域的航班采取地面延迟起飞措施。空域流量程序通常也称为基于空域的延误程序。空域流量程序的运行需要可靠的对流天气预报和空域流量预测,制定合理空域流量程序评估、启动、运行和监督机制。

通过分析 AFP 作用时段内的受影响航班,根据航班优先级为航班分配受限空域的到达时隙资源,即高优先级的航班优先占用受限空域时隙资源,考虑的主要约束为受限空域的运行容量,复杂情况下航班需要同时满足 AFP 时段内的多重限制,当受限空域资源达到饱和时,采用延误的方式进行处理,使得航班在受限空域存在可用资源的时段内进入,同时通过飞行时长倒推得到 CTOT,航班通过地面延误的方式避让受限空域运行饱和时段,达到容流平衡的目标。

三、尾随间隔

尾随间隔(miles in trail,MIT/MINIT)是一种战术流量管理方法,是指机场或空域单元流量超出容量时,为了实现容流平衡,要求通过某一航路点前往该机场或进入空域单元的航班保持指定的距离或时间间隔。常用于持续时间短、程度轻、小范围的容流不平衡问题。

尾随间隔在全国流量管理系统中存在参与计算和信息传递两种模式。

参与计算模式由发起方将受限点尾随间隔要求输入全国流量管理系统,系统对全部经过该受限点的航班根据 MIT 的要求参与计算。信息传递模式由发起方向接收方通过全国流量管理系统仅传递尾随间隔限制要求,由接收方根据情况制定具体的流量管理措施后输入系统,由系统进行计算。

四、协同改航

协同改航是一种预战术或战术流量管理方法。协同改航作为一种空间调整手段,可使航空器按照调整后的飞行计划或空管部门指定的路径飞行,有效规避受限空域单元的影响。

协同改航预案主要有以下两种。

(1)从受天气或其他空域用户影响航路/航线改航到其他可用航路/航线。

（2）从超容量的航路/航线改航到非繁忙航路/航线或临时航线。

五、地面停止

地面停止（GS）是指当机场或空域单元容量因突发情况急剧下降导致流量已经或短时间内将要显著超出容量时，为争取足够时间疏散空中航班，而让还未起飞的航班在地面等待。其使用原则为：影响范围尽量小，持续时间尽量短。

地面停止的应用场景如下。

（1）当容量大幅下降时。如机场或跑道关闭、航空器特情等导致机场或空域单元接收能力大幅下降。

（2）空中出现堵塞需要较长时间盘旋等待时，防止航空器升空后的过多等待。

（3）因不可抗力造成的设备全部或部分失效。

（4）因特殊情况（如战斗出航等）导致未预期的空域关闭。

第五节　流量管理系统应用

一、协同决策系统

流量管理的核心任务是流量与容量匹配以及最大化地利用容量。协同决策（collaborative decision making，CDM）是一种技术手段，更是一种基于资源共享和信息交互的多主体（空管、机场、公司等）联合协作运行理念，用于创造更为透明、高效、和谐的决策环境。流量管理单位可以通过协同决策从相关参与方取得数据以改进流量管理工作，各参与方也能够通过协同决策从流量管理单位获得信息从而更好地为自身的决策服务，如图 8-2 所示。

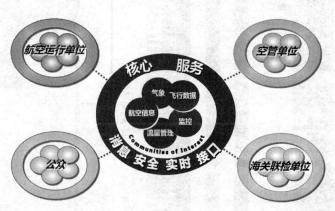

图 8-2　CDM 系统逻辑结构

协同决策理念经过十多年的发展，已经被世界各国空管行业所接受。从国内的成功经验可以看出，协同决策系统的建设投入运行，对提高航班正常率，减少旅客飞机上等待时间等都具有积极的作用。

深圳机场是我国首家投入相关系统运行的单位。深圳航班运行协同决策系统于

2011 年 9 月 29 日在珠海终端区范围内投入试运行,打破了空管、机场和航空公司之间由于信息封闭可能造成的航班运行不畅的局面;系统对离港航班进行科学排序,给出准确的起飞时间,从而提高航班各种保障资源利用率;减少旅客在飞机上长时间等待的情况,提高了对旅客的服务品质。通过对系统运行前后的各项经济指标进行统计,深圳机场 2011 年 1—5 月(系统运行前)与 2012 年 1—5 月(系统运行后)航班正常率同比月均增加 8.48%,旅客等待时间平均减少 12min。证明系统的投入试运行具有显著的经济效益。

协同决策系统由协同决策子系统、航班排序子系统以及电子进程单子系统组成。其中,协同决策子系统实现本地区各运行单位(包括空管、机场公司、航空公司、联检单位等)的信息的采集、整合和共享,使各航班运行保障单位形成共同的情景意识,系统通过提供航班时刻交换、航班运行态势监控、航班延误预测以及停机位预测等协同决策工具,形成协同决策平台,建立了协同决策机制;航班排序子系统利用采集到的数据,使用可配置的多种排序算法,计算并发布离港航班放行次序及计算起飞时间,使航班运行保障更加高效、规范;电子进程单子系统实现飞行员与管制员联系后到起飞或落地过程的全程监控与记录,可以及时掌控航班撤轮挡后的运行状态,并及时回传到航班排序子系统中进行处理。CDM 系统功能主界面如图 8-3 所示。

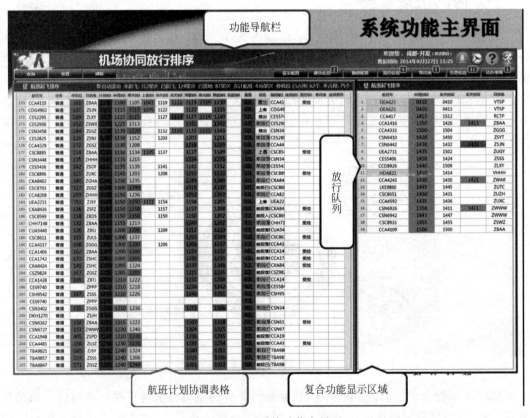

图 8-3　CDM 系统功能主界面

二、全国流量管理系统

全国流量管理系统(national air traffic flow management system，NTFM)主要通过采集、处理民航运行基础信息，实现运行态势的监视、分析、预测和信息发布，以及包括空管、机场和航空公司等民航主要运行单位在内的整体协调和运行协同等功能；实现对空域资源和机场资源的更高效利用；为空管、机场、航空公司和军方空管部门提供相关信息和数据访问接口，实现信息共享；实现民航空中交通流量的科学化、精细化管理；实现全国范围内的民航空中交通流量控制和管理，平衡空中交通容量和需求，缓解终端机场和航路交通压力，降低航班延误，提高空管运行效率和安全水平。

根据全国流量管理系统实施方案，全国流量管理系统一级数据处理节点设在民航局空管局，二级数据处理节点设在各地区空管局。NTFM系统具有完善的流量管理功能，可以实现流量的战略管理、预战术管理、战术管理，以及事后运行分析等功能，具体功能为：对运行情况进行多维度的监控(如地图展示、数据统计、航班列表等)、对未来运行态势进行预测、流量管理的预战术和战术的制定、流量管理预战术和战术的实施、监控和管理、流控策略的制定、流控限制的传递、跨区域协同放行、航班时隙协商、多平台及多部门间的协调等。NTFM系统扇区流量预测功能界面如图8-4所示。

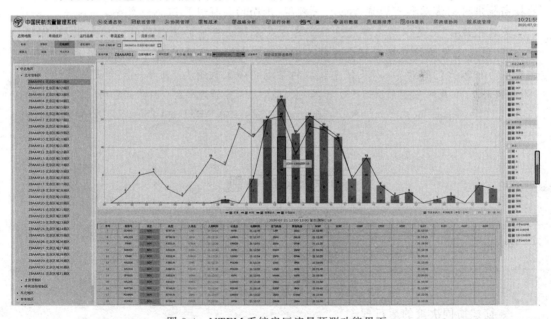

图8-4　NTFM系统扇区流量预测功能界面

NTFM系统对系统各运行保障单位(空管、机场及航空公司)进行信息采集，形成全面的数据库，为系统的计算和输出提供数据支持。NTFM系统主要采集以下数据信息。

(1)从机场各相关保障单位采集机场机位信息、机场保障能力信息、航班时隙协商信息、进港航班信息、离港航班信息等。

(2)从航空公司采集航班计划核对信息、航班时隙协商信息、航空器信息、进港航班动态、离港航班动态、空中监控航迹。

（3）从信息管理系统获取航班计划和动态数据，并与航空公司和机场航班计划进行核准和比对。

（4）引接空管自动化系统输出数据、从 ACARS 系统获取的空数据链数据，通过自动化数据融合形成综合航迹数据，实时掌握航空器地面和空中动态。

 **拓展阅读**

提升航班运行效率 全国民航中央流量管理平台今日正式启用

记者从民航局空管局了解到，全国民航统一的中央流量管理平台今天（2021 年 6 月 30 日）正式启用。未来中央流量管理平台将是民航局所属唯一覆盖全国，连接空管、机场、航司三大运行主体之间的航班运行协同系统，将有效提升航班运行效率。

在运行指挥大厅的大屏幕上，显示着当天全国航班运行整体情况、各航空公司和机场运行情况，所有信息清晰详细，一目了然。

民航局空管局运行管理中心飞行流量室主任吴晓东说："目前，全国流量管理系统已经集成了各方运行数据，有我们空管内部的所有的运行数据，还有航空公司、机场所有的运行的数据。并且，我们已经开始以中心为支点的运行了。"

吴晓东介绍，首次打造的全国统一的中央流量管理平台，通过制定统一的运行规则，有效提高航班时刻资源和空域资源的利用效率，进而助力提升民航运行效率。

吴晓东说："他是以站在维度更加高的方式来解决目前的流量问题。比如说，我们跟航空公司、机场之间的信息交互将会变得非常顺畅；我们跟空管局内部的协同将会更加有效。这对以后旅客出行的效率，以及信息获取的渠道将会大大有益，效率一定会更加高的。"

资料来源：央视网.提升航班运行效率,全国民航中央流量管理平台今日正式启用[EB/OL].(2021-06-30)[2023-05-16].http://m.news.cctv.com/2021/06/30/ARTIFb6D2SFvrNp8DZjANeTT210630.shtml.

思 考 题

1. 空中交通流量管理与空中交通管制服务容量之间是什么关系？
2. 我国空中交通流量管理机构可分为哪三个级别？
3. 空中交通流量管理可分为哪几个阶段？
4. 简述流量管理实施过程中各阶段所涵盖的时间段及主要工作内容。
5. 简述协同决策的运行理念。
6. 全国流量管理系统从航班运行保障单位采集的数据信息都有哪些？

第 九 章

空中交通运行服务

【本章主要内容】

(1) 基本管制工作程序。

(2) 管制协调和管制移交。

(3) 飞行进程单。

(4) 飞行计划的提交。

(5) 放行许可的发布。

(6) 推出流程及推出程序。

(7) 滑行许可及规定。

(8) 航空器的离场。

(9) 航路运行。

(10) 航空器的进场。

(11) 航空器滑行到达停机位。

空中交通运行服务

本章讲述空中交通运行服务。在介绍基本管制工作程序、管制协调和管制移交、飞行进程单的基础上,以航空器的运行过程为主线,详细讲述管制运行程序。

第一节　基本管制工作程序

一、空中交通服务报告室管制员工作程序

起飞或者着陆机场的空中交通服务报告室管制员应当按照下列程序工作。

(1) 在航空器预计起飞或者着陆前 1 小时向气象部门了解天气。

(2) 阅读相关航行通告,掌握相关航空情报。

(3) 受理、审核航空器驾驶员或者其代理人提交的飞行计划。

(4) 按规定、标准和协议拍发各类相关业务电报。

(5) 根据相关动态电报,记录航班动态信息,并负责通报有关部门。

二、地面管制席管制员工作程序

地面管制席管制员对进、离场的航空器实施管制时,应当按照下列程序工作。

（1）航空器预计起飞或者着陆前 30min，了解天气情况，校对时钟，检查风向风速及气压显示。

（2）航空器预计起飞或者着陆前 20min，开机守听，准备飞行进程单。

（3）了解进、离场航空器的停机位置。

（4）向进近或者区域管制单位索取离场程序和放行许可。

（5）通知航空器驾驶员放行许可、起飞条件和离场程序。

（6）航空器驾驶员请求开车、滑行时，根据飞行申请和管制范围内航空器活动情况和放行许可等，决定开车顺序，指示滑行路线。

（7）离场航空器滑行时，密切注意航空器位置和滑行方向，直到等待点或者移交点。

（8）离场航空器滑行至等待点或者认为无影响时，通知航空器驾驶员转换频率联络机场管制席。

（9）通知进场着陆的航空器滑行路线，航空器到达停机位置或者由地面引导后，与航空器脱离联络。

未设地面管制席的塔台管制单位，上述工作由机场管制席兼任。

三、机场管制席管制员工作程序

（一）进、离场航空器管制

机场管制席管制员，对进、离场航空器实施管制时，应当按照下列程序工作。

（1）航空器预计起飞或者着陆前 30min 完成以下准备工作：了解天气情况、了解通信导航设备可用状况、校对时钟、检查风向风速及气压显示。

（2）航空器预计起飞前和预计进入机场塔台管制区前 20min，通知开放本场通信导航设备，了解跑道适用情况。

（3）放行航空器时，应当根据飞行计划和任务性质以及各型航空器的性能，合理放行航空器。放行的管制间隔应当符合规定。

（4）按照规定条件安排航空器进入跑道和起飞，并将起飞时间通知空中交通服务报告室或者直接拍发起飞报；航空器从起飞滑跑至上升到 100m（夜间 150m）的过程中，一般不与航空器驾驶员通话。

（5）安排航空器按照离场程序飞行，按照规定向进近管制单位或者区域管制单位进行管制移交。

（6）与已经接受管制的进场航空器建立联络后，通知航空器驾驶员进场程序、着陆条件、发生显著变化的本场天气。

（7）着陆航空器滑跑冲程结束，通知航空器驾驶员脱离跑道程序；有地面管制席的，通知航空器驾驶员转换频率联系地面管制；将着陆时间通知空中交通服务报告室或者直接拍发落地报。

（二）仪表进近程序着陆工作程序

航空器进入着陆的方法，应当按照航行资料汇编公布的程序进行。机场管制席管制员在航空器按照仪表进近程序着陆时，应当按照下列程序工作。

（1）最低等待高度层空出后，立即通知进近管制员。

（2）与航空器建立联络后，通知航空器驾驶员占用进近起始位置的时间和着陆条件。

（3）两架航空器按照同一种仪表进近程序进入着陆时,在严格掌握规定数据的前提下,应当控制航空器之间的高度差不小于 300m,同时给着陆航空器留出复飞的高度层。

（4）航空器自最低等待高度层下降时,再次校对高度表拨正值。

（5）根据航空器驾驶员报告掌握航空器位置,当航空器进入最后进近阶段,发布着陆许可。必要时,通知航空器驾驶员最低下降高度（或者决断高）或者复飞程序。

（三）特殊情况下的优先着陆工作程序

航空器发生特殊情况危及飞行安全时,塔台管制员应当安排该航空器优先着陆,并且按照下列程序工作。

（1）了解航空器的特殊情况和驾驶员的意图。

（2）迅速空出优先着陆航空器需要的高度和空间。

（3）通知航空器驾驶员优先着陆条件和优先着陆程序。

（4）航空器在紧急情况下,不能按照优先着陆程序下降时,迅速调配该航空器所在高度以下的航空器避让,尽快准许该航空器着陆。

四、进近管制员管制工作程序

（一）进近管制员对进、离场航空器管制工作程序

进近管制员对进、离场航空器实施管制时,应当按照下列程序工作。

（1）航空器预计进入进近管制空域前 30min 完成以下准备工作：了解天气情况、取得最近的天气实况、了解通信导航监视设备可用状况、校对飞行申请和计划、准备飞行进程单、安排进离场次序。

（2）进场航空器预计进入进近管制空域前 20min 开始守听,通知开放导航设备,向塔台管制单位取得航空器着陆程序和使用跑道。

（3）本管制区内离场航空器预计开车前 10min 开机守听,将离场程序通知塔台管制单位。

（4）收到进、离场航空器进入进近管制空域的位置报告后,指示其按照程序飞行,通知空中有关飞行活动。

（5）通知进、离场航空器分别转换频率与塔台管制单位或者区域管制单位联络,按照规定进行管制移交。

（6）当塔台管制员通知最低等待高度层空出后,安排进场等待的该层以上的航空器逐层下降,航空器脱离第二等待高度层或者双方协议明确的高度层时,通知航空器驾驶员转换至塔台管制单位频率联络。

（7）接到航空器驾驶员报告已与区域管制单位或者塔台管制单位建立联络,并且飞离进近管制空域时,准许航空器脱离联络。

（二）进近管制员对飞越航空器管制工作程序

进近管制员对飞越航空器进行管制时,应当按照下列程序工作。

（1）按照规定通知开放通信、导航设备。

（2）按照进入、离开进近管制空域的有关程序管制其飞行,并告知同意其飞越的高度。

（3）将空域内有关空中交通情报通知飞越的航空器。

（4）按照规定进行管制移交,并将航空器飞越移交点的时间和高度通知区域管制单位。

五、区域管制员管制工作程序

区域管制员应当按照下列程序工作。

（1）审理各空中交通服务报告室申报的飞行申请和计划，并将批准的飞行申请通知有关的管制单位和当地飞行管制部门。

（2）航空器预计在本区内起飞前或者预计进入本管制区边界前30min校对军用和民用航空器的飞行申请，阅读航行通告，拟定管制方案，听取天气讲解，研究航路、备降机场的天气实况和预报。

（3）收到航空器起飞的通报后，按照飞行计划电报和各位置报告点的预计时间，填写飞行进程单，配备管制间隔，调配飞行冲突。

（4）航空器在本管制区内的机场起飞的，应当在预计起飞前10min开始守听；航空器在本管制区内着陆或者飞越的，应当在航空器预计进入本管制区边界前30min开始守听。

（5）已经接受管制移交的航空器，超过预计进入管制空域边界时间尚未建立联络的，应当立即询问有关管制单位，同时采取措施建立联络。

（6）充分利用通信、导航设备以及航空器的位置报告，准确掌握航空器位置，监督其保持规定的航路和间隔飞行，超过预计飞越位置报告点3min尚未收到报告的，应当立即查问情况。

（7）按规定与区域、进近或者塔台管制单位进行管制协调，取得进入条件后通知航空器。航空器进入下一管制空域之前，通知航空器转换至下一管制单位的频率联络。

（8）航空器变更预计起飞时间的，管制员应当按照更改后的预计起飞时间开始工作。接到航空器驾驶员报告不能沿预定航线飞行的，或者着陆机场关闭的，区域管制员应当按照下列程序工作。

① 提供航线、备降机场的天气情况和航空器驾驶员要求并能够提供的资料。

② 按照航空器驾驶员返航或者备降的决定，立即通知有关管制单位以及当地飞行管制部门，并发出有关电报。

③ 充分利用各种导航设备，掌握航空器位置。

④ 航空器要求改变飞行高度层或者改航时，应当查明空中情况，在取得有关管制单位同意后，方可允许航空器改变飞行高度层或者改航；收到航空器驾驶员已被迫改变飞行高度层或者改航的报告后，立即将改变的情况通知空中有关的航空器以及有关的管制单位。

第二节　管制协调和管制移交

在飞行中，民用航空器通常要经过多个管制区域，不同的管制区由不同的管制单位提供空中交通管制服务。当民用航空器从一个管制单位负责的管制空域进入另一管制单位负责的管制空域时，要进行管制协调和管制移交。以下根据不同的管制协调对象进行介绍。

一、管制单位和飞行管制部门之间的协调

管制单位应当与可能影响民用航空器飞行的飞行管制部门建立通信联系并保持密切的

协调,根据需要可指定协调机构并签订协议。当得到飞行管制部门将安排对于民用航空器有影响的活动的通知时,管制单位应当主动与有关飞行管制部门进行协调,并对民航飞行活动作出安排,以避免对民用航空器造成危险,尽可能将对民用航空器正常运行的干扰减至最低程度。管制单位应制定适用于本单位的协调工作办法和程序。

管制单位和有关飞行管制部门之间在协调时应当注意下列事项。

(1)了解飞行活动的地点、范围、时间、性质,避免关闭或者重新划设原已建立的空中交通管制航路,避免影响航空器使用最经济的飞行高度层或者航线运行。

(2)有关管制单位与组织飞行活动的飞行管制部门应当建立直接通信,以供协调和民用航空器发生紧急事件时使用。

管制单位应当按照当地协议的程序,例行地或经要求向有关飞行管制部门提供民用航空器的飞行计划及动态情报。

管制单位应当根据有关规定,按照任务需要或者管理部门的要求,向飞行管制部门派遣联络员,或者接受派驻的军航管制员。

二、管制单位与运营人或机场管理机构之间的协调

航空器运营人或者机场管理机构与管制单位订有协议的,管制单位应当根据协议的约定,向该运营人、机场管理机构或其指定代表提供有关情报。

提供飞行签派服务的运营人与管制单位订有协议的,管制单位当根据协议的约定,将所收到的有关运行的情报转给该运营人或者其指定代表。

三、提供空中交通管制服务的协调

进近管制单位与塔台管制单位应当遵守有关区域管制单位发布的协调指示。塔台管制单位还应当遵守有关进近管制单位发布的协调指示。

(一)区域管制单位之间的协调

区域管制单位应当随着飞行的进程将所需的飞行计划和管制情报,向相邻的区域管制单位传递,上述情报应当及时发出,以便相邻的区域管制单位有足够的时间收到并进行分析和互相协调。

管制单位之间应当进行协调,保证空中交通管制放行许可涵盖航空器的全部航路或者指定航路的部分航段。

(1)在航空器起飞前,相关各管制单位之间对放行许可已经取得协调,或者能事先取得协调,管制单位应当向航空器发布放行至第一个预定着陆机场的许可。

(2)在航空器起飞前,相关各管制单位不能取得协调,管制单位只能将航空器放行至能保证取得协调的点,并应在航空器飞抵此点前或者在飞抵此点时,视情况向其发布下一放行许可或者等待指示。

航空器的起飞地点距离相邻的管制区边界不远,且移交单位在起飞后再向接受单位发出管制情报,可能使接受单位没有足够的时间进行分析和协调时,移交单位应当在放行航空器之前将管制情报和请予接受的要求发给接受单位,并遵守下列规定。

（1）如果飞行中的航空器在相邻的区域管制边界前要求放行许可，在管制情报发给相邻区域管制单位并与其进行协调之前，应当使该航空器在移交单位的管制空域内等待。

（2）如果航空器在管制区边界附近要求改变其现行飞行计划，或者移交单位建议更改在边界附近的航空器的现行飞行计划，在接受单位未接受前，移交单位应当暂缓发出修改的放行许可。

航空器的起飞地点距相邻的区域边界不远，在发出预计飞越边界的数据时，尚未起飞的航空器飞越边界的时间应当根据管制单位所定的预计起飞时间计算；在飞行中要求放行许可的航空器飞越边界的时间，应当根据从等待点飞至边界的时间再加上预计进行协调所需的时间计算。

进行管制移交前，移交方和接受方应当进行协调，而且要按协调的条件进行移交。双方有移交协议，则可按协议进行移交。

区域管制单位进行管制移交时，移交单位应当通知接受单位航空器即将移交，管制移交点可以是管制区边界、协议中明确的移交点、双方同意的某一位置或者时间。

接受单位应当自航空器飞越双方确认的管制移交点起承担该航空器的管制责任。

已与尚未飞行到管制移交点的航空器建立通信联络的接受单位，在未事先征得移交单位的同意前，不得改变移交单位已给航空器的管制指令。

区域管制单位如果采用非雷达间隔标准，航空器的陆空通信联络应当在该航空器飞越管制区边界前 5min 或者按有关管制单位之间的协议，由移交单位转至接受单位。

在管制移交时采用雷达间隔标准，航空器的陆空通信联络应当在接受单位同意承担管制责任后，立即由移交单位转至接受单位。

除非有关的区域管制单位之间另有协议，接受单位应当通知移交单位，已与移交的航空器建立无线电通信联络并已承担对该航空器的管制。

由于某一管制区的一部分所处的位置，使航空器穿越它的时间过短，不宜由该管制单位实施管制的，该管制单位可以委托相邻的管制单位为这部分空域提供管制服务，并由被委托的管制单位建立直接移交协议。被委托的管制单位应当按协议将穿越被委托区域的所有飞行通知相关管制单位；委托管制单位也可以要求其他两个区域管制单位遵守必要的规定，以避免干扰本管制区内的其他空中交通活动。

管制单位委托相邻的管制单位提供管制服务的，应当按照 CCAR-93TM-R6 的规定申请运行变更。

（二）进近管制单位与区域管制单位的协调

进近管制单位对区域管制单位放行至本区域的航空器，可以发给管制许可而不必与区域管制单位联系。但在复飞时，如果复飞航空器进入区域管制范围，应当立即通知区域管制单位。此后的措施，应当由区域管制单位和进近管制单位协调后实施。

在下列情况下，航空器的起飞时间应当由区域管制单位限定。

（1）放行许可未发布到进近管制单位前，区域管制单位应当与塔台管制单位进行协调。

（2）对于沿同一航线飞行的航空器，需要配备航路上的飞行间隔时。

如果区域管制单位未限定起飞时间，当需要与放行至区域管制单位的飞行进行协调时，进近管制单位应当确定起飞时间。

如果航空器起飞延误可能与未放行至进近管制单位的飞行发生冲突,区域管制单位应当规定放行许可的失效时间。必要时,进近管制单位可在区域管制单位放行许可之外再限定失效时间,但该失效时间在任何情况下都不得晚于区域管制单位规定的时间。

当航空器进近或者着陆过程中需要等待时,区域管制单位或者进近管制单位应当将到达航空器放行至等待点,该等待许可应当包括关于等待的指示和预期进近的时间。

在已设立进近管制单位的机场,如果全部进近过程在目视气象条件下进行,区域管制单位经与进近管制单位协调同意后,可以直接放行航空器至塔台管制单位。

(三)进近管制单位与塔台管制单位的协调

进近管制单位应当对到达的航空器提供持续的管制,直至将该航空器移交给塔台管制单位并且该航空器已与塔台管制单位建立联络时为止。除非另有协议,在仪表气象条件下,进近管制单位每次只能将一架到达的航空器移交给塔台管制单位。

进近管制单位可以授权塔台管制单位根据进场航空器的情况,自行决定放行航空器起飞。

(四)管制席位之间的协调

同一管制单位内的各管制席位之间,应当相互交换有关下列航空器的飞行计划和管制情报。

(1)管制责任由一个管制席位移交给另一个管制席位的航空器。

(2)在靠近扇区之间边界飞行的可能影响相邻扇区管制工作的航空器。

(3)管制责任由使用程序方法的管制员委托至使用监视系统的管制员的所有航空器,以及其他受影响的航空器。

四、提供飞行情报服务和告警服务的协调

对于按仪表飞行规则飞行的航空器,提供飞行情报服务的相邻管制单位应当进行协调,以保证向在规定区域内或者沿规定航路飞行的航空器提供持续的飞行情报和告警服务。管制单位之间的协调应当按照有关的协议进行。

管制单位之间协调时,应当提供下列有关飞行情报。

(1)现行飞行计划的有关项目。

(2)与有关航空器最后通信联络的时间。

上述情报应当在航空器进入相邻的飞行情报区或者管制区之前发给负责提供该区飞行情报服务的管制单位。

五、管制责任的移交

在任何时间内,对航空器的空中交通管制服务只由一个管制单位承担。

在一个划定的管制空域内,由一个管制单位负责该空域内的航空器的空中交通管制。如果有关管制单位之间能够保证协调且责任界限清楚,本管制区内一架或者数架航空器的管制责任可以委托给另一个管制单位。

未经接受管制单位同意,不得将管制航空器的责任从一个管制单位移交给另一个管制单位。移交管制单位应当将现行飞行计划中的有关部分和有关该次移交的资料发给接受管制单位。

接受管制单位应当根据移交管制单位所定条件及双方协调情况,明确表明是否接受对该航空器的管制。

管制协调和移交应当通过直通管制电话或者管制单位间数据通信(ATS interfacility data communication,AIDC)进行。

(一)直通管制电话协调移交

直通管制电话协调移交是指通过内话系统,实现点对点或者一点对多点的连通。使用时可直接按内话面板上设置的相关按键,另一方进行确认便可实现通信连接,该方式简单快捷,在协调量较大时效率较高。

一般情况下,管制协调的内容包括:航空器呼号;航空器机型(可省略);飞行高度;速度(根据需要);移交点;预计飞越移交点的时间;管制业务必需的其他情报。例如:郑州,武汉,CCA1331,高度 9500m,P41 时间 0430,应答机 0645。

(二)AIDC 协调移交

AIDC 是国际民航组织为亚太地区相邻的飞行管制服务区(air traffic service,ATS)间制定的数据通信和管制电子移交的标准协议。

简言之,AIDC 是应用于不同空中交通服务单位自动化系统内部的管制应用程序间信息交换的一种协议。在两个配备了航管自动化系统的 ATS 之间,使用 AIDC 协议进行数据通信和管制移交,可以有效地利用航管自动化系统的处理能力,降低电话移交的使用,从而减轻管制员的协调工作量,将精力更多地集中在屏幕监控、调配飞行冲突上面,对保障飞行安全、飞行顺畅具有积极作用。

目前,国际上很多国家和地区都已开始使用 AIDC 协议进行 ATS 间的电子移交。不同空中交通服务机构之间的 AIDC 移交,主要是通过 AFTN 电报报文的往来实现的,报文就相当于 AIDC 移交方式的通话语言,管制员通过使用这种语言通知对方并了解当前航空器动态。所有报文必须符合 ICAO 的 AIDC 报文格式,AIDC 主要 AFTN 报文包括 FPL(领航计划报)、ABI(预计边界报)、EST(预计飞越报)、ACP(管制协调接受报)、TOC(管制权移交报)、AOC(管制权接受报)、CDN(管制协调报)、REJ(管制拒绝报)、LAM(逻辑确认报)、PAC(预激活报)等。这些报文用于报告航空器进程、计划变更、协调管制接收和发送信息、逻辑确认等,同时报文收发时间均有限制,如果流程中的任何一步出现错误,AIDC 移交进程会自动终止,并提示相关错误。管制员使用 AIDC 期间,需按照流程操作,并及时判断 AIDC 移交是否成功,如果系统提示 AIDC 不成功,管制员应及时中止 AIDC 移交,恢复电话移交方式。

管制机构间进行 AIDC 移交时,具体步骤如下。

(1) 移交单位系统自动发 ABI 电报(系统发送 ABI 报的时机由管制机构间 AIDC 管制协议来定义),接受单位系统收到该 ABI 报后回复 LAM 报(管制接受单位在收到一份 ABI、EST 或其他有关的电报并加以处理后,飞行数据处理系统发出的用于通报对方,已对相应报文进行处理的电报)。

(2) 移交单位系统自动发 EST 电报(系统发送 EST 报的时机由管制机构间 AIDC 管制

协议来定义),接受单位系统收到该 EST 报后回复 ACP 报(可以人工或自动发送)。

(3)移交单位系统收到该 ACP 报后回复 LAM,当双方系统收到对方电报正常后,将会在双方雷达显示器上的航班目标标牌上显示管制移交点以及移交高度。

(4)移交单位在被移交航空器距管制移交点一定距离内,且与本区域内其他航空器无冲突时手动(如双击航班雷达标牌)发送 TOC 报。

(5)接受单位在收到 TOC 报后(雷达显示器上航班雷达标牌闪烁)应尽快回复 AOC 报(如鼠标双击航班雷达标牌)。

此时当双方系统收到对方电报正常后,航班雷达标牌在移交单位雷达显示器上显示为非管制状态,在接受单位雷达显示器上显示为管制状态,则航班的 AIDC 电子移交成功。

没有直通管制电话或者数据通信的管制单位之间,管制协调通过对空话台、业务电话、电报等进行。已经接受管制移交的航空器,在预计进入管制区边界的时间后仍未建立联系的,管制员应当立即询问有关管制单位,同时采取措施联络。

第三节　飞行进程单

飞行进程单是记录接受空中交通管制服务的航空器的信息和运行状态的记录条,它是空中交通管制员记录管制指令、航空器飞行动态变化情况的一种形式和提供空中交通管制服务的依据。

一、飞行进程单的作用

飞行进程单的作用在于帮助空中交通管制员掌握以下信息。
(1)掌握航空器的航行信息。
(2)掌握航空器的实时运行状态。
(3)预测航空器之间的飞行冲突、调配空中活动。
(4)记录管制工作过程。
(5)储存管制指令,为分析管制工作提供实际数据。
(6)进行管制协调和移交。

二、飞行进程单的分类

飞行进程单针对不同使用单位,可以进行如下分类,如表 9-1 所示。

表 9-1　飞行进程单分类

分　类	使　用　单　位
区域飞行进程单	区域管制
进近飞行进程单	进近管制
塔台飞行进程单	塔台管制
进近塔台飞行进程单	塔台和进近合并的机场管制塔台

三、飞行进程单的结构

飞行进程单的结构及各区域位置如表 9-2 所示。

表 9-2　飞行进程单结构及各区域位置

标牌区	指令区	航路区	协调区

（1）标牌区：记录航空器呼号、机型、二次雷达编码等航空器特征方面的内容和信息的区域。

（2）指令区：记录发布指令及执行情况的区域。

（3）航路区：记录飞行航路和位置报告点及相关内容的区域。

（4）协调区：记录日期、移交、扇区标识等协调及其他内容的区域。

四、飞行进程单的使用规定

塔台、进近、区域等管制单位应当使用飞行进程单。航空器进入管制区前，管制单位应当准备好记录有该航空器信息的飞行进程单。航空器在飞行过程中，管制员应当将该航空器动态、管制许可和指令及有关内容及时、准确、清晰地记入相应的飞行进程单。

管制员应按《飞行进程单》（MH/T 4011）的标准填写飞行进程单。记录的内容不得任意涂改。

使用电子飞行进程单的管制单位，应依据《飞行进程单》的基本要求，结合实际运行需要，制定电子进程单的使用规定，并保证电子飞行进程单的可靠性和使用安全。管制员应按照规定正确使用电子进程单。

五、纸质进程单

飞行进程单的规格为长 177.8mm、宽 25.4mm。

不同类型的飞行进程单应通过颜色加以区分。飞行进程单以红、黄、蓝、黑色加以区分，红色表示飞入管制区，蓝色表示飞出管制区，黄色表示飞越管制区，黑色表示除三种情况外的其他情况。

飞行进程单应妥善保存，以备查验，保存期为 1 个月。

纸质进程单如图 9-1 所示。

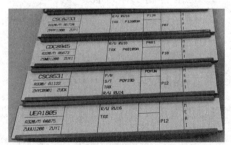

图 9-1　纸质进程单

六、电子进程单

（一）电子进程单应具备的功能

1. 电子进程单在管制运行中的作用

（1）掌握航空器的航行信息。

（2）掌握航空器的运行状态。

（3）预测航空器之间的飞行冲突、调配空中活动。

（4）记录管制指令和管制工作进程。

（5）进行管制协调和移交。

2．电子进程单应包含的信息数据

（1）能够显示航空器呼号、机型、二次雷达编码等航空器特征信息。

（2）能够显示航空器飞行计划信息，包括起飞时间、飞行航路、位置报告点和飞越位置报告点时间、飞行任务、飞行种类、RVSM 符合能力等相关内容。

（3）能够显示日期、扇区标识等内容。

（4）能够实现管制指令的记录。

（5）能够实现管制移交、协调内容的记录。

（6）其他管制运行所需要的信息数据。

电子进程单应能够以自动和手动方式进行更新，反映航空器完整的运行状态和管制工作进程。

电子进程单的显示与更新应与空管自动化系统飞行数据基本处理同步，对电子进程单的修改能够同时对自动化系统飞行数据进行相应更新。

在航空器从进入管制区域前至飞离管制区域的过程中，该航空器电子进程单应随时正确显示在空管自动化系统终端。电子进程单应具备扇区判别功能，能够被正确发送到对应的扇区。

电子进程单应具备信息数据保存功能，以备查验。

电子进程单参数设置由各空中交通管制单位根据实际运行要求确定。

电子进程单如图 9-2 所示。

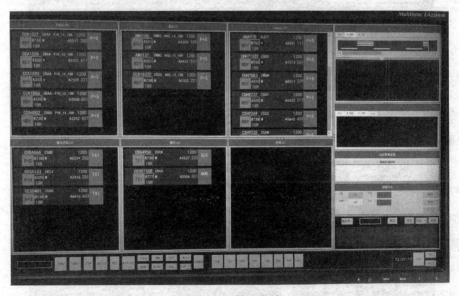

图 9-2　电子进程单

（二）电子进程单的使用要求

（1）根据《关于电子进程单应用的通告》，获准使用电子进程单的管制单位，可以使用电子进程单替代纸质进程单。

（2）在飞行数据标牌与电子进程单飞行数据同步的前提下，可以通过操作飞行数据标牌实现电子进程单的部分功能。

（3）各空中交通管制单位应根据实际运行要求制定电子进程单使用规定。管制员应按有关规定正确使用电子进程单。

（4）在航空器进入管制区域前，管制员应对航空器电子进程单有关内容进行检查，根据管制移交内容对电子进程单进行更新。

（5）在航空器飞行过程中，管制员应根据通过各种渠道获得的该航空器动态对电子进程单进行更新。发布管制指令时，应及时、准确地修改电子进程单有关内容。

（6）在航空器离开管制区域前，管制员应在电子进程单上针对管制移交和协调内容进行记录。

（7）对于某些电子进程单功能中未提供的项目，管制员应按有关规定正确填写在电子进程单或飞行数据标牌输入区。

（三）某机场电子进程单示例

放行席电子进程单如图 9-3 所示。

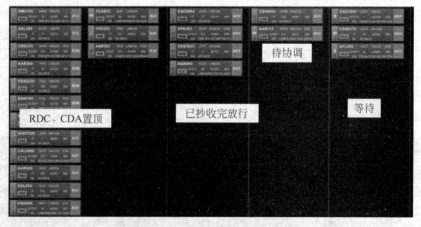

图 9-3　放行席电子进程单

地面席电子进程单如图 9-4 所示。

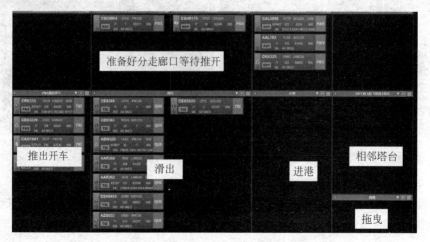

图 9-4　地面席电子进程单

电子进程单离进港示意如图 9-5、图 9-6 所示。

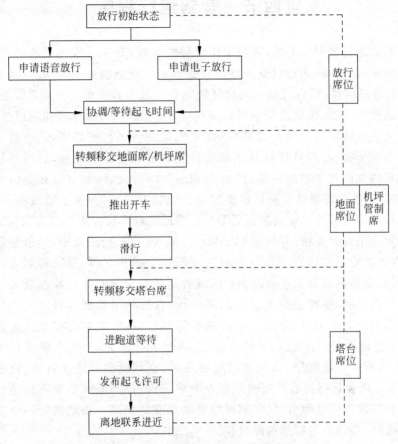

图 9-5 电子进程单离港航班流程图

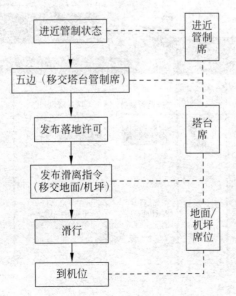

图 9-6 电子进程单进港航班流程图

第四节　管制运行程序

以航空器的运行过程为主线,管制工作流程如图 9-7 所示。在飞行前准备阶段,空中交通服务报告室(站调)或飞行计划处理中心受理空中交通服务电报,处理及发布飞行计划;在起飞前准备阶段,塔台管制室的放行管制员向航空器发布空中交通管制放行许可;航空器抄收放行许可后,由地面管制员指挥航空器推出开车、滑行直到跑道外等待点,将航空器移交给塔台管制室的塔台管制员(在完成机坪管制移交的机场,由机坪管制员指挥航空器推出开车、滑行到机坪管制室和塔台管制室的管制移交点,然后将航空器移交给塔台管制室的地面管制席继续滑行,直至跑道外等待点,将航空器移交给塔台管制室的塔台管制席);塔台管制席管制员根据空中交通状况,适时为航空器发布起飞许可,然后将航空器移交给进近管制室的进近管制员;进近管制员指挥航空器按照标准离场程序或者雷达引导离场方式离场,并根据 CCAR-93TM-R6 中的间隔规定,为航空器提供空中交通服务,直到航空器到达进近管制室与区域管制室的移交点,通过管制协调和管制移交,将航空器移交给区域管制室管制员;区域管制员按照飞行高度层配备表为航空器分配合适的飞行高度层,指挥航空器进入航路运行,直到航空器到达目的地机场的进近管制室与区域管制室的移交点,通过管制协调和管制移交,将航空器移交给进近管制室的进近管制员;进近管制员根据空中交通状况,调配飞行冲突,为航空器发布下降高度指令,并为航空器安排着陆顺序,依次发布进近许可,直到航空器建立盲降,将航空器移交给塔台管制员;塔台管制员适时向航空器发布着陆许可,当航空器脱离跑道将航空器移交给地面管制员或机坪管制员(已完成机坪管制移交的机场),由地面管制员或机坪管制员指挥飞机滑行,直到航空器到达停机位。

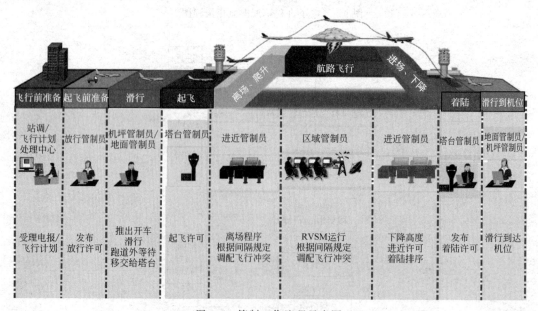

图 9-7　管制工作流程示意图

一、提交飞行计划

按规定需要提出申请的飞行活动，未经批准不得执行。

新型航空器首次投入飞行前，航空器运营人、所有人应当向管制单位提供航空器的有关性能数据。

航空器驾驶员或者其代理人应当按照规定时间在航空器起飞前向起飞机场的空中交通服务报告室提交经批准的飞行计划（领航计划申请表），其内容应当符合《民用航空飞行动态固定电报格式》（MH/T 4007—2012）的要求。

航空器驾驶员或者其代理人应当按照规定时间在航空器预计撤轮挡时间前向航空器起飞机场的空中交通服务报告室提出飞行计划修订申请，应当在确定飞行计划取消后立即通知起飞机场的空中交通服务报告室取消飞行计划。

管制单位应当按照《民用航空飞行动态固定电报格式》（MH/T 4007—2012）和相关规定拍发飞行动态电报。

飞行计划服务是空管面向航空用户服务的窗口，飞行计划数据是空管生产运行最基础、最重要的基本生产要素。实现全国飞行计划集中处理，一方面能够减少航空用户协调环节，另一方面也能为管制、流量、统计等数据用户单位提供更加安全、高效和高质量的数据服务，是实现生产装备现代化，提高生产效率，降低人员成本的必由之路，是当前国际空管发展趋势和潮流，是适应空管快速发展的必然选择。

飞行计划管理运行模式的目标是要实现"3-2"运行模式（即 2 个中心，2 个地址，2 层结构管理），同时充分利用机场各飞行服务报告室（air traffic service reporting office，ARO）专业人员，初步形成民航空管通用航空飞行计划服务的体系架构。目前各地区空管局设立飞行计划管理单位，统筹地区内飞行计划的管理和应用。

预先飞行计划管理模式。形成民航局预先飞行计划管理部门和地区空管局运行管理中心两级业务管理关系。在保持现有职责权限的前提下，实现航空用户只面向民航局预先飞行计划管理部门一个地址提交预先飞行计划申请，两级预先飞行计划管理部门按照职责使用同一个系统负责审批，并形成集中、完整、高质量的预先飞行计划批复数据，根据数据用户需求和管理办法提供使用，主要目标是完成民用航空飞行活动的合法、合规性管理，实现航空公司按照批复进行售票等具有行政法规性质要求的管理。

民航空管相关航空活动的次日计划和领航计划未来管理模式。形成由民航空管飞行计划处理中心—机场飞行服务报告室构成的两级业务管理关系。职责调整为：所有通过SITA 或 ATFN 提交飞行计划申请的业务由民航空管飞行计划处理中心（2 个中心，2 个SITA 和 ATFN 地址）负责统一受理、处理并分发使用。其他不具备此条件的航空用户，由各机场飞行服务报告室（ARO）（或其他与飞行计划处理中心签有协议的管制部门，下面简称飞行计划协议管制单位）统一使用民航空管飞行计划处理业务系统负责受理，并通过SITA 网络向飞行计划处理中心提交。飞入我国飞行情报区的领航计划，由飞行计划处理中心集中接收、处理和发布。接收后的领航计划与预先飞行计划进行比对，通过格式和内容校核后，将准确的飞行计划信息按照用户需求（需要订阅）统一发布给管制用户使用。主要目标是完成领航计划的集中受理、处理和统一发布使用，形成高质量的飞行计划数据，满足各管制单位、流量管理单位、统计清算单位、军方等用户高质量数据需求。

注：相关航空活动包括运输航空、通用航空、国家航空器等航空活动。

（一）组织机构

民航空管飞行计划处理中心 1（上海）与民航空管飞行计划处理中心 2（北京）形成"双中心异址互备运行模式"。北京中心根据人员情况，按照空管局职能划分，承担相应部分领航计划受理、处理和分发工作；上海中心主要负责民航空管预先飞行计划数据的统一发布，负责飞行计划所需基础数据库建设和维护，全国航班次日计划处理和发布，北京中心业务以外航班领航计划和动态电报的接收、处理和发布，以及飞行服务人员业务培训等工作为主。目前京沪两地职能正根据运行需求在调整中。各机场飞行服务报告室负责非 SITA 或者 ATFN 提交飞行计划申请的受理，以及除固定格式电报外的诸如明语电报等的处理。各管制单位按照规定负责拍发动态电报。

运行监控中心负责跨情报区和/或战区民用航空活动预先飞行计划的管理。

计划处理中心负责空管系统预先飞行计划数据统一发布，负责领航飞行计划数据生产业务的组织、实施与管理。

地区运管中心负责所在地飞行情报区不跨战区民用航空活动预先飞行计划的管理。

飞行服务报告室负责处理非 SITA 和 ATFN 提交的飞行计划申请。

管制单位负责拍发航班动态飞行电报并加发飞行计划处理中心。

飞行计划管理职责划分如图 9-8 所示。

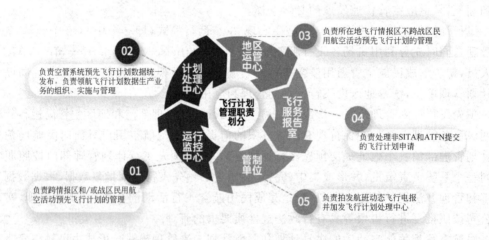

图 9-8　飞行计划管理职责划分

（二）职责权限

民航空管飞行计划管理业务由以下单位负责，各单位具体负责部门和职责如下。

1. 民航局预先飞行计划管理部门相关职责

民航局预先飞行计划管理部门，按照规章和民航局文件要求进行设置，按照《民用航空预先飞行计划管理办法》对预先飞行计划进行管理，部门主要职责如下。

（1）负责民航时刻表数据的管理和统一发布。

（2）负责民用航空预先飞行计划的统一管理，具体负责跨飞行情报区和/或跨战区民用航空活动（含通用航空活动）预先飞行计划的管理。

（3）负责与军方、民航局运输司、国际司、空管办以及空管局空域中心、情报中心等单位和部门协调。

（4）负责向民航空管飞行计划处理中心（上海）提供预先飞行计划（含运行管理通告等）批复数据。

（5）负责落实上级领导部门交办的预先飞行计划相关事项。

2．民航局空管局飞行计划管理部门相关职责

民航局空管局飞行计划管理部门是民航空管系统飞行计划数据业务生产的组织与实施部门，按照民航局以及国际民航组织相关要求和技术标准开展生产活动，具体职责如下。

（1）负责民航空管飞行计划数据生产业务的组织、实施与管理。

（2）负责民航空管飞行计划数据生产相关安全制度和要求的制定与落实。

（3）负责民航空管飞行计划相关业务的监督与检查。

（4）负责民航空管飞行计划相关工作程序和技术标准的制定与实施。

（5）负责民航空管飞行计划相关规定、技术政策和措施的起草与建议。

（6）负责参与国际民航组织飞行计划相关事务。

（7）负责组织、参与飞行计划相关技术和应用的研究和开发。

（8）负责飞行计划相关人员的选拔与培训。

（9）负责民航空管飞行计划数据权益的维护。

3．民航局空管局飞行计划管理部门下设两个集中处理中心相关职责

民航空管飞行计划数据（次日计划、领航计划）的生产由两个集中处理中心具体负责组织与实施。根据民航局空管局局长办公决定，两个中心的分工由民航局空管局飞行计划管理部门决定，主要职责如下。

（1）负责向民航空管系统各预先飞行计划数据用户单位发布由民航局预先飞行计划部门提供的批复数据（上海中心）。

（2）负责飞行计划所需基础数据库建设和维护（上海中心）。

（3）负责民用航空次日飞行计划的受理、处理和统一发布使用（上海中心）。

（4）负责民用航空领航计划的统一受理、处理和统一发布使用（北京和上海按照职责分工）。

（5）负责民用航空航班动态的接受和统一发布（北京和上海按照职责分工）。

（6）负责与各机场飞行服务报告室，各空管中心以及空管局空域中心、情报中心，以及各地区空管局运行管理中心等单位和部门协调（北京和上海按照职责分工）。

（7）负责向各管制运行单位、各级流量管理单位、统计清算单位、军事单位等提供飞行计划数据和动态（北京和上海按照职责分工）。

（8）负责落实上级领导部门交办的飞行计划相关事项。

4．地区空管局预先飞行计划管理部门相关职责

地区空管局预先飞行计划管理职责由地区空管局运行管理中心承担，按照《民用航空预先飞行计划管理办法》进行管理，主要职责如下。

（1）负责所在地飞行情报区不跨战区民用航空活动（含通用航空活动）预先飞行计划的管理。

（2）负责与地区管理局运输处、空管处、战区空军等单位和部门协调。

（3）负责向民航空管飞行计划处理中心（上海）提供预先飞行计划批复数据，包括战区

空军对公司、航班、航路航线的特殊要求等。

（4）负责落实上级领导部门交办的预先飞行计划相关事项。

5．各机场飞行服务报告室飞行计划管理相关职责

民航空管各分局（站）机场飞行计划受理部门为机场飞行服务报告室（或情报室或航空飞行服务站），相关职责具体如下。

（1）负责通过民航空管飞行计划业务处理系统，处理非 SITA 和 ATFN 提交的飞行计划申请，包括由民航提供服务的运输航空、通用航空、国家航空器等活动计划。

（2）负责其航务代理以及延伸服务工作，包括代理航班的领航计划及相应电报的初审，以及业务通报协调。

（3）负责监控、通报所在地机场飞行计划和航班动态情况。

（4）负责落实上级领导部门交办的飞行计划相关事项。

6．管制单位飞行动态电报相关职责

航空器开车后的动态电报由管制单位拍发，具体职责如下。

（1）管制单位负责按照民用航空飞行动态电报管理相关规定向沿航路航线管制单位拍发动态电报，具体包括 DEP、ARR、CPL 等。

（2）在网络和技术能力具备前，管制单位拍发的动态电报除沿线管制单位地址外，均需要加发两个处理中心地址；在网络和技术能力具备后，管制单位拍发的动态电报仅发两个处理中心地址，由处理中心统一转发。

（3）负责落实上级领导部门交办的飞行计划相关事项。

（三）业务流程

1．运输航空飞行计划的管理

1）时刻表计划数据的管理

民航局预先飞行计划管理部门根据各方时刻协调结果，负责全国民航时刻表计划数据的统一制作，按照统一的标准，提供高质量的时刻表数据。

2）预先飞行计划的管理

民航局预先飞行计划管理部门以及地区空管局按照预先飞行计划管理两层次管理结构，使用同一预先飞行计划管理业务系统，进行预先飞行计划的管理，并按照统一的接口标准向民航局空管局飞行服务部门提供预先飞行计划批复数据，由民航局空管局飞行服务部门向有关用户单位提供预先飞行计划批复数据。各地区空管局批复并提供的预先飞行计划数据，应当加上本地区空军对相关航班、时刻、航路、航线、机型等的特殊要求，以电报的形式发送至民航空管飞行计划处理中心，以便能够核对航空公司相关计划内容是否符合相关批复。

3）次日飞行计划的管理

全国的次日飞行计划由民航局空管局飞行服务部门统一受理、处理和管理，各航空公司按照空管局统一制定的报文提交次日飞行计划，民航局空管局飞行服务部门处理完毕后形成次日飞行计划数据库，按照统一的标准格式，按照用户权限和订阅情况，提供给相关用户单位使用。

4）领航计划报的管理

随着中国民航运输量的不断增长、空中交通管理技术水平的不断提高，领航计划由起飞

机场飞行报告室受理申请、独立审核发布的粗放型管理方式已不适应航空用户对航空飞行服务程序标准化、服务过程透明化和服务质量国际化的要求,领航计划由分散处理模式向集中处理模式的发展显得尤为迫切,如图9-9所示。

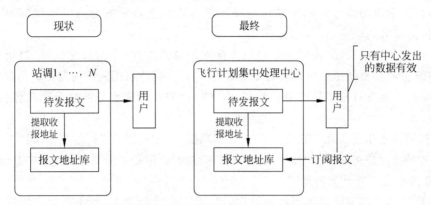

图 9-9　运输航空飞行计划数据有效性和用户管理方式

(1) 管理的模式。全国设立 2 个飞行计划处理中心(分别配置 1 个 SITA/AFTN 收电地址),集中受理航空公司通过 SITA 和 AFTN 提交的国内机场起飞的领航计划及境外管制单位拍发的降落或者飞越我国的领航计划,经审核处理后向管制单位及自动化、流量管理等系统统一发布使用。各单位按照现有规定完成起飞、落地、现行飞行变更报等动态电报的拍发,同时加发两个中心地址。

对于不具备使用 SITA 和 AFTN 提交飞行计划的运输航空用户,按照就近申请的原则,向就近空管分局(站)机场所在飞行服务报告室或者与民航局空管局飞行服务部门有协议的机场飞行服务报告室书面提交,由相应的飞行服务报告室通过民航空管统一的飞行计划管理业务系统人工进行录入,并提交给飞行计划集中处理中心处理。

(2) 飞行计划的受理和反馈。根据是否具备 SITA 和 ATFN 来提交飞行计划分成两类。对于具备使用 SITA 和 AFTN 提交飞行计划的,航空公司直接向两个中心提交飞行计划申请,飞行计划处理中心系统会自动进行格式和内容校验,对于校验不合格的通过 REJ 电报进行拒绝,对于可以人工更正的,通过 MAN 电报进行告知,对于通过校验的,通过 ACK 进行确认。航空公司 FPL、CHG、DAL 和 CNL 电报需要获得空管确认后,才能发送下一条信息。无法通过审核的领航计划报由系统打上错误标签和原因,由系统自动或人工向电报提交方反馈,要求其更改,直至其重新提交正确的领航计划并审核通过。

(3) 飞行计划的审核和处理。飞行计划处理中心系统将自动对领航计划的格式和内容进行校核,并对校核结果进行反馈。通过审核的电报由系统自动或人工向相关管制单位(包括管制自动化等系统)分发,集中处理中心的发报地址为国内各管制单位唯一两个接收认可的领航计划拍发地址。

(4) 飞行计划数据的使用和管理。各数据用户单位按照两层服务结构,直接向民航局空管局飞行服务部门就飞行计划数据进行订阅,民航局空管局飞行服务部门认为超过其所辖范围的数据需求,需经民航局空管局批准。民航局空管局飞行服务部门提供飞行计划数据订阅的条件,基本包括用户单位,管制业务双方联系人和方式,技术业务双方联系人和方式,接收数据方式(由中心制定不超过 3 种,供选择),接收地址,数据种类(如时刻表、预先计划、次日计划、领航计划和航班动态等),数据标准版本(由中心制定不超过 3 种,供选择),需要数据的时间和空间范围,保障等级等内容。民航局空管局各单位对飞行计划数据的需求由民航局空管局飞行服务部门具体负责管理,定期检查并更新;民航局空管局外单位对飞行计划数据的需求与服务由相关单位与民航局空管局飞行服务部门以协议的形式进行明确,应当包括双方的职责、权利和义务。

领航计划的错误情况,由集中处理系统自动记录并保存,作为日后统计、分析及督促电报提交方改进的重要依据。各飞行计划用户单位对飞行计划相关的问题不应与航空公司直接联系,应直接与飞行计划处理中心联系,由飞行计划处理中心与航空公司具体协调,减少协调环节。

(5) 航班动态报的管理。起飞报(DEP)、落地报(ARR)、现行飞行变更报(CPL)、预计飞越报(EST)等航班动态电报的拍发职责按照现有规定拍发,但是均需要加发两个中心地址。

2. 通用航空飞行计划的管理

由于当前通用航空活动飞行计划管理的法规要求比较复杂,对于需要由民航空管系统提供服务,或者对民航空管系统管制范围内航空活动将造成影响的通用航空活动飞行计划的管理,应当基于当前法规,按照先理顺现有法规管理要求,统一管理流程,在此基础上逐渐简化管理环节和手续的步骤,逐步实现对通用航空活动飞行计划的科学管理。

1) 通用航空飞行任务的管理

按照原总参和民航局下发的《通用航空飞行任务审批与管理规定》,国务院民用航空主管部门负责通用航空飞行任务的审批;军队相关部门和战区、军兵种有关部门主要负责涉及国防安全的通用航空飞行任务的审核,以及地方申请使用军队航空器从事非商业性通用航空飞行任务的审批。除九种情况外(详见通用航空飞行任务审批与管理规定),通用航空飞行任务不需要办理任务申请和审批手续,但在飞行实施前,须按照国家飞行管制规定提出飞行计划申请,并说明任务性质。

因此,对于符合九种情况的,需要通用航空企业提供民航局或者地区管理局,对于飞行任务的批准件或其他局方相关证明。由航空公司根据任务性质,向民航局和地区管理局具体申请,并在申请次日飞行计划时,向飞行计划部门提交飞行任务批复。

2) 通用航空飞行计划的管理

对于总参和民航局明确要求的九类飞行任务,应当获得民航局或者地区管理局的批准,并在申请飞行计划时,同时提交民航主管部门飞行任务批准件,以及军队对于飞行计划和使用空域的批准件。除《通用航空飞行任务审批与管理规定》规定的九种情况外,通用航空公司在提交飞行计划申请时,不需要提交飞行任务批准件,但是应当按照《中华人民共和国飞行基本规则》《通用航空飞行管制条例》,提交由空军或者飞行活动所在战区或分区对于飞行计划和使用空域的批复。

需要由民航空管系统提供服务,或者对民航空管系统管制范围内航空活动将造成影响的通用航空活动,需在执行计划前一天前提交飞行计划,具备 SITA 和 AFTN 提交能力的直接向飞行计划处理中心提交,不具备 SITA 和 AFTN 提交能力的在就近空管分局(站)飞行服务报告室(或者跟民航局空管局飞行服务部门有协议的其他管制单位)提交。由民航空管系统按照内部职责分工负责审核相关手续是否齐备,审核通过后,向相关管制单位和申请单位,发送飞行计划信息。应急任务按照相关规定执行。

　　通用航空活动应当及时将飞行活动动态报告飞行计划受理单位。通过网络提交飞行计划的通航运营人，可以通过网站填报相关航班动态信息。

　　目前通用航空飞行任务和飞行计划的申请、批复和发布均大量使用纸质文件或者传真进行传递，流转程序十分烦琐。由于通用航空中长期飞行任务文件中飞行科目多、航线复杂，数据量大，仅依靠管制员对照纸质文件手工输入系统工作量巨大而且难以保证录入内容的准确、详细。未来为通用航空飞行专门建设一个网站，通用航空营运人通过上传军队对飞行任务（如有）、飞行计划和使用空域的批准件，在网站上提交中长期飞行任务的申请。航空用户将相关资料和数据拷贝、录入系统，以便于文件的管理及飞行计划的处理。涉及秘密的通用航空飞行计划可以通过民航各空管分局站所在机场飞行服务报告室或者具有代理协议的其他管制单位当面提交。

　　3．境外入境飞越或降落我国的飞行计划管理

　　从国境外起飞飞入我国的航班，飞行计划处理中心在收到其飞行计划及相应的动态报告后，经飞行计划处理中心进行格式和内容的校核后统一发布使用。

　　对于进入我国国境但是没有收到领航计划的航班的处理：按照飞行基本规则，管制单位未收到飞行计划处理中心拍发的国外入境航班领航计划，不得同意境外航空器进入我国。入境航班所在管制单位，直接向飞行计划处理中心证实相关航班预先飞行计划批复和领航计划提交情况，处理完毕后方可允许进入我国。

　　4．无人机系统飞行计划的管理

　　参照通用航空飞行计划相关规定执行。

　　5．飞行计划管制应用的管理

　　1）数据用户管理

　　管制应用所需飞行计划的管理从传统的基于地址库主动发送数据服务，转变为提供一定订阅条件，并按照优先等级，实现按照用户需求进行订阅发布的方式，以满足各地各单位系统的需求，实现数据使用的科学管理。民航局空管局飞行服务部门提供飞行计划数据订阅的条件，应该基本包括用户单位，管制业务双方联系人和方式，技术支持双方联系人和方式，接收数据方式（由中心制定不超过 3 种，供选择），接收地址，数据种类（如时刻表、预先计划、次日计划、领航计划和航班动态等），数据标准版本（由中心制定不超过 3 种，供选择），需要数据的时间、空间以及机场范围，保障等级等内容。

　　2）数据有效性管理

　　民航各管制运行单位以及飞行计划数据使用单位应当以空管局两个法定地址发出的数据为运行依据。在两个中心同时宣布紧急情况的前提下，按照应急预案和区块划分，以各空管分局（站）所在机场飞行服务报告室发出的数据为运行依据。各管制单位未收到有效数据，应当严格按照中华人民共和国飞行基本规则要求，不得同意航空器起飞和入境。非受理飞行计划的管制单位对飞行计划数据有疑问的，不得直接跟航空公司进行联系以避免多头管理和协调，进而导致数据不一致，应当与飞行计划处理中心联系，由飞行计划处理中心与相关航空用户联系。

　　3）数据权益的管理

　　飞行计划数据各用户单位不允许跨本单位业务和系统，二次转发飞行计划或者主要由飞行计划数据构成的衍生数据供其他内部单位或者外部第三方单位使用，避免各地业务和系统

关系复杂和封闭。政府、机场、清算单位、科研院所以及社会企业对飞行计划数据的需要,由飞行计划处理中心按照空管局相关规定提供数据服务。任何单位未经空管局许可不得私自对外提供、出售、交易飞行计划数据以及由飞行计划数据产生的其他衍生数据产品。民航局空管局下属各单位对飞行计划数据的需求由民航局空管局飞行服务部门具体负责提供并管理,定期检查并更新;民航局空管局以外单位对飞行计划数据的需求与服务,由相关单位与民航局空管局飞行服务部门以协议的形式进行明确,应当包括双方的职责、权利和义务等。

6. 东海防空识别区飞行计划

按照国家现行规定执行。

7. 民航向军队飞行计划报备

军队作为民航飞行计划重要用户单位,根据军队对飞行计划的具体需要,由民航局空管局飞行服务部门根据空管局相关规定,统一向军队提供数据订阅服务。

8. 自制类飞行器计划的管理

按照有关规定或者具体的任务批示执行。

二、发布放行许可

空中交通管制放行许可是批准航空器按照空中交通管制单位规定的条件进行活动的许可。管制员根据已知的空中交通情况,发布空中交通管制许可,允许航空器开始或者继续运行。

航空器驾驶员不得以执行空中交通管制许可为由,违反相关规定。如果管制许可无法执行,航空器驾驶员应当及时向管制员提出。

管制员发布空中交通管制许可应当考虑正在接受管制的航空器、机动区内的车辆和其他非永久性障碍物的情况。

放行许可和离场情报,由放行许可发布席发布;无该席位的,由地面或者机场管制席发布。离场航空器起飞后需要立即和塔台管制单位以外的管制单位联系的,塔台管制单位应当在发出放行许可和离场情报后通知航空器。

(一)放行许可发布席岗位职责

(1)负责对已申请仪表飞行规则飞行计划的航空器发布空中交通管制放行许可,通报其延误情况和原因及其他特殊的管制信息,并填写相关信息。

(2)负责维护空管自动化系统中出港的飞行计划、处理与飞行计划相关事项。

(3)在地面管制席位的授权下,负责实施实时流量控制。

(4)负责分发和传递打印出的进、出港进程单。

(5)负责相关统计工作。

(二)放行许可席工作程序

(1)参加本班组的岗前准备工作,听取有关安全的指示精神及工作要求。

(2)按照交接班工作程序接班。

(3)放行许可发布席预计开放前20min,了解天气情况,检查设备,开机守听,了解航空器放行情况并准备好进程单。

(4)放行许可发布席预计开放前15min向协调监控席索取离场程序和空中交通管制放行许可。

（5）向航空器发布空中交通管制放行许可，并按规定填写相关飞行进程单，将出港进程单传递给地面管制席管制员。

（6）负责流量控制时，当离港航空器驾驶员请求开车时，根据航路间隔、席位开放等情况，决定开车顺序，并适时向航空器发布转频指令。

（7）维护空管自动化系统中出港的飞行计划，处理与飞行计划相关事项。

（8）对本席位范围内的不正常情况按照通报程序报告。

（9）按照交接班工作程序进行岗位交接。

（10）参加班后讲评会。

（三）放行许可的内容和格式

1. 放行许可的内容

塔台管制单位根据批准的飞行计划和机场、航路情况以及有关管制单位的情报，对离场航空器发出放行许可。放行许可包括下列内容。

（1）航空器识别标志。

（2）管制许可的界限，包括定位点或者目的地。

（3）批准的离场程序。

（4）飞行的航路或者航线。

（5）飞行高度。

（6）应答机编码。

（7）离场程序中未规定的必要的管制指令或者情报。

2. 放行许可的有关规定

空中交通管制放行许可的内容应当及时、明确、简洁，并使用标准用语。对通过话音传输的空中交通管制放行许可，航空器驾驶员应当向管制员复述下列重要内容。

（1）航路许可。

（2）进跑道、着陆、起飞、跑道外等待、穿越跑道以及在跑道上滑行或反向滑行的许可。

（3）正在使用的跑道、高度表拨正值、二次雷达应答机编码、高度层指令、航向与速度指令以及管制员发布或者机场自动终端情报服务通播的过渡高度层。

对其他管制许可或者指令，航空器驾驶员应当复述或者明确表示理解并将遵照执行。

航空器驾驶员应当及时并全面地执行空中交通管制许可或者指令，不能立即执行或者不能全面执行空中交通管制许可或者指令的，应当向管制员提出修订的请求。各管制单位可以根据实际需要确定本管制单位管制许可和指令的时间限制，并予以公布。

航空器驾驶员应当按照航空器通常性能和要求执行管制许可或者指令。执行管制许可或者指令应当准确、到位。

管制员应当监听航空器驾驶员的复述，以确定航空器驾驶员正确收到管制许可或者指令。发现航空器驾驶员复述有误，管制员应当予以纠正。

3. 放行许可发布的方式

空中交通管制放行许可的发布方式分为话音放行和数据链放行。

1）话音放行

话音放行是传统的空中交通管制放行许可的发布方式。飞行员通过甚高频通信申请放行许可，管制员通过甚高频通信发布放行许可。话音放行的流程如图 9-10 所示。

图 9-10　话音式放行许可的发布流程

示例 1：东航 7098，准备抄收语音放行，可以放行至目的地浦东，跑道 19R，离地后航向 120，雷达引导加入计划航路，起始爬升高度修正海压 600m，巡航高度层标准气压 10 100m，应答机 3074，离场频率 125.5，通播 A 有效，修正海压 1019。

示例 2：HDA891 is cleared to destination Hongkong via flight planned route,(expect flight level 11 900 meters,) runway 35L,follow HSN-12D departure,initially climb and maintain 900 meters,contact departure 125.4 when airborne,and squawk 6301.

港龙 891 可以沿计划航路放行至香港（预计巡航高度 11 900m），使用跑道 35L，HSN-12D 离港，起始高度 900m，离地联系进近 125.4，应答机 6301。

2）数据链放行

数据链放行（departure clearance，DCL）系统技术属于地空数据链通信技术在空中交通管制领域的应用。DCL 系统通过基于地空数据链的双向通信来实现飞行员与塔台管制员之间的信息交换，实现数字化放行。

当管制员和航空器驾驶员使用数据链通信方式通信时，双方应当以数据链通信方式回复。通过数据链通信电文发布的管制许可和指令，航空器驾驶员应当以数据链通信电文方式回复，除非另有要求的，不使用话音方式复述或者确认。

DCL 放行频率如图 9-11 所示。

机场图 N31° 11'52"　E121° 20'11"　机场标高2.8/9'　　D-ATIS 132.25　Delivery 121.75(有DCL)　　GND(东)121.60(118.10)　(西)121.85(121.90)　　TWR(东)118.10(124.30)　(西)118.65(118.25)　　城市/机场名

图 9-11　DCL 放行频率

（1）DCL 操作流程如下。

① 查看激活的飞行计划。DCL 系统自动激活预计起飞时间前一定时间内的航班，航班信息激活后即可接受机组的 DCL 请求信息。管制员应仔细察看已激活的航班的信息内容，设置当前的航站情报服务标识和使用的跑道。

② 等待放行请求并进行响应。飞行员在预计推出开车前可以通过 DCL 服务提出起飞前放行申请。飞机的标牌信息会从 Flight Plan 移动到 DCL Request，如图 9-12 所示。

③ 在航班放行对话框中管制员通过下拉菜单选择或键盘输入，将航班放行所需的必要信息填入相应位置，包括确定起飞跑道、选择下一频率信息、对应的 SID 标号、初始爬升高度、航班的 SSR 代码、检查 ATIS 代码、巡航高度等。

④ 收到机载设备发送的正确逻辑报文后，位于相应电子标签的航班号颜色被标记为紫色，如图 9-13 所示。

⑤ 如果此航班的服务超时，对应的电子标签航班号标记为黄色，数据链许可服务结束，管制员此时需使用话音方式继续完成放行服务，如图 9-14 所示。

⑥ 管制员发出放行许可后，机组通过机载设备发回确认报文后，相应电子标签的航班号颜色被标记为绿色，此时表明数字化放行许可系统已确认飞行员回复信息与管制员放行信息一致，数字化放行服务成功结束，如图 9-15 所示。

图 9-12 数字化放行许可(1)

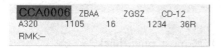

图 9-13 数字化放行许可(2)

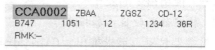

图 9-14 数字化放行许可(3)

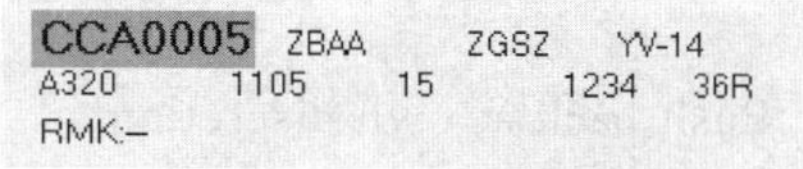

CCA0005 ZBAA ZGSZ YV-14
A320 1105 15 1234 36R
RMK:—

图 9-15 数字化放行许可(4)

⑦ 使用话音方式继续完成放行服务。当无法正常进行数字化航班放行时,管制员需要通过话音方式联系机组,继续完成放行服务,以保证放行服务的安全、可靠。

(2) 数据链放行(DCL)服务不能正常使用。当 DCL 服务不能使用,或者 DCL 服务不能获得回复的情况下,飞行员必须通过放行频率及时联系管制员,以获得 ATC 放行许可。

① 不能通过 DCL 系统重复向机组发送放行批复报文,任何必须的修改必须通过话音放行方式进行。

② 飞行员在航班降落但未结束前(航班降落滑行中或已停靠在停机位但尚未完成本次航班运行),不能在机载设备中预设定下一航程的信息,并进行下一航程的 DCL 申请。

③ 飞行员在不能获得 D-ATIS 服务时,必须通过 VHF 和 UHF 频率监听 ATIS 广播,以获得 ATIS 信息。使用 DCL 服务后,最终通过话音放行方式完成起飞前放行服务的机组,无论 DCL 服务成功与否均自动失效。

三、推出开车

航空器驾驶员根据起飞时间向塔台管制室管制员请求推出和开车。

目前国内已完成机坪管制移交的机场,设有机坪管制室,航空器驾驶员向机坪管制员申请推出开车。

在有些机场,当有大型航空器在其内运行时,为了节省停机时间,航空器在停机时,通常机头都朝向候机楼,因此当航空器开始滑行之前,必须让拖车将其推出。有倒推功能的航空器应在专人引导下倒推。发布推出指令必须考虑是否和滑行中的飞机有冲突,如果存在冲突,给滑行中的飞机发布等待指令后或冲突解决后再推出。为了便于空中交通管制员制定预案及避免因在地面等待而过多地消耗燃油,通常要求驾驶员在准备开车时报告。驾驶员在请求开车时,应同时通报其停机位,以便于管制员识别。在设有 ATIS 的机场,驾驶员还应在请求开车时向管制员申明是否收到 ATIS 通播。

空中交通管制员或机坪管制员发布推出指令时,应同时发布跑道号码。如果推出方向不唯一时,应发布推出的机头朝向。推出朝向有且仅有 4 个方向"东(east)""南(south)""西(west)""北(north)",按照相近的朝向位置发布指令,不应出现"东南""230°"等朝向。

(一) 推出指令的发布

1. 航空器驾驶员请求推出

(航空器位置),请求推出。(Aircraft location),request push back.

2. 管制员回答

(1) 同意推出。Push back approved.

(2) 稍等。Stand by.

(3) 推出时间自己掌握。Push back at own discretion.

(4) 因为(原因)预计推迟××(数值)分钟。Expect××(number) minutes delay due (reason).

3. 应用举例

例 1

P:昆明地面,CES747,129 号位,准备好了,请求推出开车。

Kunming Ground, CES747, parking bay 129, we are ready, request push back and start-up.

C:CES747,可以推出开车,跑道 22 号,头朝东。

CES747, push back and start-up approved, runway 22, facing east.

P:可以推出开车,跑道 22 号,头朝东,CES747。

Push back and start-up approved, runway 22, face to east, CES747.

部分大型机场设置了推出等待点,一般命名为"PB+数字",如图 9-16 所示。管制员根据实际情况使用。

例 2

P:北京地面,CES5706,212 号桥,准备好,请求推出开车。

Beijing Ground, CES5706, gate 212, we are ready, request push back and start-up.

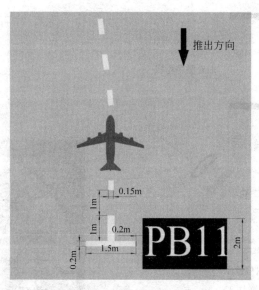

图 9-16 飞机推出等待点标志

C：CES5706，地面，可以推出开车，跑道 36L，推到 Z9 上的 PB15 等待点。

CES5706, Ground, push back and start-up approved, runway 36L, push to PB15 on Z9.

P：可以推出开车，跑道 36L，推到 Z9 上的 PB15 等待点，CES5706。

Push back and start-up approved, runway 36L, push to PB15 on Z9，CES5706.

4. 航空器传统推出流程存在以下弊端

（1）"东西南北向"推出指令难以准确表达实际推出方向。

（2）机务人员对传统方向指令均是靠经验掌握，无明确地面参考标识。

（3）推出开车指令在管制-机组-机务之间传递容易失真。

因此，部分大型机场设置了标准推出程序，一般以颜色命名。

（二）标准推出程序

以某机场为例，推行航空器蓝绿色标准推出程序，即在停机位画设地面颜色和字母标识，为管制员、飞行员、机务人员建立正确的情景意识提供参考依据，形成管制员许可-飞行员复核-机务人员明确的"三卡互控"机制，管制员通过发布简洁的颜色路线指令代替传统的方向指令，大幅度减少航空器推出与管制指令不符的事件发生，减少了人为误听风险和因方向指令理解误差导致的重复核实，从而进一步降低各方工作负荷，节约时间成本，提升航空器推出的正确率。

蓝绿色标准推出程序：在每个停机位划设蓝色、绿色两组颜色和字母标识，位于停机位第一根鼻轮停止线左右两侧。地面标线蓝色或绿色箭头，蓝色箭头外侧标注蓝色大写字母B，绿色箭头外侧标注绿色大写字母 G；箭头距离最外侧鼻轮线 2m，箭头与机位进位线呈45°夹角；地面箭头长 2m，字母长 1m。使用蓝色程序，航空器在完成推出后机头朝向与滑行道默认运行方向一致。使用绿色程序，航空器在完成推出后机头朝向与滑行道默认运行方向相反，如图 9-17、图 9-18 所示。

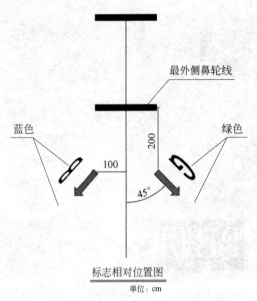

图 9-17　蓝绿色标准推出程序示意图

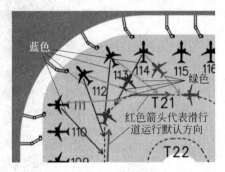

图 9-18　蓝绿色标准推出程序运行图

例 3

P：宝安地面,CSS6867,65 号位(此机位为自滑进顶推出机位),准备好了,请求推出开车。

　　Bao'an Ground, CSS6867, parking bay 65, ready for push back and start-up.

C：CSS6867,可以推出开车,跑道 33 号,蓝色程序。

　　CSS6867, push back and start-up approved, runway 33, colour blue.

四、滑行

(一)滑行许可的发布

　　管制员发布滑行许可前应当确定航空器的停放位置。滑行许可应当包含给航空器驾驶员的简明指令和相关的情报以帮助其沿正确的滑行路线滑行并避免与其他航空器或物体相撞,并避免侵入正在使用的跑道。

　　管制单位可根据运行的实际需要制定航空器标准滑行路线,并通过航空情报系列资料发布。未公布标准滑行路线的机场,管制员应当使用滑行道和跑道的代码或号码指示滑行路线。

　　航空器滑行(空中滑行)应当经过机坪管制席、塔台地面管制席或者机场管制席许可。管制员发布的航空器滑行(空中滑行)许可应当包括下列内容。

　　(1) 滑行及空中滑行路线。

　　(2) 必要时,起飞顺序。

　　(3) 等待点、等待位置。

　　(4) 使用跑道。

　　(5) 进近管制单位和区域管制单位对离场航空器的有关要求。

（6）其他事项。

当航空器需要滑行穿越跑道时,滑行许可应当包含明确的穿越许可,或者在穿越该条跑道之前等待的指令。

例 4

P：北京地面,国航 1405,请求滑出。

Beijing ground,CCA1405,request taxi.

C：国航 1405,可以滑出,经 M 和 C 号滑行道到 36 左跑道外等待点。地面风 330°,6m/s,修正海压 1022。

CCA1405,request approved,taxi via taxiway M and C to holding point runway 36L,wind 330 degrees 6m/s,QNH1022.

P：沿 M 和 C 号滑行,36 号左跑道外等待点,国航 1405。

M、C to holding point runway 36L,CCA1405。

（二）航空器滑行规定

航空器滑行及空中滑行、牵引应当遵守下列规定。

（1）航空器应当按照管制员指定路线滑行或者牵引。管制员在安排滑行路线时,通常不准航空器对头滑行;航空器对头相遇,应当各自靠右侧滑行,并保持必要的安全间隔;航空器交叉相遇,航空器驾驶员自座舱的左侧看到另一架航空器时应当停止滑行,主动避让。

（2）航空器滑行速度应当按照相应航空器的飞行手册或者驾驶员驾驶守则执行,在障碍物附近滑行,速度不得超过 15km/h,保证随时能使航空器停住;翼尖距离障碍物小于安全净距时,应当有专人引导或者停止滑行。

（3）两架以上航空器跟进滑行,后航空器不得超越前航空器,后航空器与前航空器的距离,不得小于 50m。

（4）具有倒滑能力的航空器进行倒滑时,应当有地面人员引导。

（5）需要通过着陆地带时,航空器驾驶员在滑进着陆地带前,应当经过塔台管制员许可并判明无起飞、降落的航空器。

（6）夜间滑行或者牵引时,应当打开航行灯和滑行灯,或者间断地使用着陆灯,用慢速滑行。

（7）直升机可以在地面效应作用下,用 1~10m 的高度慢速飞行代替滑行,并注意对附近航空器、设施和人员的影响。

（8）滑行和空中滑行时,航空器驾驶员应当注意观察,发现障碍物应当及时报告管制员,并采取有效措施。

直升机在悬停或空中滑行时应完全避开轻型航空器。单座驾驶的直升机在悬停或者空中滑行时,管制员应当避免向该直升机发出改变通信频率的指令。

塔台管制员应当向正在滑行的航空器提供跟随或者避让航空器的相关信息和指令。

为了调配间隔,塔台管制员可以指示将要起飞或者地面滑行的航空器在跑道或者跑道外等待,并将理由通知该航空器。

五、离场

(一) 起飞许可

执行不同任务的航空器或者不同机型的航空器同时飞行时,应当根据具体情况,安排优先起飞的顺序。通常情况下,允许执行紧急或者重要任务的航空器、定期航班或者速度大的航空器优先起飞。

1. 安排航空器放行顺序应当考虑的因素

(1) 具有优先权的航空器。

(2) 航空器的机型及其性能。

(3) 飞行航路。

(4) 航空器之间的最小间隔。

(5) 尾流间隔标准。

(6) 有利于加速流量或者空中交通流量管理的有关要求。

当多架离场航空器延误时,通常管制员应当按照延误航空器的原计划起飞时间次序放行。为了减少延误航空器的平均延误时间,管制员可以对航空器的起飞次序进行调整。

当可预计航空器延误将超过 30min 时,塔台管制单位应当尽可能通知航空器驾驶员。

2. 塔台管制员应当根据情况向离场航空器发布的情报和指示

(1) 使用的跑道。

(2) 风向、风速、能见度,必要时通报云高。

(3) 高度表拨正值。

(4) 地面滑行路线。

(5) 机场有自动观测系统的,应当按规定通知本机场的跑道视程。

(6) 收到低空风切变警告的,应当通知低空风切变的情况。

(7) 其他必要的情报。

离场航空器报告已经从机场自动终端情报服务收到上述有关情报的也可以不包括在内,但是管制单位仍然需要向航空器提供高度表拨正值。

3. 起飞许可内容

塔台管制员应当根据跑道使用情况、进离场及起落航线航空器活动情况和进近或者区域管制单位的要求,在保证安全的条件下允许航空器进入跑道并发出起飞许可。

(1) 航空器呼号。

(2) 使用跑道号。

(3) 地面风向、风速。

(4) 必要时包括:起飞后的转弯方向、离港程序、飞行高度;能见度或者跑道视程、云高、高度表拨正值。

(5) 其他事项。

4. 发布起飞许可举例

(1) 一般情况。

C:国航 4308,地面风 350°,3m/s,可以起飞。

CCA4308, surface wind 350 degrees, 3 meters per second, cleared for take off.

P：可以起飞,国航 4308。

Cleared for take-off, CCA4308.

（2）当机场内有多条跑道在同时使用时,为了避免航空器驾驶员混淆,在发布起飞许可时,同时通报起飞使用跑道号码。

C：国航 4308,地面风 350°,3m/s,跑道 36 左,可以起飞。

CCA4308, surface wind 350 degrees, 3 meters per second, runway 36L, cleared for take off.

P：可以起飞,跑道 36 左,国航 4308。

Cleared for take-off runway 36L, CCA4308.

（3）由于空中交通情况,有时需要航空器在进跑道后立即起飞。

在确知航空器驾驶员已做好起飞准备后,可以在航空器进入跑道之前发给其立即起飞的许可,航空器应立即进跑道并起飞。

C：国航 4308,进跑道后能不能立即起飞?

CCA4308, are you ready for immediate departure?

P：国航 4308,可以。

CCA4308, affirm.

C：国航 4308,进跑道准备立即起飞。

CCA4308, line up be ready for immediate departure.

P：国航 4308,进跑道。

CCA4308, lining up.

C：国航 4308,可以起飞。

CCA4308, cleared for take-off.

（4）有时为了确保航空器起飞后与在机场附近活动的航空器之间的间隔,要发布一些限制性指令。这些指令如果在发布起飞许可之前没有通知,则可和起飞许可一起发布。

C：国航 4308,保持一边航向,上升至修正海压 900m 后右转,可以起飞。

CCA4308, climb straight ahead until 900m on QNH before turning right, cleared for take-off.

P：一边上升到修正海压 900m 后右转,可以起飞 CCA4308。

Straight ahead 900m on QNH, right turn, cleared for take-off, CCA4308.

（5）因为意外情况或者离场航空器进跑道后不能及时起飞,有时有必要取消起飞许可或者迅速为即将着陆的航空器空出跑道。

① 已发布进跑道许可,而航空器还未进跑道。

C：CCA4308,五边有飞机,立即起飞,否则在跑道外等待。

CCA4308, traffic on final, take-off immediately or hold short of runway.

P：现在在跑道外等待,CCA4308。

Holding short, CCA4308.

② 航空器已进跑道,但还未发布起飞许可。

C：国航 4308,五边有飞机,立即起飞否则退出跑道。

CCA4308, traffic on final, take-off immediately or vacate runway.

P：现在起飞，国航 4308。

Taking-off，CCA4308.

（6）终止起飞指令。

① 航空器已开始滑跑时，管制员终止航空器起飞。

Stop immediately，(repeat aircraft call sign)，stop immediately.

② 航空器处于静止状态时取消起飞许可。

原地等待，取消起飞，我重复一遍，取消起飞"（＋说明原因）。

Hold position，cancel departure，I say again，cancel departure immediately.

（二）起飞许可的规定

在符合航空器之间尾流间隔标准的条件下，当前行的离场航空器已经飞越使用跑道末端或者已开始转弯之后，或者前行着陆的航空器已经脱离使用跑道之后，航空器方可开始起飞滑跑。遇有下列情况，禁止发出起飞许可。

（1）跑道上有其他航空器或者障碍物。

（2）先起飞的航空器高度在 100m（夜间为 150m）以下且没有开始第一转弯。

（3）复飞航空器高度在 100m（夜间为 150m）以下且没有开始第一转弯。

航空器驾驶员得到起飞许可后，应当立即起飞；在 1min 内不能起飞的，航空器驾驶员应当再次请求起飞许可。

由于空中交通管制原因或者其他情况，不能保证航空器安全起飞的，塔台管制员应当立即取消原已发出的起飞许可，并通知该航空器取消起飞许可的理由。

在确知航空器驾驶员已做好起飞准备后，可以在航空器进入跑道之前发给其立即起飞的许可。航空器应立即进跑道，并起飞。

航空器起飞后，管制员通常将起飞时间通知空中交通服务报告室及有关管制单位和其他部门。航空器起飞时间是指航空器开始起飞滑跑时机轮移动的瞬间。

做低空通场的航空器在飞越跑道入口以前，接地连续起飞的航空器在接地之前，应当视为着陆航空器；在此之后，应当视为起飞航空器。

（三）离场飞行程序

在满足空中交通有秩序流动的条件下，根据空域的限制、空中交通管制工作量和交通密度，应尽可能向离场航空器提供最直接的航路，允许航空器，尤其远程重型航空器减少不必要的转弯或其他机动动作，并不受约束地上升到巡航高度层。在制定有标准的仪表离场程序的机场，航空器通常应按照放行许可沿标准程序离场。

对离场航空器的放行许可中规定了航空器的起飞方向和起飞后的转弯、继续爬升至指定高度前应保持的高度、必须改变高度的时间地点或爬升率，以及符合航空器安全运行的其他任何必要的机动飞行。

管制员可以建议航空器顺风方向起飞来加快航空器的离场速度，但决定采用顺风起飞或等待向有利方向起飞是航空器机长的责任。

当多架离场航空器延误时，管制员通常应当按照延误航空器的预计起飞时间次序放行。为了减少延误航空器的平均延误时间，管制员可以对航空器的起飞次序进行调整。当可预计航空器延误将超过 30min 时，机场管制单位应当尽可能通知航空器驾驶员。除非改变这种次序有利于让更多的航空器起飞，或者是其平均延误时间最少。当预料航空器将延误较长时间时应及时通知机长。当延误预计超过 30min 时，空中交通管制单位应尽可能通知航空器经营人或其指定代表。

（四）离场航空器的管制协调和移交

离场航空器的管制协调和移交应当遵守下列规定。

（1）塔台管制单位，应当及时将离场航空器的起飞时间通知进近管制单位或者区域管制单位。

（2）进近管制单位和区域管制单位对离场航空器实施流量控制或者有其他调配的，应当尽早通知塔台管制单位安排离场航空器在地面或空中等待。

（3）航空器飞离塔台管制单位责任区时，塔台管制单位应当与进近管制单位或者区域管制单位按协议进行移交。

六、航路飞行

（一）飞行高度层的使用

航空器进行航路和航线飞行时，应当按照所配备的飞行高度层飞行。

在同一航路、航线有数架航空器同时飞行并且互有影响时，通常应当分别把每架航空器配备在不同的高度层。如果不能配备在不同的飞行高度层时，可以允许数架航空器在同一航线、同一飞行高度层内飞行，但是各架航空器之间应当保持规定的纵向间隔。

航空器飞行高度层的配备，由相关管制单位负责。申请批准程序如下。

（1）起飞航空器的驾驶员或者其代理人，应当在提交飞行计划时，提出拟使用飞行高度层的申请。

（2）起飞机场所在区域的区域管制单位对航空器申请的飞行高度层有批准权。区域管制单位如果对申请的高度层有异议，通常在航空器预计起飞时间前 20min 或者按照管制单位间协议时间提出。

（3）航空器开车前，航空器驾驶员应当向塔台管制单位申请放行许可并报告拟选择的飞行高度层，塔台管制单位在发布放行许可时应当明确批准的飞行高度层。

（4）沿航线其他区域管制单位，如果对起飞航空器申请的或上一区域管制单位批准的飞行高度层有异议，通常在该航空器飞入本管制区 10min 前或者按照管制单位间协议时间向上一区域管制单位提出。

航路、航线飞行或者转场飞行时，因航空器故障、积冰、绕飞雷雨区等原因需要改变飞行高度层的，航空器驾驶员应当向管制单位报告原因和当时航空器的准确位置，请求另行配备飞行高度层。管制单位允许航空器改变飞行高度层时，必须明确改变的高度层以及改变高度层的地段和时间。

遇有紧急情况，飞行安全受到威胁时，航空器驾驶员可以决定改变原配备的飞行高度层，但必须立即报告管制单位，并对该决定负责。改变高度层的基本方法：从航空器飞行的方向向右转 30°，并以此航向飞行 20km，再左转平行原航线上升或者下降到新的高度层。在转回原航线前，应当向管制员报告。

航空器改变高度时，已经在某一高度层巡航的航空器通常比其他要求进入该巡航高度层的航空器更具有优先权。当两架或者多架航空器在同一巡航高度层时，排列在前的航空器通常具有优先权，但是当情况复杂或者空中流量较大时，管制单位可以灵活安排高度层。

（二）区域管制单位的运行

区域管制单位和进近管制单位应当于航空器起飞前或者进入本管制区前 30min，发出允许进入本管制区的航路放行许可或者按管制协议执行，并通过有关管制单位通知航空器驾驶员。

1. 航路放行许可的内容

（1）航空器呼号或者识别标志。

（2）管制许可的界限，包括定位点或者目的地等。

（3）放行航路、航线。

（4）航路或者部分航路的飞行高度层和需要时高度层的改变。

（5）其他必要的指示和资料。

2. 对跨音速航空器的航路放行许可内容

（1）跨音速加速阶段，许可延续到该阶段的终点。

（2）自超音速巡航到亚音速的减速阶段，许可其不间断的下降。

全航路或者部分航路中的各管制单位之间，应当进行协调，以便向航空器发出自起飞地点到预定着陆地点的全航路放行许可。因资料或者协调原因不能全航路放行而只能放行到某一点时，管制员应当通知航空器驾驶员。未经双方管制区协调，不得放行航空器进入另一管制区。

区域管制单位或者进近管制单位得知本管制区除已接受的飞行活动外，在某一时间一定航段内不能容纳其他飞行或者只能在某一限制下容纳飞行活动时，应当通知有关管制单位及飞经本管制区的航空器驾驶员。

管制协调后，原管制移交的内容有下列变化的，应当进行更正。

（1）飞行高度改变。

（2）不能从原定的移交点移交。

（3）飞越移交点的时间在区域管制单位之间相差超过 5min，在区域管制单位与进近管制单位之间相差超过 3min。

管制员在航空器预计飞越报告点 3min 后仍未收到报告的，应当立即查问情况并设法取得位置报告。

七、进场

（一）进场航空器的情报通报

管制单位交换进场航空器的管制情报应当遵守下列规定。

（1）区域管制单位应当将进场航空器的下列情报，在该航空器预计飞越管制移交点前 10min 或者按照管制协议，通知相关进近管制单位。

① 航空器呼号。

② 航空器机型。

③ 进近管制移交点及预计飞越时间、预定高度。

④ 管制业务移交。

⑤ 其他相关情报。

（2）进近管制单位应当将有关进场航空器的下列情报通知相关区域管制单位。

① 在等待定位点上空正在使用的高度。

② 进场航空器之间平均间隔的时间。

③ 要求航空器到达管制移交点的时间。

④ 接受对该航空器管制的决定。

⑤ 机场撤销仪表进近程序的，其撤销时间。

⑥ 要求区域管制单位变更航空器预计到达进近管制点的时间，并且时间变更在 10min 以上的，其变更时间。

⑦ 与区域管制有关的航空器复飞的情报。

⑧ 通信中断航空器的有关情报。

（3）进近管制单位应当在不迟于航空器飞越管制移交点前 3min 或者按照管制协议，将进场航空器的下列情报通知相关塔台管制单位。

① 航空器呼号。

② 航空器机型。

③ 预计到达进近定位点或者机场上空的时间、预定高度或实际高度。

④ 必要时，通知仪表进近的种类。

（4）塔台管制单位应当将进场航空器的下列情报通知相关进近管制单位。

① 该航空器已着陆。

② 着陆时间。

③ 撤销仪表飞行程序的，其撤销时间。

④ 复飞或通信中断航空器的有关情报。

⑤ 使用跑道。

（5）各管制单位已发出的情报如有下列变更，应当迅速通知对方单位。

① 区域管制与进近管制之间发出的预计到达时间相差超过 3min。

② 进近管制单位之间相差超过 3min。

③ 进近管制与塔台管制之间发出的预计到达时间相差超过 2min。

（6）建立无线电通信联系后的情报通知。进近管制单位或者塔台管制单位与进场航空器建立无线电通信联系后，应当对航空器位置进行核实并向该航空器迅速发出有关下列情报的通知。

① 进场程序。

② 进近方式。

③ 使用跑道。

④ 风向、风速值。

⑤ 气象报告的云高低于目视进近最低下降高度，或者气象报告的能见度小于目视进近最低气象条件的，其云高或者能见度值。

⑥ 高度表拨正值。

进场航空器报告已经从机场终端自动情报服务通播中收到上述有关情报的也可不包括在内，但是管制单位仍然需要向航空器提供高度表拨正值。

（二）管制许可与进近许可

1. 发给进场航空器飞至进近定位点的管制许可

区域管制单位等管制单位发给进场航空器飞至进近定位点的管制许可,应当包括下列内容。

（1）进近定位点的名称。

（2）到进近定位点的飞行航路。

（3）高度。

（4）其他必要的事项。

区域管制单位向进近管制单位或者塔台管制单位移交进场航空器的通信联络及管制业务的,应当在完成管制协调的基础上,在该航空器到达管制移交点之前进行,以便进近管制单位或者塔台管制单位有充分时间对该航空器发出更新的管制许可。

塔台管制单位或者进近管制单位应当随时注意机场区域内的天气变化并及时通知进场航空器。当机场的气象条件低于着陆最低气象条件时,应当根据该航空器的要求允许其等待或者向其发出飞往备降机场的管制许可,并调整进近的顺序。在航空器油量不足、严重机械故障或者因天气原因不能飞往其他机场以及航空器驾驶员要求在低于着陆最低气象条件的机场着陆的,管制员应当采取必要措施予以协助,并通知有关保障部门做好应急准备。航空器驾驶员应当对其决定的后果负责。

2. 进近许可

发布进近许可应当遵守下列规定。

（1）塔台管制单位或者进近管制单位发出进近许可时,可根据空中交通情况指定公布的仪表进近程序或者让航空器自选公布的仪表进近程序。

（2）对于不是在公布的航路上飞行的航空器的进近许可,应当在该航空器到达公布的航路上或者按照仪表进近程序开始进近的定位点之后发出。但是,指示航空器在到达仪表进近程序的定位点之前应当保持高度的,则可在到达该定位点之前发出进近许可。

（3）对于进行仪表进近的航空器,为配备管制间隔而有必要要求其遵守指定高度的,应当在发出进近许可时指定必要的高度。

（4）为了确切掌握进场航空器的位置,管制单位可以要求进近中的航空器报告其位置和高度。

（5）公布的仪表进近程序中有盘旋进近的,不得向航空器发出脱离该区域的指示。

（6）地面能见度和云高符合目视飞行规则或者目视进近条件的,管制单位可以根据空中交通的情况,准许航空器进行目视飞行或者目视进近,并按照管制间隔标准配备间隔。

如果航空器驾驶员报告不熟悉仪表进近程序时,管制员应当协助驾驶员了解有关进近程序及相关导航设备的信息。

3. 不能许可航空器立即着陆时采取的措施

因空中交通繁忙、跑道临时关闭以及有紧急着陆的其他航空器,不能许可航空器立即着陆的,管制员应当通知航空器并采取下列措施。

（1）调整航空器之间的间隔。

（2）扩大或缩小起落航线。

（3）对于按目视飞行规则飞行的航空器,应当指示其在通常使用的目视位置报告点或目视确认的地点上空盘旋等待;但是,指示两架航空器在同一地点等待的,应当向该两架航空器提供交通情报。

(4) 对于按仪表飞行规则飞行的航空器,应当指示其在等待空域内飞行等待。但是,每架航空器等待飞行时间和由等待飞行空域至起始进近点的时间,通常不得超过 30min。在等待空域内飞行的航空器,应当严格保持规定的高度层,按照规定的等待航线飞行。因故急需着陆的,航空器驾驶员应当立即报告塔台(进近)管制员,经过允许后,按照有关程序下降和着陆。

(5) 指挥航空器进行等待时,应当在该航空器到达管制许可界限点或进近定位点 5min 之前,向该航空器发出包括以下内容的指示。

① 等待定位点。

② 等待航线与等待点的方位关系。

③ 飞往等待定位点的航路或航线及所使用的导航设施的径向线、航向、方位。

④ 等待航线使用测距设备表示的出航距离或者以分钟(min)为单位的出航飞行时间。

⑤ 等待航线的转弯方向。

以上等待程序内容已公布的,可以省略。

(6) 预计航空器的等待飞行时间和由等待飞行空域至起始进近点的时间在 30min 以上的,管制员应当了解航空器的续航能力并迅速通知该航空器预计进近时间或者预计更新管制许可的时间。等待时间未确定的,也应当通知该航空器。进场的预计更新管制许可的时间应当在该航空器的等待定位点发出。预计还要进行等待的,应当通知该航空器尽可能准确预计等待时间。

(7) 航空器进行等待后向其发出更新的管制许可,应当包括下列事项。

① 新的管制许可界限点或进近许可。

② 在新的管制界限点之前的全部飞行航线。

③ 高度。

④ 其他必要的事项。

(三) 着陆顺序及着陆许可

航空器着陆顺序应当按照先到达先着陆的原则予以安排。当多架执行不同任务的航空器或者不同机型的航空器同时进场时,应当根据具体情况,安排优先着陆顺序。通常情况下,应当允许遇到紧急情况、执行重要任务飞行的航空器优先着陆。

正在着陆或者处于最后进近阶段的航空器比起飞离场的航空器具有优先权。

确定多架连续进近的航空器之间的时间或者纵向距离间隔时,应当考虑航空器的速度差、距跑道的距离、适用的尾流间隔、气象条件、跑道占用时间以及影响跑道占用时间的因素等。

在机场地形、设备和气象条件及空中交通允许的情况下,塔台管制单位或者进近管制单位可以根据职责允许航空器不做起落航线飞行,直接进近。

云下目视飞行进场的航空器,进场航向与着陆航向相同或者相差不大于 45°,地形条件许可,航空器驾驶员熟悉机场情况,并且不影响其他航空器进入的,可以安排该航空器直接进近。

仪表飞行规则飞行的航空器,进场航向与着陆航向相同或者相差不大于 30°,地形条件许可,地面导航设备能够保证航空器准确地加入长五边的,可以安排该航空器进行直接进近。

当塔台管制员确信进近着陆的航空器飞越跑道入口时符合下列条件,可向该航空器发布着陆许可,但该着陆许可不得在前方着陆航空器飞越跑道入口之前发出。

(1) 符合航空器之间尾流间隔标准。

(2) 着陆航空器飞越跑道入口前,前行离场航空器已经飞越使用跑道末端或者已开始转弯。

(3) 着陆航空器飞越跑道入口前,前行着陆航空器已经脱离使用跑道。

发出着陆许可后,上述条件有变化的,塔台管制员应当立即通知航空器复飞,同时简要说明复飞原因;复飞航空器高度在昼间100m,夜间150m以下,或者未开始第一转弯,跑道上的其他航空器不得起飞;复飞和重新进入着陆的程序,按照公布的程序执行。着陆或者复飞由航空器驾驶员最后决定,并且对其决定负责。

航空器着陆后,塔台管制员应当通知航空器驾驶员。

(1) 脱离跑道的方法。

(2) 滑行指示。

(3) 有地面管制席的,转换到地面管制频率,并由地面管制席提供地面滑行服务。

航空器被移交给塔台管制单位后,未向塔台报告,或者报告一次后即失去无线电联络,或者任何情况下,在预计着陆时间之后5min尚未着陆的,塔台管制员应当向进近管制单位或者区域管制单位报告。

八、滑行到达停机位

在航空器进入机位过程中,任何人员、车辆一般不得从航空器和接机人员(或者目视泊位引导系统)之间穿行。除非经过研究或者风险评估不影响航空器入位安全。

接机人员引导航空器入位时,应当使用指挥棒(夜间或者低能见度运行时应当使用可发光的指挥棒),如图9-19所示。在航空器入位时,接机人员应当观察大翼两侧的情况,确保航空器入位安全。

图 9-19　接机人员引导航空器入位

注:图片来自衢州机场综合办　潘越

使用目视泊位引导系统时,接机人员应当在目视泊位引导系统紧急停止装置前值守,遇特殊情况应当使用停止按钮,并及时转换人工引导。目视泊位引导系统操作系统如图 9-20所示。

目视泊位引导系统外观如图 9-21 所示。

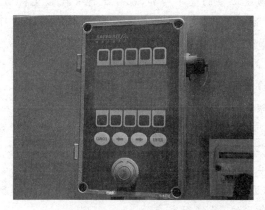

图 9-20　目视泊位引导系统操作系统　　　　　图 9-21　目视泊位引导系统外观

在航空器处于安全靠泊状态后,接机人员应当向旅客登机桥或者登机梯操作人员发出可以对接航空器的指令。操作人员在接到可以对接航空器的指令后,方可对接航空器。航空器安全靠泊状态应当满足下列条件。

(1) 发动机关闭。

(2) 防撞灯关闭。

(3) 轮挡按规范放置。

(4) 航空器刹车松开。

在确认航空器处于安全停泊状态后,接机人员应当在距航空器发动机前端合适位置(一般为 1.5 m 处)、机尾和翼尖水平投影处地面设置醒目的反光锥形标志物。航空器自行滑出的机位,在机头正前方位置(一般为 1 m 处)也应当设置反光锥形标志物。

旅客登机桥操作人员进行靠桥、撤桥作业时,其他人员、车辆、设备禁止进入旅客登机桥活动区。在非工作状态时,旅客登机桥轮须停留在回位点。

在航空器处于安全停泊状态后、旅客登机桥或者登机梯与航空器对接完成前,除飞机地面电源机组、飞机静变电源机组外,其他人员、车辆、设备不得越过机位安全线,实施保障作业。

保障期间,车辆和设备不得妨碍旅客登机桥的保障作业,不得阻挡加油设备应急撤离通道,不得拖曳、碾压管线。

 拓展阅读 1

银川河东机场电子进程单助力智慧机场建设

为贯彻落实民航局关于机坪运行管理移交工作的指示精神,持续改进民航运行保障能力,宁夏机场有限公司于 2017 年 7 月 11 日正式启动银川机场机坪运行管理移交工作,2019 年4 月 1 日银川机坪塔台指挥室正式揭牌成立,也标志着银川机场成为西北地区第一个实现机坪运行管理全面移交机场管理机构的机场。

移交前期准备筹划阶段,宁夏机场有限公司会同辖区内相关单位经过周密调研发现依托传统电话和纸质进程单作为协调通报的手段严重制约着机坪运行管理移交工作的安全和效率。而传统纸制飞行进程单又一直作为管制指挥的重要辅助手段并被广泛应用于所有管制运行单位。但是随着银川河东国际机场航班量的逐年增加,机坪运行管理移交机场后,双方面临着移交后电话协调量的增加,同时管制员人工填写纸质飞行进程单的工作量日益加大,也占用了管制席位的部分工作时间。

针对这些情况,宁夏机场有限公司自筹资金以银川机坪运行管理移交为契机,学习借鉴国内成熟机场电子进程单系统建设应用的先进经验。推进实施电子进程单系统建设。实现了空管信息与机场保障信息数据的共享融合,减轻管制员岗位工作负担避免了管制人员的"错、忘、漏",提高了安全保障质量和机坪管制工作效率,同时科学规划航班机坪航空器的初始排序,在兼顾安全的前提下,整体提升机场的运行保障水平。

宁夏河东机场有限公司在电子进程单系统建设过程中结合机场项目建设快和空管系统管制业务能力强的实际运行特点后,采取了创新型的"一托二"共建模式,双方最大程度发挥两家的优势,做到优势互补,共同建立一套系统,最终两家受益。

信息共享:一是实现空管航班信息管理系统、气象信息、流量控制信息信号引接,为下一步实现机场 A-CDM 建设打下坚实的数据基础,有效提升银川机场的整体保障能力。二是提升了机坪塔台现场安全管理水平,以丰富、及时的运行信息,以及高效、人性化的告警方式,减轻机坪管制员工作负荷,大幅降低"错、忘、漏"等事件发生的概率,进而降低机坪管制移交运行过程中的风险,发挥重要作用。三是发挥机坪塔台桥梁纽带作用,以电子进程单为载体,电子化传递航空器起飞时间、电子化移交航空器准备状态和流控信息为手段的方式,实现进程单传递的电子化,进一步优化机场航空器地面服务保障工作,提升航空器地面保障效率。

数据融合:加强与外部数据的有机融合。一是以银川河东国际机场机坪管制移交工作为契机,借助电子进程单系统建设尝试充分应用新技术,以大数据构建信息枢纽,实现管制数据互联、业务协同、运行智能、管理精细,优化生产运营,提升服务品质。二是实现空管航管信息自动化系统、机场航班信息管理系统信息有效融合,通过系统开发临界延误时间参数提醒功能、未推出的临界延误提示、未起飞的临界延误提示等。依托技术手段,提高临界延误航班保障力度,将航班延误程度降至最低,改善机场航班放行正常率,助力银川河东国际机场"智慧机场"建设。

协同发展:一是系统建设方面,宁夏河东机场公司自筹资金解决了建设资金的问题,采取创新型的"一托二"共建、合用模式,避免了投资的浪费。二是设置上实现了现场指挥中心 AOC 机位系统的联合,从而在功能上能够轻松实现自动处理计划、自动统计时间、自动同步停机位等多项功能。省去了之前使用纸质进程单的很多额外工作,极大地减轻了管制员的工作负荷和心理压力,从一定程度上提高了工作效率。三是电子进程单实现空管塔台与机坪塔台席位之间的航空器电子移交,省去了席位之间电话协调移交的烦琐,有效提高了机坪塔台和空管塔台席位间的协同工作能力。

实践证明,电子进程单系统建设在推动银川机坪运行管理移交的设备方面,实现了机坪塔台和空管塔台之间航空器及相关信息的电子化发挥了重要作用,通过空管设备信息的引接,有效增强了宁夏空管、银川机场的基础数据互融互通,为下一步建设基础数据库、A-CDM建设打下了坚实的基础。与此同时,在系统推进中也面临一些困惑与挑战。

民航设施设备建设需要更加系统全面的顶层设计。随着机坪管制指挥权移交机场管理机构,空管类型设施设备不再是分领域建设的项目,而需要从民航整体协同发展出发,通过更加完善的互建互促机制,实现跨领域的资源共享与统筹协调,合作共赢,避免设施设备重复建设导致的浪费,从而真正形成"1+1大于2"的效果。

资料来源:中国民航网.银川河东机场电子进程单助力智慧机场建设[EB/OL].(2019-09-05)[2023-05-16].http://www.caacnews.com.cn/1/5/201909/t20190905_1280994.html.

 拓展阅读2

民航空管飞行计划处理中心在上海揭牌成立

为改变目前飞行计划、动态固定电报等飞行数据管理分散的局面以及为飞行流量管理、空管自动化系统和运行数据统计分析提供统一可靠的基础数据,民航空管飞行计划处理中心在上海正式揭牌成立,这标志着民航空管飞行计划集中处理改革稳步走向深入。此次,民航局空管局将华东飞行计划集中处理系统升级扩展成为全国飞行计划集中处理系统,将其建设成全国飞行计划集中处理中心,将极大地提高运行效率和减少人工失误的可能。

据悉,全国飞行计划集中处理将原先由各机场负责处理的飞行计划"作坊式"生产模式,转变为利用先进生产工具规模化生产的"工厂化"生产模式,有利于提升民航安全监管、航班正常和服务水平。通过应用先进的生产工具,全国飞行计划集中处理将飞行计划的人工处理率降低到9%以下,提高了运行效率;同时管理模式将进行创新,将当前分散受理、分散处理和各自分发的传统管理模式,变更为集中受理、集中处理和统一分发的高效的统一管理模式。从试点效果看,不仅飞行计划数据质量有了大幅提高,而且明显实现了减员增效的目标。

资料来源:国际空港信息网.民航空管飞行计划处理中心在上海揭牌成立[EB/OL].(2017-05-21)[2023-05-16].http://www.iaion.com/gl/85869.html.

 拓展阅读3

新疆空管局成功引接民航空管飞行计划处理中心关于乌鲁木齐情报区
预先飞行计划数据

2019年1月10日14:20,新疆空管局成功引接民航空管飞行计划处理中心有关乌鲁木齐情报区预先飞行计划数据。

预先飞行计划数据的成功引接,使当前分散受理、分散处理和各自分发的传统管理模式,变更为集中受理、集中处理和统一分发的高效的统一管理模式,标志着新疆空管局预先飞行计划处理工作成为除华东空管局以外第一个纳入全国飞行计划集中处理体系的地区空管局,实现了预先计划数据统筹制作和发布。同时,通过对引接数据的合理叠加使用,为相关保障单位降低工作负荷、减少安全压力起到了积极的作用。

为了实现民航局空管局制定的全国飞行计划集中处理的目标,新疆空管运管中心按照飞行计划集中处理专项工作任务分解要求,两次前往民航空管飞行计划处理中心交流,对飞行计划集中处理工作进行讨论并达成了一致意见;2017 年完成了对 AIMS 系统的升级工作,使 AIMS 系统具备了引接飞行计划处理中心计划库的能力;安排专人每日对华东飞行计划库与 AIMS 本地库进行比对,为未来数据正式引接做好技术准备。

按照民航局空管局要求,2018 年 12 月 6 日零时(北京时)起,入境飞行计划动态电报,由民航空管飞行计划处理中心在国际转报入口截流,统一审核处理后拍发给国内各空管单位。运管中心提前部署,研究制定了兼顾安全和效率的飞行计划引接集中处理方案。一方面就数据引接脚本与数据公司进行多次沟通,进行了 1 个月的模拟测试,以评估相关数据准确程度;另一方面修订完善预先飞行计划处理工作程序,并组织了全员培训和考核。11 月26 日,由新疆空管局空管部牵头、运管中心、空管中心区域管制中心、飞行服务中心就飞行计划集中处理工作召开了协调会,协调会上明确了数据引接过渡期、引接时间和各单位的相关注意事项。

2019 年 1 月 7 日,运管中心向相关管制单位发布试行引接民航空管飞行计划处理中心预先飞行计划数据的通知。2019 年 1 月 10 日引接工作顺利完成,新疆空管局正式纳入全国飞行计划集中处理体系。

资料来源:中国民用航空网.新疆空管局成功引接民航空管飞行计划处理中心关于乌鲁木齐情报区预先飞行计划数据[EB/OL].(2019-01-16)[2023-05-16].https://www.ccaonline.cn/news/hot/493949.html.

 拓展阅读 4

"数字空管"为飞行服务——我国新一代空中交通管理体系建设取得阶段化成果

随着智能手机的发展,"飞常准""航旅纵横"以及各大航空公司推出的一大波移动应用几乎成了出行人群必备软件。乘机、接送机看时间,用机场雷达看天气,看飞机实时位置……这些功能的实现,离不开后台日益先进的民航数据通信技术。

民航局空管局副局长马兵日前表示,经过十几年持续推进,我国大、中型机场实现了数字化自动航站情报服务和数字化放行服务。99 座以上航空器使用率超过了 97%,作为中国新一代空中交通管理体系的核心项目,数字空管集成系统建设取得了阶段性成果。

1."民航强国,空管先行"

空管作为民用航空运行体系的中枢,在建设民航强国中担当着举足轻重的角色。

马兵介绍,当前,以先进的航空通信、航空导航和航空监视为核心技术的新一代空中交通管理系统已于 2004 年开始在全球实施。我国也于 2007 年开始规划发展新一代空中交通管理系统,估计将于 2025 年完成。根据中国民航发展"十三五"规划,中国民航将积极推进航空系统组块升级计划和亚太无缝空管计划,加快推进构建新一代空中交通管理系统。该系统中航空导航和航空监视技术的基础之一就是数据链通信技术。

当前数据链通信技术应用最为成熟的就是数字空管集成系统,包括数字化放行和数字化自动航站情报服务系统。这两项"黑科技"依靠数据链通信技术把飞行员与管制员直接联系起来,将航班起飞放行和航站情报服务由人工语音处理转为数字化处理,在提高管制员和飞行员工作效率,大幅减轻双方工作负荷的同时,增强了信息传递的安全性,降低了错、忘、漏的发生概率。

据统计,使用传统语音方式放行一架航班平均需要 100s,而使用新系统平均只需要

60s。这些时间对于日均起降1000架次以上航班的繁忙机场显得尤为可贵,同时新系统还提高了放行服务安全性、可靠性。

2. 历时14年完成两期"数字空管"建设

近10年来,我国民航业运输总周转量实现了15%的年增长率,跃居世界第二,正处于从民航大国向民航强国迈进的进程。

2003年8月,亚太地区航行规划和实施小组第14次会议决定,将数据链飞行情报服务的应用作为在亚太地区实施新航行系统的关键性优先项目之一。2004年,民航局批示开展相关技术研究并尽快推广应用。2005年,民航局空管局开展了技术规范制定和项目申报工作,于2007年在全国流量排名前15位的空管单位启动了第一期数字空管工程项目。

马兵说,未来将基于更加先进的数字空管技术,实现地面对飞机运行的全程实时监视,克服传统雷达监视手段覆盖范围有限的弊端;实现飞行员对所处交通状况的实时感知,更加灵活地选择飞行航径。

3. "数字空管"建设任重道远

虽然我国数字空管集成系统建设取得了阶段性成果,但提高空中交通管理数字化技术水平,确保航空运行更精准、更安全、更环保是当下之重。

"数字空管与空管自动化系统、综合信息显示系统实现了数字化互通互联,极大地方便了工作。"民航重庆空管分局塔台管制员张健提出,希望进一步加大规模化应用程度,实现100%数字化管制服务。

马兵指出,提高空管服务水平没有终点。当前,"数字空管"建设还面临许多亟待解决的问题。下一阶段,民航空管将持续推进基于数据链通信技术的飞行安全全阶段数字化管制服务技术,逐步向覆盖飞行全阶段陆地密集航路的全面四维航迹运行(trajectory based operation,TBO)过渡。最终实现基于数据链通信技术的飞行全阶段数字化管制服务取代现有管制语音通信,成为管制运行的主要方式。

资料来源:新华社."数字空管"为飞行服务——我国新一代空中交通管理体系建设取得阶段化成果[EB/OL].(2017-09-04)[2023-05-16]. http://www.gov.cn/xinwen/2017-09/04/content_5222589.htm.

拓展阅读5

厦门空管站正式启用增强型电子进程单系统

2023年1月1日零时,厦门空管站管制运行部进近管制室正式启用增强型电子进程单系统。这标志着厦门进近管制室进入了飞行进程单无纸化时代。正值春运来临,该电子进程单系统的正式运行必将助力春运空管保障工作和后疫情时期的空管安全运行。

增强型电子进程单系统(E-strips)是厦门空管站自主研发的一套相对独立于空管自动化系统的电子进程单系统。该系统立足于飞行数据管理(flight data manager,FDM),严格遵守行业标准,在将纸质进程单所有功能电子化的基础上,应用计算机算法深度开发了关键指令与自动化系统自动同步(管制员只需要确认)、电子协调移交、管制特殊信息提示告警(如重型机、灵活航路)等实用功能,为有效减轻管制工作负荷,降低管制员动态"错、漏、忘"等人为差错的发生提供技术方案。由于增强型电子进程单系统基于AFTN链路的报文生成飞行进程单,有效解决了传统电子进程单系统在自动化系统失效时无法使用的问题,给大流量下工作的管制员提供了"定心丸"。

　　该系统于2021年5月立项,2022年2月开始在厦门进近管制室启动试验运行,2022年8月通过了华东空管局组织的专家评审,9月经华东空管局批准在厦门进近管制室试运行。试运行以来,该系统运行稳定可靠,能够满足管制运行需求,有效降低管制负荷,助力空管运行保障,完全可以替代纸质进程单,12月29日获华东空管局正式批文。

　　增强型电子进程单在进近管制室正式运行后,空管站将利用自主研发的优势,不断改进、优化系统各项功能,并积极推进系统在区域管制室的试运行和正式运行,实现厦门空管飞行进程单全面无纸化,努力以科技创新助力空管站高质量发展。

　　资料来源:中国民航网.厦门空管站正式启用增强型电子进程单系统[EB/OL].(2023-01-18)[2023-05-16].http://www.caacnews.com.cn/1/3/202301/t20230118_1361553.html.

思　考　题

1. 简述空中交通管制单位的基本管制工作程序。
2. 飞行进程单的作用及分类。
3. 简述管制运行程序。
4. 什么是标准推出程序?其作用是什么?

第　十　章

飞行组织与实施

【本章主要内容】

（1）航班计划申请。

（2）航班运行。

（3）航班正常性管理。

（4）特殊运行。

飞行组织与实施

　　航空公司负责组织实施飞行活动，航空公司、空管部门、机场等部门应当积极组织协调，保证飞行安全、正常、有序运行。

第一节　　航班计划申请

　　航班计划由飞机所属航空公司提出、规定飞行的航线、机型、班次和班期时刻的计划，航班计划是组织日常生产活动的主要依据。本节对定期航班计划和加班、不定期航班计划及通航航班计划的申请进行讲解。

一、基本概念

　　（1）国内航线，是指运输的始发地、经停地和目的地均在中华人民共和国境内的航线。

　　（2）区际航线，是指运输的始发地、经停地和目的地在两个或两个以上的民航地区管理局管辖区域之间的航线。

　　（3）区内航线，是指运输的始发地、经停地和目的地在一个民航地区管理局管辖区域内的航线。

　　（4）航班，是指空运企业按规定的航线、日期、时刻经营的定期飞行活动。

　　（5）加班，是指一空运企业为满足市场需求，在被批准运营的定期航线上已确定的航班数目以外临时增加的航班。

　　（6）航季，根据国际惯例，航班计划分为夏秋或冬春航季，夏秋航季是指当年三月最后一个星期日至十月最后一个星期六；冬春航季是指当年十月最后一个星期日至翌年三月最后一个星期六。

二、定期航班计划申请

航班计划由飞机所属航空公司编制,各航空公司在制订航班计划时应充分考虑航空市场的需求,包括客货源流量流向、机组配套、航空器、机场条件及地面保障设施、空中交通管制、通信导航、气象条件、油料供应。制订航班计划主要确定航线、机型、班期、时刻等内容。

(一)航线经营许可

根据民航局规定,经营国内航线,首先要取得民航局的航线经营许可;经营国际航线,除了得到民航局的航线经营许可外,还必须得到对方政府民用航空管理部门的批准。通常,航空公司的客运销售部与航务部门负责向民航局申请航线经营许可,国际航线的申请则由航空公司的客运销售部门与负责国际业务的相关部门委托驻外办事处,负责向所在国政府民用航空管理部门申请。

向民航局申请国内、国际航线经营许可,最迟应在拟开航 60 天前提出申请,民航局在收到申请之日起的 20 天内作出批准或不批准的决定。国际航线或外国的航权经营许可申请依据所在国政府部门的规定,可在航行资料汇编(aeronautical information publication, AIP)、杰普逊手册中查找。

航线经营许可申请批准后,民航局向航空公司颁发经营许可证,航线经营许可证的有效期为三年。

航空公司在航线经营换季时,应集中提交航线经营许可核准和登记申请,并应于该航季执行的 80 日前向民航局或民航地区管理局报送区际或区内航线有关资料。民航局和民航地区管理局在航线经营换季时,集中办理航线经营许可核准及登记。其中列入核准许可范围的航线,召开评审会进行评审。所有核准、登记工作应在换季 45 日前完成。

(二)机场使用权

1. 民用机场

在向民航局申请航班计划之前,应对机场进行可行性分析,并签订机场地面服务代理协议、不正常航班服务代理协议、航务服务代理协议、航油供应协议、地面机务维修协议等。民航局批准航班计划后,航空公司即获得了该航线相关机场的使用权。

2. 军民合用机场

在预计使用该机场 6 个月前,由航空公司营销部门及相关单位向机场所在空(海)军司令部提出申请。申请内容包括拟使用机场名称、飞行航线、航班号、班期以及机型。

在得到空(海)军司令部许可后,与机场所在地的军区空军(海军舰队航空兵)司令部签订使用军民合用机场协议。该协议需报空(海)军司令部审批。空(海)军司令部批准该协议后,航空公司即获得该军民合用机场的使用权。

3. 军用机场

使用军用机场,空海军各级机关和部队将本着既支持地方经济建设,又保证部队使用和军民航飞行安全的原则,依据机场的保障能力等情况通盘考虑,积极办理。

航空公司使用经国务院、中央军委批准的军民合用的军用机场和经总参谋部批准的军用机场时,严格按军委、总部批准的机场开放范围,由航空公司向空军司令部、海军航空兵司令部提出申请,抄送有关军区空军和舰队航空兵;由航空公司与机场所在的军区航空司令部、舰队航空兵司令部就飞行保障、双方责任和义务等问题签订机场使用协议,协议经空军司令部、海军航空兵司令部审批后实施。

（三）航班时刻

1．管理单位

民航局统一负责全国民航航班时刻管理工作，民航地区管理局负责辖区内机场的航班时刻管理工作。民航局运行监控中心负责人道主义、专机、应急、外交等紧急重要飞行的时刻安排；根据民航局航班时刻管理部门委托，负责公务、校验、调机等飞行的时刻申请受理和安排，并定期向民航局航班时刻管理部门报备。空中交通管制单位负责次日补班飞行的时刻安排，并定期向地区管理局航班时刻管理部门报告。

2．航班时刻配置规则

（1）在主协调机场、辅协调机场协调时段运营，应当协调获得航班时刻。

（2）航班时刻只配置给航空承运人。

（3）航班时刻按照周的特定运营日进行配置和考核。

（4）历史优先权规则是航班时刻管理的核心规则。

（5）航班时刻协调配置独立于航线航班经营权分配。

每年7月中旬，民航地区管理局航班时刻管理部门公布国内时刻池，每年8月接受航空承运人的冬航季航班时刻申请。每年11月中旬，地区管理局航班时刻管理部门公布国内时刻池，每年12月接受航空承运人的翌年夏航季航班时刻申请。

注：主协调机场是指在大部分时间段里、航班时刻需求远大于供给的机场。

辅协调机场是指在特定月份或者特定时段内、航班时刻需求大于供给的机场。

时刻池是指所有可供配置航班时刻的集合，包括新增航班时刻，未配置航班时刻以及归还、召回、撤销的航班时刻。

换季航班时刻协调配置的优先顺序如下。

（1）历史航班时刻。

（2）历史航班时刻的调整。

（3）新进入航空承运人（在特定机场特定运营日航班时刻少于3个（含），或者运营周内持有的航班时刻少于21个（含）的航空承运人）。

（4）在位航空承运人。

日常定期航班时刻协调配置过程中，对各类时刻池中的航班时刻，运用优先配置量化规则，至少每2周进行一次配置。航班时刻协调机构应随时受理航空承运人的日常航班时刻申请。航空承运人日常申请航班时刻，应在执行日期前4周向协调人提出申请。对航空承运人的航班时刻申请，协调人应当在2个工作日之内予以是否受理的答复，并在执行日期前至少1周予以答复。

3．航班时刻申请条件

航空公司申请航班时刻，应当符合下列基本条件。

（1）具有在中国执行航空服务的安全运行许可。

（2）具有在中国执行航空服务的经营许可。

（3）未被列入航班时刻申请资格受限名单。

4．获得航班时刻历史优先权的要求

（1）上一个同航季至少80%的航班时刻执行率。

（2）执行时段不少于整航季的 2/3。

（3）航班时刻未被召回或撤销。

（4）航班时刻历史优先权适用于主协调机场以及辅协调机场特定时段，不适用于非协调机场。

5. 由中国民用航空局列入航班时刻申请资格受限名单的情形

（1）有意或反复滥用航班时刻情节严重。

（2）存在其他严重失信行为，被列入严重失信黑名单。

（3）严重扰乱市场秩序或者严重损害市场公平竞争。

（四）预先飞行计划

预先飞行计划是指航空公司为达到其飞行活动的目的，预先制定的包括运行安排和有关航空器、航路、航线、空域、机场、时刻等内容的飞行活动方案。航空公司进行民用航空飞行活动，其预先飞行计划应当获得批准；未获得批准的，不得实施飞行。

民航局运行监控中心对民用航空飞行活动预先飞行计划实施统一管理。民航地区管理局依照本办法的规定负责监督本辖区预先飞行计划的审批工作。

定期航班预先飞行计划申请的时限：在航班换季前，航空公司应当按照民航局规定的时限提交新航季定期航班预先飞行计划申请。在航季运行期间，所有航空公司提出预先飞行计划申请的，应当不迟于航班执行前 5 个工作日提出。

一般情况下，预先飞行计划的申请资料应包括以下内容。

（1）航空器所有人、经营人及其联系方式。

（2）航空器型号、型别。

（3）经营人两字和三字代码、航班号、无线电通话和通信呼号。

（4）机载电子设备，是否装有机载防撞系统和航路、航线有特殊要求的机载电子设备。

（5）航空器的最大起飞重量和最大着陆重量。

（6）起降地点、起降时刻、班期、航线走向、飞行高度和进出中国飞行情报区的航路点代码及时刻。

（7）航班性质。

（8）计划起止日期。

（9）其他需要说明的事项。

国内各运输航空公司换季前定期航班预先飞行计划的申请，自民航局作出决定之日起 10 日内，以民航局定期航班计划文件的方式批准，如图 10-1 所示。

三、加班、不定期航班计划申请

国内各运输航空公司在不跨战区且不跨管理局区域内飞行的加班和不定期飞行预先飞行计划，向该飞行管制区飞行管制部门所在地的民航地区空管局办事单位申请，在新疆管理局辖区内飞行的，向新疆空管局空管处申请。其他情况向民航局运行监控中心提出。

国内各运输航空公司加班和不定期飞行预先飞行计划的申请，使用的航空器型号和型别、飞行高度以及航线走向不超出现行规定范围的，应当于飞行前至少 3 个工作日提出；使

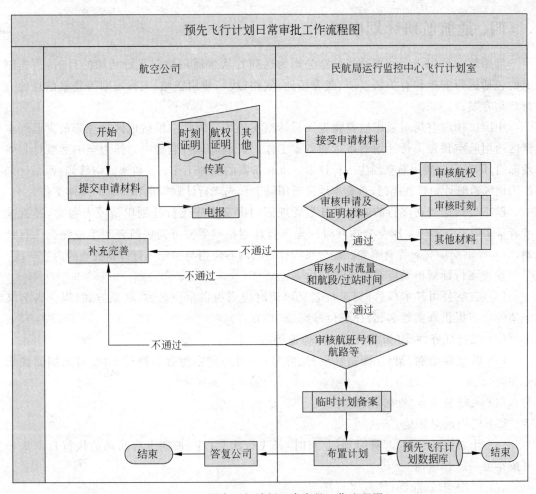

图 10-1 预先飞行计划日常审批工作流程图

用的航空器型号和型别、飞行高度以及航线走向超出现行规定范围的,应当于飞行前至少 5 个工作日提出。

国内各运输航空公司向民航局运行监控中心飞行计划室提交加班和不定期预先飞行计划的申请。

新增预先飞行计划格式如下。

ATTN:GDO/D

预先飞行计划申请/航班性质

CBJ NOV N/M ADD FLIGHT PLAN AS FLW:(PKT)

三字代码 月份 任务性质新增计划申请

A. CBJ5334 B8019 A320 ZUUU2300 0130ZSHC ON 28NOV2016 FLIGHT ROUTE:
   AS SKED

   序号 航班号 注册号 机型 起飞机场 离港时刻 进港时间 降落机场 日期 班机航线

B. RGDS/×××/010-12345678

   发报人信息/姓名/电话

四、通航航班计划申请

通用航空预先飞行计划是指航空公司为达到其从事通用航空飞行活动的目的,预先制定的包括运行安排和有关航空器、起降场地、航路(线)、使用空域、飞行规则等要素信息的飞行活动方案。

中国民用航空局对通用航空预先飞行计划实施统一管理。民航地区管理局负责监督本辖区通用航空预先飞行计划的审批和备案工作。民航局运行监控中心作为全国通航计划管理部门,负责全国通用航空预先飞行计划审批和备案的具体工作;民航地区空管局、西藏区局作为地区通航计划管理部门,负责本地区通用航空预先飞行计划审批和备案的具体工作。

航空公司应当在飞行前向通航计划管理部门提交预先飞行计划申请或者备案,经批准或者备案后方可实施。航空公司获得预先飞行计划批准后方可向民航管制单位提交飞行计划,由其提供空中交通管制服务。提交飞行计划的内容应当与预先飞行计划批准的内容一致。

预先飞行计划申请应当包括下列内容。

(1) 航空公司基本信息(以单位名义申请时应当提供单位名称、联系方式,以个人名义申请时应当提供真实姓名、公民身份号码、联系方式)。

(2) 飞行任务性质(如调机、训练、作业等)。

(3) 航空器型别、架数、国籍注册号、呼号(字母与数字组合不超过 7 位,可与国籍注册号相同)。

(4) 飞行员信息(姓名、国籍等)。

(5) 使用起降场地。

(6) 计划执行日期、起降时刻(北京时)及飞行次数(注:长期飞行活动的执行日期最长可按年度一次性申请)。

(7) 使用空域、航路(线)、飞行高度。

(8) 飞行规则(目视、仪表)。

(9) 其他说明事项(根据飞行活动需要)。

同时,还需提供以下材料。

(1) 划设和使用临时飞行空域开展飞行活动的,需要提供军方空域批件。

(2) 自拟和使用临时飞行航线开展飞行活动的,可视情况提供军方航线批件。

(3) 执行由民航地区管理局审批的特殊通航飞行任务的,需要提交特殊通航飞行任务批件。

原则上,航空公司应当在拟飞行前一日 15 时前提交申请,通航计划管理部门应当在拟飞行前一日 20 时前完成批复;特殊情况下,拟在当日飞行的,需与通航计划管理部门协商,经同意后提交申请,视情完成批复。

第二节 航 班 运 行

航班运行要满足民航规章、公司运行规范以及运行手册的要求,同时保障人员要严格按照流程和职责确保航班的安全、有效运行。本节首先对民用航空器运行依据的规章手册进行讲解,然后对飞行组织与实施的四个阶段进行介绍,系统讲解航班运行过程。

一、规章要求和岗位职责

(一)规章手册

1. 民航规章

航空器运行规章主要由《一般运行和飞行规则》(CCAR 第 91 部)、《大型飞机公共航空运输承运人运行合格审定规则》(CCAR 第 121 部)、《小型航空器商业输运营人运行合格审定规则》(CCAR 第 135 部)、《特殊商业和私用大型航空器运营人运行合格审定规则》(CCAR 第 136 部)组成。

CCAR 第 91 部是基础规章,适用于所有在我国空域内运行的民用航空器,规定了商业运输运营人颁发运行合格证和《运行规范》的要求。

CCAR 第 121 部为大型飞机公共航空运输承运人提出了最高的运行标准,适用于在中华人民共和国境内依法设立的航空运营人实施的下列公共航空运输运行。

(1)使用最大起飞全重超过 5700kg 的多发飞机实施的定期载客运输飞行。

(2)使用旅客座位数超过 30 座或者最大商载超过 3400kg 的多发飞机实施的不定期载客运输飞行。

(3)使用最大商载超过 3400kg 的多发飞机实施的全货物运输飞行。

CCAR 第 135 部是在 CCAR 第 91 部的基础上,对小型航空器商业运输和空中游览运营人提出了更高的运行标准,适用于在中华人民共和国境内依法登记的运营人所实施的以取酬为目的的下列商业飞行活动。

(1)使用下列小型航空器实施的定期、不定期载客或者载货飞行,以及长途空中游览飞行。

① 正常类、实用类、特技类和通勤类飞机。

② 正常类直升机。

(2)使用下列运输类飞机实施的载货或者不定期载客飞行。

① 旅客座位数(不包括机组座位)30 座及以下。

② 最大商载 3400kg 及以下。

(3)使用运输类直升机实施的定期、不定期载客或者载货飞行。

(4)下列短途空中游览飞行。

① 除自由气球外,航空器的起飞和着陆在同一起降点完成,并且航空器在飞行时距起降点的直线距离不超过 40km 或者在两个直线距离不超过 40km 的起降点间实施。

② 使用自由气球在运营人的运行规范中经批准的飞行区域内实施,并且每次飞行的起飞和着陆地点应当包含在该区域之内的空中游览飞行。

CCAR 第 136 部规定了特殊商业运营人和私用大型航空器运营人的运行标准,适用于在中华人民共和国境内依法登记的运营人所实施的下列飞行活动。

(1)以取酬为目的的下列商业飞行活动。

① 使用航空器实施的农林喷洒作业飞行。

② 使用直升机实施的机外载荷作业飞行。

③ 使用航空器实施的跳伞服务飞行。

（2）使用由航空器代管人代管的航空器实施的私用飞行。

（3）使用大型航空器实施私用飞行。

2. 运行合格证和运行规范

航空公司只有经过中国民用航空局或者所在地区管理局审定，获得中国民用航空局颁发的运行合格证和《运行规范》后，方可实施运行。运行合格证是对航空公司审定合格、批准运行的证明；《运行规范》是中国民航局对航空公司运行的具体批准，也是对航空公司审定合格的补充证明。中国民用航空局通过运行合格证的颁发和对航空公司《运行规范》的批准，把对航空公司从事航空运行的各项限制具体化，明确了对航空公司的运行管理、运行标准、运行种类、运行程序、运行区域、运行机场、航空器维修等各方面的具体要求和各类限制条件。

3. 运行手册

航空公司运行手册是指公司为实施各种运行的全体飞行和地面运行工作人员提供使用和指导操作，与飞行运行有关的各种版本的手册、大纲、程序和检查单的总称，包含《飞行运行手册》《运行控制手册》《航空安全管理手册》《载重平衡手册》等。运行手册需要报经局方批准、认可或公司领导批准后方可实施。

（二）主要人员的岗位职责

航空公司主要运行人员包含机长、副驾驶、客舱乘务员、航空安全员、飞行签派员、维修人员、地面运输保障人员等。特别需要关注的是，CCAR 第 121 部规定：对于定期航班飞行签派员和机长对航空器运行的签派放行和运行控制具有共同的权力和责任；对于补充运行，机长和运行副总经理应当对飞行的放行、延续、改航和终止是否遵守涉及民航管理的规章和合格证持有人的运行规范共同负责，运行副总可授权运行控制人员行使飞机放行的职能。除 CCAR 第 121 部运行外，机长具有航空器最终放行权利。本部分对 CCAR 第 121 部运行的飞行签派员和机长的主要职责进行讲解。

1. 飞行签派员职责

（1）收集并向机长提供可能影响飞行安全的必要资料。

（2）签派公司的每次营运飞行，并签发放行许可。

（3）监控沿飞行航路所有目的地机场和备降机场的气象和航行通告等情况。

（4）监控每次飞行的进展情况，保持对所有飞机位置和状态的跟踪。

（5）如果飞行签派员或机长认为飞行不能按计划运行或继续安全地运行，则应取消或重新签派飞行。

（6）及时向航空公司值班领导报告不正常运行情况和紧急情况。

（7）与工程维修部门根据飞机的适航状态协调航线的安排。

2. 机长职责

（1）民用航空器的机长对民用航空器的运行直接负责，并具有最终决定权。

（2）飞行前，应对民用航空器实施必要的检查；未经检查，不得起飞。离场前，发现民用航空器的适航性和维修状况不能保证飞行安全的，机长可拒绝接收民用航空器。飞行中，遇特殊情况时，为保证民用航空器及其所载人员和财产的安全，有权对民用航空器作出处置。

（3）在民用航空器遇险时，有权采取一切必要措施，并指挥机组人员和航空器上其他人员采取应急措施。在必须撤离遇险民用航空器的紧急情况下，首先组织旅客安全离开民用航空器；未经机长允许或旅客未完全撤离航空器的情况下，机组成员不得擅自离开民用航空器；机长应最后离开民用航空器。

（4）在民用航空器发生事故或严重不安全事件后，应当直接或者通过空中交通管制单位，如实将情况及时报告国务院民用航空主管部门。

二、航班运行过程

（一）预先准备阶段

运行控制是指航空公司使用飞行动态控制的系统和程序，对某次飞行的起始、持续和终止行使控制权的过程。航空公司建立运行控制中心，负责对飞机飞行活动实施运行控制，承担运行控制责任。根据运行控制职责需要在运行控制中心配备有足够数量的合格运行控制人员以及满足运行控制要求的设备和设施。

1. 运力调整及计划编排

运行控制中心负责航空公司 3 个日历日内航班的调配工作。根据航班运行情况及时合理调整运力。

运行控制中心应于飞行前一日根据下列情况拟订次日飞行的运行计划，制订的计划应符合局方适用的法规，国际（地区）飞行还应符合有关国家和地区的航行规章及特殊规定。

（1）班期时刻表。

（2）加班、包机任务。

（3）专机以及其他飞行任务。

（4）试验、校验飞行任务。

（5）训练飞行申请。

（6）飞机准备情况。

（7）机组安排情况。

（8）气象、航行通告、航线和机场各种保障情况。

（9）有关机场的燃油供应情况。

运行控制中心于运行前一日 15 时之前向空管部门拍发次日航班计划报，具体格式参照民用航空飞行动态固定电报格式部分内容。

2. 机组预先准备

飞行机组成员应在航班起飞前 24h 至起飞前 12h 之间完成飞行前预先准备，时间不少于 30min。飞行前预先准备的内容至少包括领受任务、明确任务性质、起飞时间和要求；研究起飞、降落和备降机场、航线或者飞行区域有关资料；初步了解飞机状况；阅读公司的相关通告；了解天气形势等。其所在运行单位应对飞行机组成员飞行前预先准备的完成情况和质量进行监控。

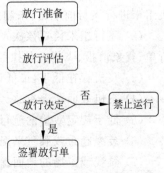

图 10-2　签派放行程序流程

（二）直接准备阶段

1. 航班签派放行（见图 10-2）

1）放行准备

飞行签派员/运行控制员根据公司航班计划在飞机预计起飞前 210min 收集以下情报。

（1）起飞、经停、目的地和备降机场天气以及航路天气预报等气象资料。

（2）航空器适航情况。

（3）航班运行准备情况。

（4）有关客货情况。

（5）航路、机场设施、助航设备、灯光和空中交通服务情况。

（6）跑道特性。

（7）适用的性能要求。

（8）最新航行通告。

（9）影响飞行的其他情况。

（10）应急服务。

2）放行评估

（1）适航评估：根据飞机《最低设备清单》《构型缺损清单》条款放行时，在《最低设备清单》《构型缺损清单》中查找不工作设备对于飞行运行的限制和要求，尤其是复杂天气、高原山区、夜间和特殊运行飞行条件下，必须逐项核对。

（2）气象评估：依照仪表飞行规则签派放行飞机，必须确认相应的天气报告、预报或两者组合能够表明所签派放行的飞机将使用的每个机场的天气条件，在飞机预计到达该机场时等于或高于公司《运行规范》和《运行手册》中规定的最低运行标准，否则不得基于仪表飞行规则签派放行飞机。

起飞机场的天气报告（云高、能见度）低于该机场的最低着陆天气标准，但不低于该机场起飞标准时，起飞机场必须有符合要求的起飞备降机场，方可签派放行飞机。机长和飞行签派员，必须在收到目的地机场和至少一个备降机场有效的天气报告和预报，能够表明飞机到达所使用机场时等于或高于公司规定的最低运行标准情况时，方可签派放行飞机。

3）放行决定

飞行签派员在完成放行评估后，认为该次飞行各项条件均符合公司的运行标准和要求，方可作出放行许可。

凡遇下列情况禁止飞机运行。

（1）机组未达到最低定员配置要求，或由于思想、技术、身体等原因，不适于该次飞行；机组未进行飞行前准备，未制定防劫持预案或者准备质量不合格。

（2）飞行组未校对该次飞行所需的航行情报资料；飞行组未携带飞行任务书、签派放行单、气象情报、飞行人员执照、航行资料及其他必需的各类飞行文件或机载资料不全。

（3）飞机存在低于《最低设备清单》规定的故障。

（4）飞机表面覆盖有冰、雪、霜。

（5）低于规定数量的航行备用燃油。

（6）装载超重或载重平衡不符合规定。

（7）航线或机场的地面保障设施发生故障不能保证飞行安全。

（8）在禁区、危险区、限制区和机场宵禁的有效时间内。

（9）机场关闭期间。

4）签署签派放行单及提交 FPL

签派放行单是签派放行的表现形式。签派放行单应包含下列内容。

（1）飞机的国籍标志、登记标志、制造厂家和型号。

（2）承运人名称、航班号和计划起飞时间。

（3）起飞机场、中途停留机场、目的地机场和目的地备降机场运行类型说明，如仪表飞行规则、目视飞行规则。

（4）最低燃油量。

（5）航路（仅适用于补充运行）。

（6）机组名单（仅适用于补充运行）。

（7）机长和飞行签派员的签字。

下面以上海吉祥航空股份有限公司航班签派放行单为例进行说明。

```
JUNEYAO AIRLINES DISPATCH RLS MSG
DISPATCH PHONE: 021 - ********
  签派席位 联系电话
MCC PHONE: 021 - ********
MCC 席位电话
PLAN NO. 3808
系统编号
FLT/DKH1691     IFR     ACFT/A320   REG/B6787   DATE 04/05/23
  航班号      飞行规则      机型        注册号         日期
DEPT/ZSNJ   DEST/ZUBZ    ETD/0355       STD/0355
 起飞机场   目的地机场   预计离港时间   计划离港时间
PRIM ALTN/ZUTF   SECD ALTN/ZUMY
  主备降场        第二备降场
*********** ROUTE/ZSNJZUBZ ************
******** STD CONT = MAX[5％＊TRIP FUEL,15MINS HOLDING] ********
-------------------- ---------------------------------------------
ZSNJZPZX ZHWHZQZX ZLHWZQZX ZPKMZQZX ZBBBZFPM
ZSSSZFPM ZSHAZQZX

(FPL - DKH1693 - IS
 - A320/M - SDE1E3FGHIM3RWY/LB1
 - ZSNJ0355
 - K0780S0920 SUNBO W163 HFE B208 ZHO ****** (此处航路略)
 - ZUBZ0215 ZUTF ZUMY
 - PBN/A1B1C1D1L1O2S2T1 DOF/230504 REG/B6787 EET/ZHWH0038 ZLHW0122 ZPKM0157 SEL/DHQR CODE/
780753 RMK/TCAS EQUIPPED
 - E/0438)
领航计划报
TRIP FUEL          6183
ALTN FUEL          2350
STD CONT            539
ALTN HOLD          1053
REQUIRED FUEL     10 125
EXTRA FUEL         1575
TAKEOFF FUEL      11 700
TAXI FUEL           200
TOTAL FUEL        11 900
油量信息
```

```
TAKEOFF      LAND        ZFW         AV PLD      OPNLWT
66 355       60 172      54 655      11 430      43 225
```
起飞重量　着陆重量　零油重量　平均业载　营运空重
```
CFP PAYLOAD IS A PLANNED PAYLOAD.
THE OPNLWT AND PAYLOAD FIGURE IN LOAD SHEET IS THE FINAL PAYLOAD.

REASON FOR EXTRA FUEL:
EST DELAY;WX REASONS
I AGREE THAT THIS FLT IS RELEASED IN ACCORDANCE WITH CCAR
AND COMPANY OPS SPCTS
```
同意按照中国民用航空规章和公司运行手册放行该航班。
```
DISPATCHER:ZHAN SAN
```
授权签派员
```
PILOT - IN - COMMAND:
```
责任机长
```
FLIGHT RELEASE DELIVERY AGENT:
```
签派代理
```
AMEND RLS: TIME            CONTENT


DISPATCHER............ PIC.......... ATC...............
```

飞行签派员在完成签派放行后,最晚应于飞机预计起飞前150min向当地空管部门提交该次飞行的领航计划报(FPL)。

5) 航前讲解

飞行签派员作出放行许可后,向机长提供计算机飞行计划和签派放行单等飞行资料:将已准备的计算机飞行计划提交机长确认;将已填写的签派放行单以及签署签派放行单时可以获得的关于目的地机场、中途停留机场和备降机场的最新天气实况报告和预报,以及航路重要天气(如晴空颠簸、雷暴、低高度风切变等)和最新航行通告等资料提交机长。飞行签派员和机长确认所有飞行条件符合公司《运行规范》和安全运行标准后,飞行签派员和机长共同在签派放行单上签字(手工或电子形式)。

2. 机组直接准备

(1) 领取航行资料,检查并确认资料齐全且现行有效、用具完整可用。

(2) 执行国际(地区)航班时,检查核对护照、港澳台通行证等。

(3) 领取飞行资料,包括飞行计划、气象资料、航行通告等;机长和飞行签派员(或委托人)必须共同在放行单上签字(手工或电子形式)。

(4) 飞行机组和客舱机组协调程序是飞行机组与客舱机组每次飞行前的重复性程序,航空公司要求航班机长与航班乘务长应完成这些运行中例行的飞行前协调程序。

(5) 对飞机设备及至少以下项目做好充分的检查和准备:查看飞行记录本和最低设备单(minimum equipment list,MEL)/构型缺损清单(configuration deviation list,CDL)以确定飞机适航状态;实施飞机外部检查;查看CFP(computerized flight plan,飞行计划);起飞、目的地机场、备降机场及航路天气;起飞、目的地机场及备降机场的进场与离场程序、等待程序,以及特殊运行程序(如有)等;查看航行通告(notice to airmen,NOTAM)、通信程序、导航设施、机场及航路地形和最低安全高度、查看飞机性能、载重平衡、空防措施等其他事项。

（三）飞行实施与监控

1. 飞行实施

通常情况下，全体机组成员应在计划关机门时刻前至少1h到达现场。除非运行条件限制，飞行机组成员应在计划关机门时刻前至少20min完成所有准备并就位。

2. 飞行监控

在正常运行条件下，在整个航路上，所有各点都具有陆空双向无线电通信系统，能保证每一架飞机与相应的签派室之间，每一架飞机与相应的空中交通管制单位之间，以直接的或者通过经批准的点到点间的线路进行迅速可靠的通信联系。除经局方根据所用机型和运行情况作出特殊批准外，对于合格证持有人的所有运行，每架飞机与签派室之间的通信系统应当是空中交通管制通信系统之外的独立系统，能够满足在正常运行条件下，在4min内建立迅速可靠的语音通信联系。

飞行签派员必须充分利用公司的各种通信手段或其他适用方法对每架运行中的飞机实施监控，了解飞机的运行动态，主要对飞行中的以下情况进行严密监控，以确保飞行的安全、正点实施。

（1）飞机位置监控。

（2）燃油监控。

（3）气象监控。

（4）航空器适航状况监控。

（5）对ATC航路情况的监控。

（6）对地面资源的可用性的监控。

监控手段包含航空公司地空通信网络、地面通信网络、SITA电报、起飞/目的站报告、ATC报告、ACARS数据链、计算机网络。负责飞行监控的飞行签派人员，在监控飞行中，当获悉运行中各种不正常情况和飞行紧急情况信息，应按《应急事件处置程序手册》规定程序及时进行报告和处理。运行中遇运行困难时，机组通过公司通信系统（卫星、ACARS、VHF、HF）报告运行控制中心，运行控制中心通过电话、运行控制中心（flight operations center，FOC）短信等方式通知相关人员，相关人员通过卫星电话、VHF、HF、ACARS等方式与机组建立双向联系，给机组提供及时有效的支援，共同保障飞行安全。

负责飞行监控的飞行签派员，在监控飞行中，应对与机长的陆空通信内容逐项予以记录，并应将人工记录或电子记录内容保存至少30天。

（四）飞行讲评

飞行后，飞行机组应进行与飞行程序、技术、安全相关的常规讲评；飞行中出现非正常情况时，应进行专项讲评；必要时飞行机组和客舱机组及运行控制中心相关人员应集体讲评；对于飞行中出现的问题或事件，机长应执行机长报告制度，及时按规定向所在运行单位安全管理部门报告，并填写机长报告书。

第三节　航班正常性管理

改革开放以来，我国民航事业快速发展，取得了世界瞩目的成就，但是航班延误始终是困扰民航工作的一大难题。航班正常与否不仅反映了我国民航服务水平，而且影响航空公司的形象和信誉。有效处置航班延误,切实提升民航服务质量,必须建立航班正常工作的长效机制,通过立法将治理航班延误的政策措施转化为法规规章。

《航班正常管理规定》(CCAR-300)是中国民航局第一部规范航班正常工作的经济类规章,从航班正常保障、延误处置、旅客投诉管理、监督管理、法律责任等各个方面,进一步明确了航空公司、机场、空管等航空运行主体的责任,为维护乘客的合法权益、保障正常航空运输秩序提供了法律依据。

一、航班正常性统计的原因

航班的正常性数据反映我国航班的运行水平,衡量着机场和航空公司的管理水平与服务质量。为此,需要随时掌握全民航的航班运行情况,收集全民航的运行信息,积累宝贵的历史数据,以准确的航班正常统计数据评价和改善航空运输企业的工作。

二、航班正常性统计相关定义

(一)承运人

承运人是指使用民用航空器从事旅客、行李或者货物运输的公共航空运输企业,包括我国国内承运人、我国港澳台地区承运人和外国承运人。

(二)计划离港时间

计划离港时间是指航班时刻管理部门批准的离港时间。

(三)目标离港时间

目标离港时间是指航班收到许可后能够立即推出/开车的时间。

(四)航班出港延误

航班出港延误是指航班实际出港撤轮挡时间晚于计划出港时间超过 15min 的情况。

(五)航班取消

航班取消是指因预计航班延误而停止飞行计划或者因延误而导致停止飞行计划的情况。

(六)机上延误

机上延误是指航班飞机关舱门后至起飞前或者降落后至开舱门前,旅客在航空器内等待超过机场规定的地面滑行时间的情况。

(七)大面积航班延误

大面积航班延误是指机场在某一时段内一定数量的进、出港航班延误或者取消,导致大量旅客滞留的情况。某一机场的大面积航班延误由机场管理机构根据航班量、机场保障能力等因素确定。

三、航班正常保障主要管理机构与职责

承运人、机场管理机构、空管部门、地面服务代理人及其他服务保障单位应当分别建立航班正常运行保障制度,保证航班正点运营。

(一)航空承运人

(1)应当按照获得的航班时刻运营航班。

（2）应当提高航空器及运行人员的运行能力，充分利用仪表着陆系统或者等效的精密进近和着陆引导系统，积极开展相关新技术的应用，保障航班安全、正常运行。

（3）应当合理安排运力和调配机组，减少因自身原因导致的航班延误。

（二）机场管理机构

（1）应当加强对设施设备的检查和维护，保障航站楼、飞行区的设施设备运行正常，减少因设施设备故障导致的航班延误。

（2）应当加强与空管部门协同，研究优化机坪运行管理，提高地面运行效率，并对所有进出港航班运行进行有效监控。

（3）应当按照相关规定安装、使用仪表着陆系统或者等效的精密进近和着陆引导系统，积极开展相关新技术的应用，保障航班安全、正常运行。

（三）空管部门

（1）应当依据职责严格执行空管运行工作程序和标准，加快空中流量，保证航班正常运行。

（2）应当依据职责积极推动新技术应用，提高运行保障能力，保证航班正常运行。

（3）应当加强天气监测和预报能力建设，按照规定为承运人提供准确的航空气象服务。

（四）其他部门

（1）地面服务代理人、自营地面服务业务的承运人、代理承运人地面服务业务的机场管理机构，应当按照保障业务的实际需求配备足够数量的运行保障设备和人员。

（2）航空油料企业、航空器材企业、航空信息企业等服务保障单位，应当做好航油供应、航材保障和信息服务等工作，避免因自身原因影响航班正常运行。

四、航班正常性统计办法及不正常原因分类

（一）航班正常性统计的范围

正常性统计范围为国内、国际客运航班，包括正班、加班、包机，当日临时增加航班计入航班正常性统计。

补班、训练、试飞、急救、不载客的验证飞行以及调机等不纳入航班正常性统计，提前一天取消的次日航班，不计入航班正常性统计。

（二）航班正常性统计标准

1. 航班起降正常统计标准

1）符合下列条件之一的航班即判定为航班起降正常

（1）在计划离港时间后规定的机场地面滑行时间之内起飞。

（2）不晚于计划到港时间后 20min 落地。

地面滑行时间规定如表 10-1 所示。

2）符合下列条件之一的航班即判定为起降不正常航班

（1）不符合起降正常航班全部条件的航班。

（2）当日取消的航班。

（3）未经批准，航空公司自行变更航班计划的航班。

当航班备降时，如备降机场与计划目的地机场属同一城市，且实际起飞（或落地）时间较计划离港（或到港）时间在规定范围内，则该航班为正常航班。

表 10-1 规定的全国机场地面滑行时间

全国机场地面滑行统计标准	
机 场 名 称	地面滑出时间标准/min
北京首都、北京大兴、上海浦东、上海虹桥、广州白云、成都双流、成都天府、深圳宝安、昆明长水、西安咸阳、重庆江北、杭州萧山及境外机场	30
南京禄口、厦门高崎、乌鲁木齐地窝堡、长沙黄花、武汉天河、郑州新郑、青岛胶东、天津滨海、海口美兰、三亚凤凰、哈尔滨太平、贵阳龙洞堡	25
大连周水子、沈阳桃仙、济南遥墙、福州长乐、南宁吴圩、兰州中川、太原武宿、长春龙嘉、呼和浩特白塔、南昌昌北、合肥新桥、石家庄正定、珠海金湾、宁波栎社、温州龙湾	20
其他国内机场	15

航班起降正常率：反映航班运行效率的指标。

航班起降正常率等于起降正常航段班次与计划航段班次之比，用百分数表示。计算公式如下：

$$航班起降正常率 = \frac{起降正常航段班次}{计划航段班次} \times 100\%$$

航班起降延误时间：反映航班延误程度的指标。

航班起降延误时间等于实际起飞时间晚于计划离港时间与机场地面滑行时间之和的时间。计算公式如下：

$$航班起降延误时间 = 实际起飞时间 - (计划离港时间 + 机场地面滑行时间)$$

当发生返航、备降、取消等不正常情况时，航班延误时间不进行统计。

航班平均起降延误时间：反映航班总体延误程度的指标。

航班平均起降延误时间等于计划航段班次起降总延误时间与计划航段班次之比。计算公式如下：

$$航班平均起降延误时间 = \frac{计划航段班次起降总延误时间}{计划航段班次}$$

2. 航班离港正常统计标准

(1) 航班离港正常：航班实际离港撤轮挡时间不晚于计划离港时间+15min 的情况。

(2) 航班离港不正常：凡有下列情况之一，则判定该航班为离港不正常。

① 不符合离港正常航班全部条件的航班。

② 当日取消的航班。

③ 未经批准，航空公司自行变更航班计划的航班。

航班离港正常率：反映航班离港正常性的指标。航班离港正常率等于航班离港正常班次与航班离港总班次之比，用百分数表示。计算公式如下：

$$航班离港正常率 = \frac{航班离港正常班次}{航班离港总班次} \times 100\%$$

3. 航班到港正常统计标准

(1) 航班到港正常：航班实际到港挡轮挡时间不晚于计划到港时间+15min 的情况。

(2) 航班到港不正常：凡有下列情况之一，则该航班判定为到港不正常。

① 不符合到港正常航班全部条件的航班。

② 当日取消的航班。

③ 未经批准,航空公司自行变更航班计划的航班。

航班到港正常率:反映航班到港正常性的指标。航班到港正常率等于航班到港正常班次与航班到港总班次之比,用百分数表示。计算公式如下:

$$航班到港正常率 = \frac{航班到港正常班次}{航班到港总班次} \times 100\%$$

航班到港延误时间:反映航班到港延误程度的指标,等于实际到港时间晚于计划到港时间 15min 之后的时间。计算公式如下:

$$航班到港延误时间 = 实际到港时间 - (计划到港时间 + 15min)$$

4. 机场放行正常率统计标准

对于始发航班:航班在计划离港时间后规定的该机场滑行时间内起飞,判定为放行正常(即航班实际起飞时间≤计划离港时间+机场滑行时间)。

对于过站航班,满足下列条件之一即为放行正常。

(1) 航班在计划离港时间后规定的该机场滑行时间内起飞,判定为机场放行正常(即航班实际起飞时间≤计划离港时间+机场滑行时间)。

(2) 如果前段航班实际落地时间到后段航班实际起飞时间≤民航局规定滑入时间(10min)+公司计划编排过站时间+规定的机场滑行时间,则判定为放行正常。

机场放行正常率:反映航班保障效率的指标。放行正常率等于放行正常班次与机场放行总班次之比,用百分数表示。计算公式如下:

$$机场放行正常率 = \frac{机场放行正常班次}{机场放行总班次} \times 100\%$$

取消航班不统计起降、放行正常率,返航/备降航班从计划起飞机场起飞的航段统计,从返航/备降机场起飞或在返航/备降机场取消的航段不统计。

(三) 航班不正常的原因

目前我国民航局对航班不正常原因的分类可以归纳为六大类:航空公司原因、天气原因、空中交通管制原因、机场保障原因、旅客自身原因和其他原因。航空公司、空管、天气是导致航班延误的主要原因。

1. 航空公司原因

(1) 航班计划。航班计划排班衔接不当,或者运行中前一个航班因为某些原因延误,造成后续航班延误。

(2) 运力调配。每架飞机天上飞 10h,再加上地面上下客,清洁、装卸行李与货邮、例行检查等过站时间,一般日运行时间 16h。运力调配余力小。

(3) 机组安排。机组人员因特殊原因不能正常执勤,需要临时调换等待导致航班延误。

(4) 机械故障。

上述某一方面出现问题都可造成航班延误。

2. 天气原因

天气原因是造成航班延误的主要原因。

影响飞行的气象要素很多。例如,气温高低,可改变发动机的推力,影响起落滑跑距离;地面风会直接影响飞机的操纵,高空风会影响飞机在航线上的飞行速度和加油量;气压会影响飞机的飞行高度。此外,雷暴、低云、低能见度、低空风切变、大气湍流、空中急流、颠簸、降雨、结冰等天气现象都直接威胁飞行安全。在起飞、降落和空中飞行的各个阶段都会受到气象条件的影响。

3. 空中交通管制原因

(1) 空中交通管制能力原因导致流量控制。

(2) 空管系统所属设备故障。

(3) 气象服务、航行情报服务未能及时提供或者有误。

4. 机场保障原因

(1) 机场保障服务。机场对航空公司的经停和往返航班承担过站检查、排除故障、地面服务等各项工作,如果哪一环节出现疏漏均可造成航班延误。

(2) 联检原因。包括边防、海关、检验检疫等联检服务影响客户的手续办理,从而造成航班延误。

(3) 场区环境。例如,机场附近场地的鸟类、风筝、航模、无人机及燃放烟花等,都会造成航班延误。

5. 旅客自身原因

据统计,因旅客原因导致的航班延误占不正常航班的 3%,和因飞机故障造成的延误数量相差无几。

6. 其他原因

此外,还有军事活动、加油设施故障或者未按计划加油、离港系统故障等原因。

五、航班延误处置

(一)延误处置的一般规定

承运人应当制定并公布运输总条件,明确航班出港延误及取消后的旅客服务内容,并在购票环节中明确告知旅客。

国内承运人的运输总条件中应当包括是否对航班延误进行补偿;若给予补偿,应当明确补偿条件、标准和方式等相关内容。

承运人应当积极探索航班延误保险等救济途径,建立航班延误保险理赔机制。

承运人及其航空销售代理人在售票时应当将旅客联系方式等必要信息准确录入旅客订座系统,并负责及时通告旅客航班动态信息。

承运人、机场管理机构、地面服务代理人应当分别制定备降航班地面服务保障工作程序和应急预案。

航班出港延误或者取消时,承运人、机场管理机构、空管部门、地面服务代理人、航空销售代理人应当加强信息沟通和共享。

承运人应当每隔 30min 向机场管理机构、空管部门、地面服务代理人、航空销售代理人发布航班出港延误或者取消信息,包括航班出港延误或者取消原因及航班动态。

空管部门应当按照规定将天气状况、流量控制和航班出港延误后放行等信息通告承运人和机场管理机构。

机场管理机构应当按照规定将机位、机坪运行情况等信息通告承运人、地面服务代理人和空管部门。

机场管理机构应当协调驻场各单位,制定大面积航班延误总体应急预案,并定期组织演练。

承运人、地面服务代理人、空管部门及其他服务保障单位应当分别制定大面积航班延误应急预案。

驻场各单位应当服从机场管理机构的组织协调,参加演练,落实各项服务保障工作。

旅客应当文明乘机,合法维权,不得违法进入机场控制区,堵塞安检口、登机口,冲闯机坪、滑行道、跑道,拦截、强登、强占航空器,破坏设施设备,或者实施其他扰乱民航运输生产秩序的行为。

出现旅客扰乱民航运输生产秩序的情况时,承运人、地面服务代理人、机场管理机构等相关单位应当及时报警。

机场公安机关接到报警后,应当依法及时处理,维护民航运输生产秩序。

(二)航班出港延误处置

(1)在掌握航班出港延误或者取消信息后,各单位应当按照各自职责,做好以下信息通告工作。

① 承运人应当在掌握航班状态发生变化之后的 30min 内通过公共信息平台、官方网站、呼叫中心、短信、电话、广播等方式,及时、准确地向旅客发布航班出港延误或者取消信息,包括航班出港延误或者取消原因及航班动态。

② 机场管理机构应当利用候机楼内的公共平台及时向旅客通告航班出港延误或者取消信息。

③ 航空销售代理人应当将承运人通告的航班出港延误或者取消的信息及时通告旅客。

各单位应当加强协调,及时传递相关信息,确保对外发布的航班信息真实、一致。

(2)航班出港延误或者取消时,承运人应当根据运输总条件、客票使用条件,为旅客妥善办理退票或者改签手续,并配合做好相关证明提供等工作。

(3)发生航班出港延误或者取消后,承运人或者地面服务代理人应当按照下列情形为旅客提供食宿服务。

① 由于机务维护、航班调配、机组等承运人自身原因,造成航班在始发地出港延误或者取消,承运人应当向旅客提供餐食或者住宿等服务。

② 由于天气、突发事件、空中交通管制、安检以及旅客等非承运人原因,造成航班在始发地出港延误或者取消,承运人应当协助旅客安排餐食和住宿,费用由旅客自理。

③ 国内航班在经停地延误或者取消,无论何种原因,承运人均应当向经停旅客提供餐食或者住宿服务。

④ 国内航班发生备降,无论何种原因,承运人均应当向备降旅客提供餐食或者住宿服务。

(4)在航班出港延误或者取消时,承运人、航空销售代理人或者地面服务代理人应当优先为残疾人、老年人、孕妇、无成人陪伴儿童等需特别照料的旅客提供服务。

(5)机场管理机构应当在航站楼内为旅客提供医疗服务。

(三)机上延误处置

承运人应当制定并向社会公布机上延误应急预案,预案内容应当包括机上延误时的信息通告、餐饮服务提供时间和下机的条件及限制。

机上延误应急预案应当与机场管理机构、海关、边检、安保部门充分协调。

发生机上延误后,承运人应当每 30min 向旅客通告延误原因、预计延误时间等航班动态信息。

由于流量控制、军事活动等原因造成机上延误的,空管部门应当每30min向承运人通告航班动态信息。

机上延误期间,在不影响航空安全的前提下,承运人应当保证盥洗设备的正常使用。

机上延误超过2h(含)的,应当为机上旅客提供饮用水和食品。

机上延误超过3h(含)且无明确起飞时间的,承运人应当在不违反航空安全、安全保卫规定的情况下,安排旅客下飞机等待。

机场管理机构、地面服务代理人应当协助承运人做好机上延误时的各项服务工作。

(四)大面积航班延误处置

机场管理机构及驻场各单位应当共同建立大面积航班延误联动协调机制,包括信息共享、航班放行协调、旅客服务协调等机制。

1. 机场管理机构

机场管理机构应当及时宣布启动大面积航班延误总体应急预案,并协调承运人、地面服务代理人、机场公安机关、空管部门及服务保障单位,共同实施应急预案。

机场管理机构应当建立大面积航班延误信息发布工作制度及对外宣传平台,实时向社会公布延误及处置情况。

机场管理机构应当启动旅客服务协调机制,协调承运人、地面服务代理人、机场公安等单位,组织实施相关服务工作。

机场管理机构应当协调海关、边防、检验检疫等联检单位,根据进出港航班运行情况,确保旅客快速办理联检手续。

机场公安机关应当增加现场执勤警力,维护民航运输生产秩序。

机场管理机构应当与地方政府建立大面积航班延误处置联动机制,必要时请求地方政府协助。

夜间大面积航班延误期间,机场管理机构应当协调相关单位延长机场巴士运营时间。

2. 空中交通管理部门

空中交通管理部门应当按照规定向有关单位通告航班延误原因、预计起飞时间等航班动态信息。

空中交通管理部门应当协调承运人、机场管理机构、地面服务代理人等单位,启动航班放行协调机制。

第四节 特殊运行

一、基于性能的导航运行

除非经局方批准,航空公司不得在基于性能的导航空域、航路或终端区中实施飞机运行。

在实施基于性能的导航运行时,航空公司应当满足以下要求。

(1)机载区域导航系统满足适航条件和限制。

(2)参与运行的飞行机组、签派员和维修人员经过训练并检查合格。

(3)建立并实施以下运行程序。

① 机载设备最低要求,包括相关运行限制和最低设备清单条款。

② 飞行机组资质和搭配要求。

③ 正常程序。

④ 应急程序。

⑤ 运行监控与事件报告程序。

⑥ 电子导航数据管理程序。

二、广播式自动相关监视

除非经局方批准,航空公司不得在批准的区域内实施广播式自动相关监视 ADS-B 运行。在实施 ADS-B 运行时,航空公司应当满足以下要求。

(1) 机载设备满足适航条件和限制。

(2) 按照批准的持续适航维修大纲进行定期试验和检查。

(3) 参与运行的飞行机组、签派员和维修人员经过训练并检查合格。

(4) 当按照补充型号合格证安装了 ADS-B 设备,必须随机携带局方批准的飞机飞行手册的增补部分或增补的飞机飞行手册。

(5) 建立并实施以下运行程序。

① 机载设备最低要求,包括相关运行限制和最低设备清单条款。

② 飞行机组资质和搭配要求。

③ 正常程序。

④ 应急程序。

⑤ ADS-B 事件报告程序。

三、管制员-飞行员数据链通信

除非经局方批准,航空公司不得实施管制员-飞行员数据链通信 CPDLC 运行。在实施 CPDLC 运行时,航空公司应当满足以下要求。

(1) 机载设备满足适航条件和限制,并保证与空中交通管制系统的兼容性。

(2) 飞机必须装备经局方审定的防撞系统并且该设备处于打开和工作状态。

(3) 安装运行区域所要求的全程语音无线电通信设备,并实施持续监听。

(4) 参与运行的飞行机组、签派员和维修人员经过训练并检查合格。

(5) 持续记录数据链通信(包括上行和下行数据链路)。

(6) 建立并实施以下运行程序。

① 机载设备最低要求,包括相关运行限制和最低设备清单条款。

② 飞行机组资质和搭配要求。

③ 正常程序。

④ 应急程序。

⑤ 数据链通信事件报告程序。

四、平视显示器

平视显示器(head up display,HUD)是一种机载光学显示系统,可以把飞机飞行信息投射到飞行员视野正前方的透视镜上,使飞行员保持平视状态时,在同一视野中兼顾仪表参数和外界目视参照物。HUD能增强飞行员的情景意识,提高飞行品质和低能见度条件下的运行能力。

平视显示着陆系统是基于HUD的一种引导系统,它能在HUD上显示额外的引导信息。显示的飞行和引导信息与驾驶员看到的外部视景相互叠加,使机组可以在平视状态下参照引导,还能按照相应运行类别要求的性能和可靠性完成人工着陆、起飞或与自动驾驶结合的混合着陆。

目前HUD已经被越来越多的航空公司选装和使用。美国波音公司、欧洲空客公司和一些公务机制造商都把HUD作为驾驶舱必备设备安装在部分新型号飞机上。使用HUD的价值如下。

(1) 强化机组情景意识:HUD可以使驾驶员能够在不间断观察外界情景的同时,更为及时地了解相关飞行参数和状态信息,做到一目了然。

(2) 提升运行安全裕度:传统仪表运行情况下,稳定的进近和着陆更多依赖于飞行员个人的意识和技能。HUD则可为飞行员提供更多更及时的信息和指引,减少起飞、进近和着陆期间的飞行技术差错,从而有效降低误判或操作失误风险,整体提升运行品质。

(3) 使用HUD可获得更低的运行最低标准,提高航班正常性。

在使用平视显示器(HUD)或等效显示器、增强视景系统、增强飞行视景系统、合成视景系统和组合视景系统实施运行时,航空公司应当确保有关设备符合相关的审定要求,对相关运行进行安全风险评估,制定并遵守有关运行程序和培训要求。

五、电子飞行包

电子飞行包(electronic flight bag,EFB)由硬件和软件组成,用于驾驶舱或客舱以支持飞行运行的电子信息系统。EFB能显示多种航空信息数据或进行基本的性能、配载等计算,其主要功能传统上是使用纸质材料或是由航空公司的飞行签派向机组提供数据来完成的。EFB显示运行信息的方式与其拟取代方式应具有同等的可达性、可用性和可靠性。

EFB作为航空公司运行信息使用和管理的重大革新之一,近年来已在世界各国航空公司得到了广泛应用。AC-121-FS-2018-031R1将EFB按照硬件分类分为便携式EFB和安装式EFB,按照软件分类分为A类和B类。

(一) 硬件分类

1. 便携式EFB

(1) 飞行机组必须可控并无须工具和维护活动,就能方便地从固定装置上移除或联结到固定装置上。

(2) 能够临时连接到现有的飞机电源插座为电池充电。

(3) 可以连接到安装式飞机电源、数据接口(有线或无线)或天线。

2. 安装式EFB

按照相应适航规章安装的EFB,被视为航空器的一部分。

(二) 软件分类

1. A级应用软件

(1) 失效状况类别为无安全影响,可接受的A类应用软件包含航空资料汇编AIP、飞行机组日志、海关申报表等。

（2）不能替代或取代任何适航或运行规章要求的纸质材料、系统或设备。

（3）不要求特别的使用批准，A类具体应用软件不需要在运行规范中列出和管控。

2．B级应用软件

（1）失效状况类别为轻微危害，可接受的 B 类应用软件包含飞行运行手册、MEL、SOP、载重平衡计算、飞行计划、电子航图等。

（2）可以替代或取代要求的用于签派放行或飞机上应携带的纸质信息产品，不能替代或取代任何适航或运行规章要求的安装设备。

（3）要求特定的运行使用批准，每个 B 类 EFB 应用软件由局方在运行规范中单独批准。

（三）EFB 系统的功能

电子飞行包可容纳机组携带的所有资料，能将航空图表、用于故障报告及操作的飞行手册、最低设备清单及飞行日志等资料进行数字化处理，大大方便了机组的资料查询。

EFB 系统的基本功能如下。

（1）电子化的文件、手册、图表和资料，便于随时调用查阅。

（2）电子航图，包括终端区图、进近图、地面滑行数据及航路导航数据库，供随时调用查阅或地面活动显示。

（3）电子检查单，包括起飞着陆用检查单、应急检查单。

（4）电子化的飞行性能计算，包含起飞性能表、单发程序图、航段释压图。

（5）电子化的飞行日志。

（6）所有飞行阶段为飞行员提供无纸化放行。

 拓展阅读

交通运输部关于修改《大型飞机公共航空运输承运人运行合格审定规则》的决定

交通运输部决定对《大型飞机公共航空运输承运人运行合格审定规则》（交通运输部令2017 年第 29 号公布，交通运输部令 2020 年第 9 号修改）作如下修改。

将 121.481 条（a）款修改为：

（a）除本条（b）款规定外，合格证持有人在实施本规则运行中，应当建立用于机组成员疲劳管理和定期疗养的制度及程序，保证其机组成员符合本章适用的值勤期限制、飞行时间限制和休息要求。任何违反本章规定的人员不得在本规则运行中担任机组必需成员。

增加一款，作为（b）款：

（b）合格证持有人可以通过建立经局方批准的疲劳风险管理系统，申请替代本章部分条款的限制和要求。合格证持有人的疲劳风险管理系统应能保证不低于本章要求的安全水平，并至少包括以下内容。

（1）疲劳风险管理政策。

（2）疲劳管理及疲劳相关知识的训练。

（3）疲劳报告系统。

（4）飞行员疲劳监控系统。

（5）疲劳相关不安全事件报告程序。

（6）系统有效性评估。

（b）款修改为（c）款，增加一项，作为第（10）项。

（10）疲劳风险管理系统（fatigue risk management system，FRMS），是一种以科学原理和运行经验为基础，通过数据驱动，对疲劳风险进行持续监测和控制，保证相关人员在履行职责时保持充分警觉性的管理系统。

本决定自公布之日起施行。

《大型飞机公共航空运输承运人运行合格审定规则》根据本决定作相应修改并对条文序号作相应调整，重新公布。

资料来源：中国民航局. 交通运输部关于修改《大型飞机公共航空运输承运人运行合格审定规则》的决定［EB/OL］.（2021-03-15）［2023-05-16］. http://www.caac.gov.cn/XXGK/XXGK/MHGZ/202104/t20210415_207173.html.

思　考　题

1. 定期航班申请流程是什么？
2. 包机、不定期航班、通航飞行计划的申请流程是什么？
3. CCAR 第 91 部、CCAR 第 121 部、CCAR 第 135 部、CCAR 第 136 部适用的范围？
4. 飞行组织与实施的主要阶段有哪些？
5. 签派放行的概念和程序是什么？
6. 航班正常性的统计标准是什么？
7. 电子飞行包 EFB 的用途是什么？

第十一章

安全信息分类标准与事件调查

【本章主要内容】
(1) 民航安全信息的基本概念。
(2) 民航安全信息的报告。
(3) 民用航空器事件调查规定。

安全信息分类标准与事件调查

民航安全信息作为民航安全管理的基础信息资源，在安全管理中发挥着预防事故、预测安全趋势、识别风险、排查隐患和指导运行决策等作用。国际民航组织公约附件 6《航空器的运行》、附件 13《航空器事故和事故征候调查》和附件 19《安全管理》对安全信息的收集、分析和保护提出了国际标准和建议措施。本章结合我国法规及规范性文件对民航安全信息的基本概念、各类信息的报告收集流程以及民用航空器事件调查进行介绍。

第一节　民航安全信息的基本概念

《民用航空器事件技术调查规定》(CCAR-395)、《民用航空安全信息管理规定》(CCAR-396) 和《民用航空器征候等级划分办法》(AC-395-AS-01) 对民用航空器事故 (以下简称"事故")、民用航空器征候 (以下简称"征候") 以及民用航空器一般事件 (以下简称"一般事件") 进行了定义，本节对上述基本概念进行介绍。

一、事故的定义及分类

事故是相对于有人驾驶航空器而言，从任何人登上航空器准备飞行直至所有人员下了航空器为止的时间内，或者对于获得民航局设计或者运行批准的无人驾驶航空器而言，从航空器为飞行目的准备移动直至飞行结束停止移动且主要推进系统停车的时间内，或者其他在机场活动区内发生的与民用航空器有关的下列事件。

(1) 人员死亡或者重伤。但是，由于自然、自身或者他人原因造成的人员伤亡以及由于偷乘航空器藏匿在供旅客和机组使用区域外造成的人员伤亡除外。

(2) 航空器损毁无法修复或者严重损坏。

(3) 航空器失踪或者处于无法接近的地方。

事故等级分为特别重大事故、重大事故、较大事故和一般事故。

二、征候的定义及分类标准

根据《民用航空器征候等级划分办法》(AC-395-AS-01)，民用航空器征候是指在航空器运行阶段或在机场活动区内发生的与航空器有关的，未构成事故但影响或可能影响安全的事件。民用航空器征候分为运输航空严重征候、运输航空一般征候、运输航空地面征候和通用航空征候。

《民用航空器征候等级划分办法》(AC-395-AS-01)不适用于执行国家抢险、救灾、航空体育运动、个人娱乐飞行、取得单机适航证之前的试飞等特定事由的航空器的征候确定；不适用于航空器非法飞行或蓄意破坏等情况。

(一) 运输航空严重征候

运输航空严重征候是指大型飞机公共航空运输承运人执行公共航空运输任务的飞机，或者在我国境内执行公共航空运输任务的境外飞机，在运行阶段发生的具有很高事故发生可能性的征候。

凡属下列情况之一者为运输航空严重征候。

(1) 为避免航空器相撞或其他不安全情况，应做出规避动作的危险接近。

注：在程序管制区域，垂直间隔和水平间隔同时小于1/5规定间隔；在雷达/ADS-B管制区域，垂直间隔和水平间隔同时小于规定间隔，且危险指数大于90(含)的飞行冲突。

危险指数计算方法见附录三。

(2) 飞行中，未被定性为事故的相撞。

(3) 几近发生的可控飞行撞地。

(4) 在滑行道，或未指定、关闭、占用的跑道上中断起飞。

(5) 在滑行道，或未指定、关闭、占用的跑道上起飞。

(6) 在滑行道，或未指定、关闭、占用的跑道上着陆或尝试着陆。

注：由于前机超出空中交通管制(ATC)正常预期占用跑道(例如：突发机械故障、脱离动作慢、起飞离地晚)导致后机中断着陆或进近的情形除外。

(7) 未被列为事故的任一起落架收回着陆。

(8) 飞行中，航空器机轮之外的其他部位擦地。

注：以下情况除外。

① 未导致航空器受损的机尾(不含尾橇)擦地。

② 仅擦尾橇且未导致除尾橇之外的航空器其他部位受损。

(9) 在起飞或初始爬升过程中明显未达到预定性能。

(10) 飞行中，驾驶舱、客舱和货舱起火或冒烟，或发动机起火，即使这些火被扑灭。

注：以下情况除外。

① 机上人员携带的电子设备(包括移动电源、移动通信设备、平板电脑、摄录设备等)的锂电池起火或冒烟，机组成员及时发现并妥善处置，且未导致航空器受损或人员轻伤的情况。

② 灯泡冒烟，烤箱中食物或食物残留导致冒烟，液体滴溅到操纵台面板上导致冒烟，引气或空调管路中残留物产生烟雾的情况。

(11) 飞行中，需要机组人员紧急使用氧气的情况。

注：座舱高度达到客舱氧气面罩自动脱落触发条件的情况(货机参考同类或同类可比客机)。

(12) 未被列为事故的航空器结构受损或发动机解体,包括非包容性涡轮发动机失效。

(13) 飞行中,严重影响航空器运行的一个或多个系统出现的多重故障。

(14) 飞行中,飞行机组成员丧失工作能力,符合下列情形之一的。

① 导致飞行机组成员数量或资质不满足该机型的最低配置。

② 在飞行关键阶段,飞行机组成员在飞行操作岗位丧失工作能力。

(15) 燃油量或燃油分布需要飞行员宣布紧急状态的情况。

(16) A 类跑道侵入。

(17) 起飞或着陆中,冲出、偏出跑道或跑道外接地。

(18) 导致航空器操纵困难的系统故障、天气现象、飞行超出批准的飞行包线或其他情况。

(19) 飞行中,必需的飞行引导与导航冗余系统中一个以上的系统失效。

(20) 飞行中遇有颠簸或机组操纵等原因导致 3(含)人以上人员轻伤。

(21) 类似上述情况的其他事件。

(二) 运输航空一般征候

运输航空一般征候是指大型飞机公共航空运输承运人执行公共航空运输任务的飞机,或者在我国境内执行公共航空运输任务的境外飞机,在运行阶段发生的未构成运输航空严重征候的征候。凡属下列情况之一者为运输航空一般征候。

(1) 为避免航空器相撞或其他不安全情况,应做出规避动作的危险接近。

注：在程序管制区域,垂直间隔和水平间隔同时小于 1/3 但未同时小于 1/5 规定间隔;在雷达/ADS-B 管制区域,垂直间隔和水平间隔同时小于规定间隔,且危险指数介于 75(含)至 90 之间。尾流间隔小于 1/2 规定间隔。

(2) 有发生可控飞行撞地风险。

(3) 在滑行道,或未指定、关闭、占用的跑道上,仪表进近时从机场标高 300m 至决断高度(高)或最低下降高度(高)复飞;目视进近时从机场标高 150m 至机场标高 60m复飞。

注：由于前机超出空中交通管制(ATC)正常预期占用跑道(例如：突发机械故障、脱离动作慢、起飞离地晚)导致后机中断着陆或进近的情形除外。

(4) 在起飞、着陆或复飞过程中,在跑道上擦机尾,未导致航空器受损,或仅需维修/更换尾橇。

(5) 除飞行中以外的运行阶段,驾驶舱、客舱和货舱起火或冒烟,或发动机起火,即使这些火被扑灭。

注：以下情况除外。

① 机上人员携带的电子设备(包括移动电源、移动通信设备、平板电脑、摄录设备等)的锂电池起火或冒烟,机组成员及时发现并善处置,且未导致航空器受损和/或人员轻伤的情况。

② 灯泡冒烟,烤箱中食物或食物残留导致冒烟,液体滴溅到操纵台面板上导致冒烟,引气或空调管路中残留物产生烟雾的情况。

（6）飞行中出现任意一台发动机停车/失效或需要关车的情况。

（7）飞行中,除严重征候第14条之外,飞行机组成员丧失工作能力,符合下列情形之一的。

① 导致其他飞行机组成员的飞行时间超过《大型飞机公共航空运输承运人运行合格审定规则》(CCAR-121)规定的时限。

② 飞行关键阶段以外在飞行操作岗位丧失工作能力。

（8）B类跑道侵入。

（9）在着陆过程中,航空器起落架未放到位,且高度下降到机场标高100m(含)以下。

（10）飞行中遇有颠簸或机组操纵等原因导致3人以下人员轻伤。

（11）平行跑道同时仪表运行时,机组没有正确执行离场或者复飞程序导致其他航空器避让,或者管制员错误的离场或复飞指令导致其他航空器避让。

（12）平行跑道同时仪表运行时,航空器进入非侵入区(NTZ),导致其他航空器避让。

（13）航空器未按性能计算结果而设定的起飞构型继续起飞。

（14）区域范围内陆空通信双向联系中断30min(含)以上;或双向联系中断20min(含)以上,且导致航空器小于规定间隔。进近或者塔台范围内陆空通信双向联系中断3min(含)以上,且导致航空器小于规定间隔。

（15）误入禁区、危险区、限制区、炮射区或误出、入国境。

（16）迷航。

（17）未取下操纵面夹板、挂钩、空速管套、静压孔塞或尾撑杆等而起飞。

（18）飞偏或飞错进离场航线并导致其他航空器避让。

（19）航空器部件缺失、蒙皮揭起,且导致航空器受损。

（20）轮胎爆破或脱层,导致航空器其他部位受损。

（21）飞行中遭雷击、电击、鸟击、冰击、雹击、外来物或其他物体撞击,导致航空器受损。

（22）在飞行中以外的运行阶段,航空器与航空器、设施设备、车辆、人员或其他地面障碍物相撞,导致航空器受损或人员轻伤。

（23）由于航空器内货物、邮件、行李、集装器等的装载与固定等原因,导致航空器受损,或飞行中超出重心限制。

注：仅导致航空器货舱地板、壁板受损情况除外。

（24）航空器载重平衡计算或输入与实际不符,导致飞行中超出重心限制。

（25）危险品破损、溢出、渗漏或包装未能保持完整等情况,导致航空器受损或人员轻伤。

（26）餐车、储物柜等客舱内设施设备滑出或跌落,导致航空器受损或人员轻伤。

（27）飞行中由于过载,导致航空器受损。

（28）航空器超过最大允许起飞重量起飞。航空器超过最大允许着陆重量着陆并导致航空器受损。

（29）飞行中出现失速警告持续3s(含)以上(假信号除外)。

（30）航空器携带其他物体飞行,导致航空器受损或影响操纵。

（31）类似上述情况的其他事件。

（三）运输航空地面征候

运输航空地面征候是指大型飞机公共航空运输承运人的飞机在机场活动区内,或者境外公共航空运输承运人的飞机在我国境内的机场活动区内,处于非运行阶段时发生的导致飞机受损的征候。

凡属下列情况之一者为运输航空地面事故征候。

(1) 航空器与航空器、设施设备、车辆、人员或其他地面障碍物刮碰导致航空器受损。

(2) 航空器未依靠自身动力移动,导致自身或其他航空器受损。

(3) 加油设施设备起火、爆炸导致航空器受损。

(4) 加油、抽油过程中导致航空器受损或因航油溢出起火、爆炸导致航空器受损。

(5) 车辆、设施设备起火、爆炸导致航空器受损。

(6) 航空器自身设备起火,或载运的物品起火、爆炸、外泄导致航空器受损。

(7) 在装卸货物、行李、邮件、机上供应品和餐食过程中造成航空器受损。

(8) 类似上述情况的其他事件。

(四) 通用航空征候

通用航空征候是指除执行以下飞行任务以外的航空器,在运行阶段发生的征候。

(1) 大型飞机公共航空运输承运人执行公共航空运输任务。

(2) 境外公共航空运输承运人在我国境内执行公共航空运输任务。

凡属下列情况之一者为通用航空事故征候。

(1) 飞行中,挂碰障碍物或起落架机轮(滑橇、尾环、浮筒、防擦装置)之外的任何部位触地/水,导致航空器受损或人员轻伤。

(2) 在滑行道,或未指定、关闭、占用的跑道上起飞或着陆(经批准的直升机运行除外)。

注: 由于前机超出 ATC 正常预期占用跑道(例如:突发机械故障、脱离动作慢、起飞离地晚)导致后机中断着陆或进近的情形除外。

(3) 在起飞或初始爬升过程中明显未达到预定性能。

(4) 在着陆过程中,起落架未放到位,导致航空器受损或人员轻伤。

(5) 飞行中航空器起火,导致航空器受损或人员轻伤。

(6) 飞行中失去全部电源。

(7) 飞行中发动机停车/失效(特定训练科目除外)。

(8) 飞行中,单驾驶员或多人制机组中机长在飞行操作岗位丧失工作能力。

(9) 冲出、偏出跑道或跑道外接地,导致航空器受损或人员轻伤。

(10) 无意或者作为应急措施有意释放吊挂负载或航空器外部搭载的任何其他负载。

(11) 飞行中航空器的任一主操纵系统完全失效。

(12) 飞行中遇颠簸导致航空器受损或人员轻伤。

(13) 落错机场、跑道(临时起降点除外)。

(14) 迫降。

(15) 航空器不能保持安全高度。

(16) 陆空通信双向联系中断大于 30min(含),并导致调整其他航空器避让等后果(特殊要求除外)。

(17) 误入禁区、危险区、限制区、炮射区或误出、入国境。

(18) 未取下航空器操纵面夹板、挂钩、空速管套、静压孔塞或尾撑杆等起飞,并导致航空器操纵困难。

（19）迷航。

（20）按目视飞行规则飞行的航空器长时间进入仪表气象条件。

（21）直升机在高度 300m 以下进入涡环状态。

（22）飞行中进入急盘旋下降、飘摆、失速状态（特定训练科目除外）。

（23）直升机空中发生旋翼颤振，导致航空器操纵困难。

（24）飞行中航空器操纵面、发动机整流罩、外部舱门或风挡玻璃脱落，蒙皮揭起或张线断裂，导致航空器操纵困难。

（25）带外载荷飞行，由于操纵不当等原因导致航空器受损或人员轻伤。

（26）类似上述情况的其他事件。

三、一般事件

一般事件是指在民用航空器运行阶段或者在机场活动区内发生的与航空器有关的航空器损坏、人员受伤或者其他影响安全的情况，但其严重程度未构成征候的事件。

四、空管系统不安全事件分类标准

空管系统不安全事件是指因空管系统单位、个人或设施设备原因影响航空安全运行的事件，包括空中交通管制、通信导航监视、航空气象及航空情报等专业。空管系统不安全事件按严重程度划分为事故、征候、严重差错和一般差错。事故和征候按照本章前述相关标准执行。以下就空中交通管制专业与航行情报专业严重差错和一般差错进行介绍。

（一）严重差错

1. 管制专业

由于空中交通管制工作上的失误，造成下列情况之一的事件，为管制严重差错。

（1）发生小于规定间隔事件，垂直间隔和水平间隔同时小于 2/3 规定间隔，且未构成事故征候。

（2）C 类跑道侵入。

（3）按照仪表飞行规则飞行的航空器高度低于最低扇区高度（minimum sector altifute，MSA）（非雷达管制）或最低引导高度（minimum vectoring altitude，MVA）（雷达管制），但未构成征候（含）以上的事件。

（4）飞行取消、返航、备降、中断起飞。

（5）在航空器进入仪表着陆时，未按规定协调相关单位开启或错误关闭进近相关设备，并以此实施管制，造成航空器复飞或中止进近。

（6）管制移交未按协议或程序指挥航空器进入相邻管制扇区，致使航空器飞出本管制区 5min（含）以上仍未与下一管制扇区（区域范围）建立无线电联系，或致使航空器飞出本管制区 2min（含）以上仍未与下一管制扇区（进近或塔台范围）建立无线电联系，或导致下一管制扇区指挥其他航空器进行避让，或其他类似情况。

（7）保障专机、重要飞行任务过程中，对外造成不良影响。

（8）违反应急处置程序或应急处置不当，导致事态进一步恶化，造成严重影响或不良后果。

（9）值班过程中擅自脱离岗位。

（10）遗漏或丢失各种原始记录，影响不安全事件调查。

（11）类似上述情况的其他事件。

2．航空情报专业

由于情报保障原因造成下列情况之一的事件，为情报严重差错。

（1）在收集、编辑、设计、提供及发布的静态航空数据和信息过程中，出现危及航空器飞行安全的错误或遗漏。

（2）因航空情报动态信息处理系统故障，造成航空情报服务中断 90min（含）以上。

（3）未按规定接收和处理航行通告，造成影响航空器安全运行的后果。

（4）遗漏或丢失各种原始记录，影响不安全事件调查。

（5）类似上述情况的其他事件。

（二）一般差错

1．管制专业

由于空中交通管制工作上的失误，造成下列情况之一的事件，为管制一般差错。

（1）发生小于规定间隔事件，但未构成严重差错（含）以上。

（2）D类跑道侵入。

（3）陆空通信双向联系中断，且未构成征候。

（4）飞错进离场航路（线），或错误的偏离航路（线），且未构成征候。

（5）误将航空器指挥飞向炮射区、禁区、限制区、危险区或国境边界外，需立即采取措施避免进入以上区域。

（6）开错或误关导航设备、灯光设备，或同时开放同频率双向导航设备。

（7）专机抵离时间报错正负 15min（含）以上。

（8）未按规定向有关单位发出与航空器飞行有关的电报或通知，或者发出的电报或通知有错误、遗漏。

（9）指挥航空器滑错滑行路线，需使用拖车拖离。

（10）类似上述情况的其他事件。

2．航空情报专业

由于情报保障原因造成下列情况之一的事件，为情报一般差错。

（1）对各有关业务部门按规定时间提交的航空情报原始资料，因工作疏忽未能及时进行审核、上报，造成情报资料不能按照预计航空资料定期制规定日期公布。

（2）因航空情报动态信息处理系统故障，造成航空情报服务中断 90min（不含）以内，45min（含）以上的。

（3）未按规定接收和处理航行通告，造成影响航空器正常运行的后果。

（4）类似上述情况的其他事件。

第二节　民航安全信息的报告及处理

民航安全信息是指事件信息、安全监察信息和综合安全信息。

事件信息是指在民用航空器运行阶段或者机场活动区内发生航空器损伤、人员伤亡或者其他影响飞行安全的情况。主要包括民用航空器事故、民用航空器征候以及民用航空器一般事件信息。

安全监察信息是指地区管理局和监管局各职能部门组织实施的监督检查和其他行政执法工作信息。

综合安全信息是指企事业单位安全管理和运行信息,包括企事业单位安全管理机构及其人员信息、飞行品质监控信息、安全隐患信息和飞行记录器信息等。

我国民用航空安全信息工作实行统一管理、分级负责的原则。民航局民用航空安全信息主管部门负责统一监督管理全国民用航空安全信息工作,负责组织建立用于民用航空安全信息收集、分析和发布的中国民用航空安全信息系统。

地区管理局、监管局的民用航空安全信息主管部门负责监督管理本辖区民用航空安全信息工作。

企事业单位负责管理本单位民用航空安全信息工作,制定包括自愿报告在内的民用航空安全信息管理程序,建立具备收集、分析和发布功能的民用航空安全信息机制。企事业单位的民用航空安全信息管理程序应当报所属地监管局备案。

事件信息收集分为紧急事件报告和非紧急事件报告,实行分类管理。紧急事件报告样例和非紧急事件报告样例包含在事件样例中,事件样例由民航局另行制定,具体可参阅《事件样例》(AC-396-08R2)。

一、紧急事件的报告

(1) 紧急事件发生后,事发相关单位应当立即通过电话向事发地监管局报告事件信息;监管局在收到报告事件信息后,应当立即报告所属地区管理局;地区管理局在收到事件信息后,应当立即报告民航局民用航空安全信息主管部门。

(2) 紧急事件发生后,事发相关单位应当在事件发生后 12h 内(事件发生在我国境内)或者 24h 内(事件发生在我国境外),按规范如实填报民用航空安全信息报告表,主报事发地监管局,抄报事发地地区管理局、所属地监管局及地区管理局。

(3) 当空管单位为事发相关单位时,事发地/所属地监管局和地区管理局为空管单位所在地的监管局和地区管理局。

二、非紧急事件的报告

(1) 非紧急事件发生后,事发相关单位应当在事发后 48 小时内,按规范如实填报民用航空安全信息报告表,主报事发地监管局,抄报事发地地区管理局、所属地监管局及地区管理局。

(2) 本条规定不适用于外国航空公司。

三、报告的事件信息的处理

(1) 对已上报的事件,事发相关单位获得新的信息时,应当及时补充填报民用航空安全信息报告表,并配合局方对事件信息的调查核实。如事实简单,责任清楚,事发相关单位可直接申请结束此次事件报告。

(2) 负责组织调查的地区管理局和监管局应当及时对事件信息进行审核,完成事件初步定性工作。

（3）对初步定性为事故的事件，负责组织调查的单位应当提交阶段性调查信息，说明事件调查进展情况，并应当在事件发生后 12 个月内上报事件的最终调查信息，申请结束此次事件报告。

（4）对初步定性为严重征候的事件，负责组织调查的地区管理局应当在事件发生后 30 日内上报事件的最终调查信息，申请结束此次事件报告。

（5）对初步定性为一般征候的事件，负责组织调查的地区管理局应当在事件发生后 15 日内上报事件的最终调查信息，申请结束此次事件报告。

（6）当事件初步定性为一般事件，事发相关单位应当在事件发生后 10 日内上报事件的最终调查信息，负责组织调查的地区管理局应当在事件发生后 15 日内完成最终调查信息的审核，并申请结束此次事件报告。

（7）在规定期限内不能完成初步定性或不能按规定时限提交最终调查信息，负责调查的单位应当向民航局民用航空安全信息主管部门申请延期报告，并按要求尽快上报事件的最终调查信息，申请结束此次事件报告。

民用航空安全信息报告表应当使用中国民用航空安全信息系统上报。当该系统不可用时，可以使用传真等方式上报；当系统恢复后 3 日内，应当使用该系统进行补报。

向国务院应急管理部门报告事件信息，按照国务院的有关规定执行。

向国际民航组织和境外相关机构通报事件信息，按照以下规定执行。

（1）事故发生后 30 日内，民航局民用航空安全信息主管部门向登记国、运营人所在国、设计国、制造国和提供信息、重要设备或者专家的国家以及国际民航组织发送初步报告。

（2）事故和严重征候调查结束后，民航局民用航空安全信息主管部门应当尽早将事故和严重征候资料报告送交国际民航组织。

各企事业单位和个人应当妥善保护与事故、征候、一般事件以及举报事件有关的所有文本、影音、数据以及其他资料。

组织事故、征候以及一般事件调查的单位负责对调查的文件、资料、证据等进行审核、整理和保存。

地区管理局和监管局各职能部门应当按照民航局的相关要求报告安全监察信息。

企事业单位应当按照所属地区管理局的相关要求报告综合安全信息。

四、自愿报告的民用航空安全信息处理

民航局支持第三方机构建立中国民用航空安全自愿报告系统，并委托第三方机构负责该系统的运行。

中国民用航空安全自愿报告系统运行的基本原则是自愿性、保密性和非处罚性。

任何人可以通过信件、传真、电子邮件、网上填报和电话的方式向中国民用航空安全自愿报告系统提交报告。

1. 中国民用航空安全自愿报告系统收集的报告内容

（1）涉及航空器不良的运行环境、设备设施缺陷的报告。

（2）涉及执行标准、飞行程序困难的事件报告。

（3）除事故、征候和一般事件以外其他影响航空安全的事件报告。

2. 中国民用航空安全自愿报告系统收到的报告处理步骤

(1) 接收到报告后,确定是否符合中国民用航空安全自愿报告系统收集的报告内容,通知报告人受理情况。

(2) 核查报告内容,视情联系报告人补充信息。

(3) 去除报告中涉及的识别信息,编写分析报告,提出安全建议。

(4) 视情向相关单位提供信息,发布告警信息、信息简报和信息通告。

五、举报的民用航空安全信息处理

举报人的合法权益受法律保护。除法律、法规另有规定外,任何单位和个人不得将举报情况透露给其他单位和个人。

举报的民用航空安全信息按照以下规定进行处理。

(1) 地区管理局或监管局负责调查、处理涉及本辖区的举报的民用航空安全信息。

(2) 在收到举报的民用航空安全信息5日内,应当向举报人反馈受理情况。

(3) 举报的民用航空安全信息经调查构成事故、征候或一般事件的,负责调查的单位应当在调查结束后3日内,向民航局民用航空安全信息主管部门填报民用航空安全信息报告表。

举报的民用航空安全信息调查结束后5日内,受理单位应当向被举报单位和举报人反馈查处结果。

六、民用航空安全信息分析与应用

局方和企事业单位应当建立民用航空安全信息分析和发布制度,促进民用航空安全信息共享和应用。

企事业单位及其从业人员不得违反民用航空安全信息发布制度,擅自披露或者公开民用航空安全信息。

民航局通过分析民用航空安全信息,评估行业总体安全状况。地区管理局和监管局通过分析民用航空安全信息,评估辖区总体安全状况,明确阶段性安全监管重点。

企事业单位应当定期分析本单位民用航空安全信息,评估本单位安全状况和趋势,制定改进措施。

民用航空安全信息的发布应当以不影响信息报告的积极性为原则,并遵守国家和民航局的有关规定。

民航局负责发布全国范围的民用航空安全信息;地区管理局和监管局负责发布辖区的民用航空安全信息。

局方和企事业单位应当根据民用航空安全信息分析情况,开展安全警示、预警工作,适时发布航空安全文件。

第三节　民用航空器事件调查规定

一、事件调查的原则

事件调查的唯一目的是预防类似事件再次发生,不是为了分摊过失或者责任。此调查应当与以追究责任为目的的其他调查分开进行。事件调查应当遵循下列基本原则。

（1）独立原则。调查应当由组织事件调查的部门独立进行，不受任何其他单位和个人的干涉。

（2）客观原则。调查应当坚持实事求是、客观公正、科学严谨，不得带有主观倾向性。

（3）深入原则。调查应当查明事件发生的各种原因，并深入分析产生这些原因的因素，包括航空器设计、制造、运行、维修、保障、人员培训，以及行业规章、企业管理制度和实施方面的缺陷等。

（4）全面原则。调查不仅应当查明和研究与本次事件发生有关的各种原因和产生因素，还应当查明和研究与本次事件发生无关，但在事件中暴露出来的或者在调查中发现可能影响安全的问题。

二、事件调查的组织

根据我国批准的国际公约有关规定，组织、参与事件调查时，按照下列规定执行。

（1）在我国境内发生的事件由我国负责组织调查。在我国境内发生事故、严重征候时，组织事件调查的部门应当允许航空器登记国、运营人所在国、设计国、制造国各派出一名授权代表和若干名顾问参加调查。

有关国家无意派遣授权代表的，组织事件调查的部门可以允许航空器运营人、设计、制造单位的专家或者其推荐的专家参与调查。

（2）我国为航空器登记国、运营人所在国、设计国或者制造国的民用航空器，在境外某一国家或者地区发生事故、严重征候时，民航局或者地区管理局可以指派一名授权代表和若干名顾问参加由他国或者地区组织的调查工作。

（3）我国为航空器登记国的民用航空器，在境外发生事故、严重征候时，但事发地点不在某一国家或者地区境内的，由我国负责组织调查。

（4）我国为航空器运营人所在国、设计国或者制造国的民用航空器，在境外发生事故、严重征候时，但事发地点不在某一国家或者地区境内，且航空器登记国无意组织调查的，可以由我国负责组织调查。

（5）由民航局或者地区管理局组织的事故、严重征候调查，可以部分或者全部委托其他国家或者地区进行调查。

（6）根据我国要求，除航空器登记国、运营人所在国、设计国和制造国外，为调查提供资料、设备或者专家的其他国家，有权任命一名授权代表和若干名顾问参加调查。

民航局和地区管理局组织调查的事件，调查范围如下。

（一）民航局组织的调查

（1）国务院授权组织调查的特别重大事故。

（2）运输航空重大事故、较大事故。

（3）民航局认为有必要组织调查的其他事件。

（二）地区管理局组织本辖区发生的事件调查

（1）运输航空一般事故。

（2）通用航空事故。

（3）征候。

（4）民航局授权地区管理局组织调查的事故。

（5）地区管理局认为有必要组织调查的一般事件。

未造成人员伤亡的一般事故、征候，地区管理局可以委托事发民航生产经营单位组织调查。

由民航局组织的调查，事发地区管理局和事发相关单位所属地区管理局应当参与。由事发地地区管理局组织的调查，事发相关单位所属地区管理局应当给予协助，民航局可以根据需要指派调查员或者技术专家给予协助。

事发地地区管理局可以委托其他地区管理局组织调查，事发地地区管理局和事发相关单位所属地区管理局应当给予协助。

 拓展阅读

中国民用航空安全自愿报告系统

航空安全自愿报告系统（sino confidential aviation safety reporting system，SCASS）是航空安全信息的发布和共享的系统，汇集了大量的国际航空安全保密报告系统的报告。SCASS具有收集、分析和共享民航安全信息功能，可提供航空安全告警信息。

思 考 题

1. 民用航空器征候可分为哪几类？
2. A、B、C 和 D 类跑道侵入分别对应哪种航空器征候和空管系统不安全事件？
3. 民用航空安全信息包括哪几方面的内容？
4. 中国民用航空安全自愿报告系统收集的报告内容都有哪些？
5. 民用航空器事件调查的原则是什么？

附 录 一

AFTN电报中英文简字简语表

简 缩 语	英 语 全 称	中 文 全 称
ACARS	Aircraft Communications Addressing and Reporting System	航空器空地通信系统
ADF	Automatic Direction Finder	自动定向仪
ADS-B	Automatic Dependent Surveillance-Broadcast	广播式自动相关监视
ADS-B In Capability	Traffic Information Service-Broadcast（TIS-B）and Flight Information Service-Broadcast（FIS-B）is received，processed and displayed in the flight deck	ADS-B 接收能力
ADS-B Out Capability	The ability to periodically broadcast horizontal position，vertical position，horizontal and vertical velocity and other information.	ADS-B 发送能力
ADS-C	Automatic Dependent Surveillance-Contract	合约式自动相关监视
ALTN	Alternate(Aerodrome)	备降机场
ALTRV	Altitude Reservation	按预留高度运行的飞行
ANSP	Air Navigation Service Provider	空中导航服务提供部门
APAC FPL & AM/TF	Asia Pacific Flight Plan and ATS Messages Task Force	亚太飞行计划和 ATS 电报特别工作组
APP	Approach	进近
APV	Approach Procedure With Vertical Guidance	垂直引导进近程序
ATFMX	Air Traffic Flow Management Exemption	有关空中交通服务当局批准豁免空中交通流量管理措施 的飞行
ATN	Aeronautical Telecommunication Network	航空电信网
ATS	Air Traffic Services	空中交通服务
BARO-VNAV	Barometric Vertical Navigation	气压垂直导航
COM	Communication	通信设备
CPDLC	Controller Pilot Data Link Communications	管制员驾驶员数据链通信
DAT	Data	（导航）数据或能力
DEP	Departure	起飞,离场
DEST	Destination	目的地
D-FIS	Data Link Flight Information Services	数字化飞行情报服务
DLE	Delay	航路延误或等待

简 缩 语	英 语 全 称	中 文 全 称
DME	Distance Measuring Equipment	测距仪
DOF	Date of Flight	飞行日期
EET	Estimated Elapsed Time	预计经过时间
EOBT	Estimated Off-block Time	预计撤轮挡时间
FANS	Future Air Navigation System	新航行系统
FFR	Firefighting and Rescue	消防援救
FLTCK	Flight Check	飞行校验
FMC	Flight Management Computer	飞行管理计算机
GBAS	Ground-based Augmentation Systems	地基增强系统
GNSS	Global Navigation Satellites System	全球导航卫星系统
HFDL	High Frequency Data Link	高频数据链
HFRTF	High Frequency Radio Telephone	高频、无线电话
HOSP	Hospital Aircraft	医救航空器
HUM	Human	人道主义
IFR	Instrument Flight Rules	仪表飞行规则
ILS	Instrument Landing	仪表着陆系统
INMARSAT	International Marine Satellite Organization	国际海事卫星组织
INS	Inertial Navigation System	惯性导航系统
IRIDIUM	A Private Mobile Satellite Company	铱星
IRS	Inertial Reference System	惯性基准系统
IRU	Inertial Reference Units	惯性导航组件
LORAN-C	Long Range Navigation System-C	罗兰 C
LPV（APV with SBAS）	Localizer Performance with Vertical Guidance	具有垂直引导的航向台性能进近
MARSA	Military Authority Assumes Responsibility	军方负责承担军用航空器间隔的飞行
MEDEVAC	Medical Evacuation	医疗急救
MLS	Microwave Landing System	微波着陆系统
MNPS	Minimum Navigation Performance Specifications	最低导航性能规范
MTSAT（FAA）	Meteorological Satellite	气象卫星
NAM	North America	北美地区
NAV	Navigation	导航
NEW	The Flight Planning and ATS Message Formats as Specified in Amendment 1 to the PANS-ATM DOC 4444 15th Edition	ICAO 第 4444 号文件第 15 版第 1 次修订中详细说明的飞行计划和 ATS 电报格式
NONRVSM	Non-Reduce Vertical Separation to Minimum	已批准不具备 RVSM 能力的航空器进入 RVSM 区域飞行
OPR	Operator	经营人
ORGN	Origin	原始提供者
PANS-ATM	Procedures for Air Navigation Services—Air Traffic Management，Fifteenth Edition（PANS-ATM，ICAO Doc 4444 15th edition）	航空导航服务程序—空中交通管理，ICAO 第 4444 号文件第 15 版

续表

简　缩　语	英　语　全　称	中　文　全　称
PBN	Performance-Based Navigation	基于性能的导航
PDC	Pre-departure Clearance	起飞前放行
PER	Performance	性能
PRESENT	Present Flight Planning and ATS Message Formats as Defined in the Current Version of the PANS-ATM	在 PANS-ATM 目前版本中定义的现行飞行计划和 ATS 电报格式
RALT	Route Alternate	航路备降场
RCP	Required Communication Performance	所需通信性能
REG	Registration	注册号
RIF	Reclearance in Flight	空中二次放行
RMK	Remark	备注
RNAV	Area Navigation	区域导航
RNP	Required Navigation Performance	所需导航性能
RVSM	Reduced Vertical Separation to Minimum	缩小垂直间隔
SAR	Search And Rescue	搜寻与救援
SATCOM	Satellite Communication	卫星通信
SBAS	Satellite Based Augmentation Systems	星基增强系统
SEL	Selective Call Sign	选择呼号
SSR	Secondary Surveillance Radar	二次监视雷达
SUR	Surveillance	监视用途或能力
TACAN	Tactical Air Navigation	塔康 TACAN 系统，TACAN 全称为战术空中导航
TALT	Take-off Alternate(Aerodrome)	起飞备降机场
TYP	Type of Aircraft	机型
UAT	Universal Access Transceiver	万向收发机
UHF	Ultra High Frequency	超高频
VDL	VHF Data Link	甚高频数据链模式
VDL(FAA)	Voice Data Link	通话数据链
VFR	Visual Flight Rules	目视飞行规则
VHF	Very High Frequency	甚高频
VHF RTF	Very High Frequency Radio Telephone	甚高频无线电话
VOR	VHF Omni-directional Range	甚高频全向信标
WPR	Waypoint Reporting	航路点位置报告

我国机场（部分）四字码和三字码

地 名	四字代码	三字代码	地 名	四字代码	三字代码
北京/首都	ZBAA	PEK	长沙/黄花	ZGHA	CSX
北京/大兴	ZBAD	PKX	衡阳/南岳	ZGHY	HNY
赤峰/玉龙	ZBCF	CIF	惠州/平潭	ZGHZ	HUZ
长治/王村	ZBCZ	CIH	桂林/两江	ZGKL	KWL
秦皇岛/北戴河	ZBDH	BPE	梅州/梅县	ZGMX	MXZ
鄂尔多斯/伊金霍洛	ZBDS	DSN	南宁/吴圩	ZGNN	NNG
额济纳旗/桃来	ZBEN	EJN	揭阳/潮汕	ZGOW	SWA
二连浩特/赛乌素	ZBER	ERL	珠海/金湾	ZGSD	ZUH
阿尔山/伊尔施	ZBES	YIE	深圳/宝安	ZGSZ	SZX
呼和浩特/白塔	ZBHH	HET	玉林/福绵	ZGYL	YLX
霍林郭勒/霍林河	ZBHZ	HUO	岳阳/三荷	ZGYY	YYA
呼伦贝尔/海拉尔	ZBLA	HLD	柳州/白莲	ZGZH	LZH
吕梁/大武	ZBLL	LLV	湛江/吴川	ZGZJ	ZHA
满洲里/西郊	ZBMZ	NZH	郑州/新郑	ZHCC	CGO
包头/东河	ZBOW	BAV	鄂州/花湖	ZHEC	EHU
石家庄/正定	ZBSJ	SJW	恩施/许家坪	ZHES	ENH
唐山/三女河	ZBSN	TVS	武汉/天河	ZHHH	WUH
天津/滨海	ZBTJ	TSN	荆州/沙市	ZHJZ	SHS
乌兰察布/集宁	ZBUC	UCB	洛阳	ZHLY	LYA
乌兰浩特/依勒力特	ZBUL	HLH	海口/美兰	ZJHK	HAK
忻州/五台山	ZBXZ	WUT	琼海/博鳌	ZJQH	BAR
太原/武宿	ZBYN	TYN	神农架/红坪	ZHSN	HPG
张家口/宁远	ZBZJ	ZQZ	十堰/武当山	ZHSY	WDS
扎兰屯/成吉思汗	ZBZL	NZL	襄阳/刘集	ZHXF	XFN
北海/福成	ZGBH	BHY	信阳/明港	ZHXY	XAI
百色/巴马	ZGBS	AEB	宜昌/三峡	ZHYC	YIH
常德/桃花源	ZGCD	CGD	南阳/姜营	ZHNY	NNY
郴州/北湖	ZGCZ	HCZ	三亚/凤凰	ZJSY	SYX
张家界/荷花	ZGDY	DYG	三沙/永兴	ZJYX	XYI
广州/白云	ZGGG	CAN	安康/富强	ZLAK	AKA

续表

地　　名	四字代码	三字代码	地　　名	四字代码	三字代码
敦煌/莫高	ZLDH	DNH	济南/遥墙	ZSJN	TNA
海西/德令哈	ZLDL	HXD	连云港/花果山	ZSLG	LYG
固原/六盘山	ZLGY	GYU	台州/路桥	ZSLQ	HYN
海北/祁连	ZLHB	HBQ	宁波/栎社	ZSNB	NGB
海西/花土沟	ZLHX	HTT	南通/兴东	ZSNT	NTG
汉中/城固	ZLHZ	HZG	合肥/新桥	ZSOF	HFE
银川/河东	ZLIC	INC	南京/禄口	ZSNJ	NKG
金昌/金川	ZLJC	JIC	上海/浦东	ZSPD	PVG
兰州/中川	ZLLL	LHW	蓬莱/沙河口	ZSPL	PNJ
庆阳/西峰	ZLQY	IQN	青岛/胶东	ZSQD	TAO
西宁/曹家堡	ZLXN	XNN	泉州/晋江	ZSQZ	JJN
西安/咸阳	ZLXY	XIY	上饶/三清山	ZSSR	SQD
延安/南泥湾	ZLYA	ENY	上海/虹桥	ZSSS	SHA
榆林/榆阳	ZLYL	UYN	黄山/屯溪	ZSTX	TXN
玉树/巴塘	ZLYS	YUS	芜湖/宣州	ZSWA	WHA
中卫/沙坡头	ZLZW	ZHY	温州/龙湾	ZSWZ	WNZ
张掖/甘州	ZLZY	YZY	徐州/观音	ZSXZ	XUZ
保山/云瑞	ZPBS	BSD	扬州/泰州	ZSYA	YTY
沧源/佤山	ZPCW	CWJ	宜春/明月山	ZSYC	YIC
大理/荒草坝	ZPDL	DLU	烟台/蓬莱	ZSYT	YNT
迪庆/香格里拉	ZPDQ	DIG	舟山/普陀山	ZSZS	HSN
西双版纳/嘎洒	ZPJH	JHG	阿里/昆莎	ZUAL	NGQ
澜沧/景迈	ZPJM	JMJ	安顺/黄果树	ZUAS	AVA
临沧/博尚	ZPLC	LNJ	昌都/邦达	ZUBD	BPX
德宏/芒市	ZPMS	LUM	重庆/江北	ZUCK	CKG
宁蒗/泸沽湖	ZPNL	NLH	达州/金垭	ZUDA	DZH
昆明/长水	ZPPP	KMG	稻城/亚丁	ZUDC	DCY
普洱/思茅	ZPSM	SYM	广汉	ZUGH	GHN
腾冲/驼峰	ZPTC	TCZ	广元/盘龙	ZUGU	GYS
文山/砚山	ZPWS	WNH	贵阳/龙洞堡	ZUGY	KWE
昭通	ZPZT	ZAT	甘孜/格萨尔	ZUGZ	GZG
丽江/三义	ZPLJ	LJG	阿坝/红原	ZUHY	AHJ
厦门/高崎	ZSAM	XMN	九寨/黄龙	ZUJZ	JZH
安庆/天柱山	ZSAQ	AQG	凯里/黄平	ZUKJ	KJH
常州/奔牛	ZSCG	CZX	拉萨/贡嘎	ZULS	LXA
南昌/昌北	ZSCN	KHN	泸州/云龙	ZULZ	LZO
福州/长乐	ZSFZ	FOC	遵义/茅台	ZUMT	WMT
赣州/黄金	ZSGZ	KOW	绵阳/南郊	ZUMY	MIG
杭州/萧山	ZSHC	HGH	南充/高坪	ZUNC	NAO
景德镇/罗家	ZSJD	JDZ	林芝/米林	ZUNZ	LZY
池州/九华山	ZSJH	JUH	六盘水/月照	ZUPS	LPF
九江/庐山	ZSJJ	JIU	成都/天府	ZUTF	TFU

地　名	四字代码	三字代码	地　名	四字代码	三字代码
铜仁/凤凰	ZUTR	TEN	长春/龙嘉	ZYCC	CGQ
成都/双流	ZUUU	CTU	丹东/浪头	ZYDD	DDG
西昌/青山	ZUXC	XIC	哈尔滨/太平	ZYHB	HRB
宜宾/五粮液	ZUYB	YBP	伊春/林都	ZYLD	LDS
遵义/新舟	ZUZY	ZYI	牡丹江/海浪	ZYMD	MDG
阿克苏/红旗坡	ZWAK	AKU	齐齐哈尔/三家子	ZYQQ	NDG
阿拉尔/塔里木	ZWAL	ACF	绥芬河/阜宁	ZYSF	FUD
阿勒泰/雪都	ZWAT	AAT	松原/查干湖	ZYSQ	YSQ
且末/玉都	ZWCM	IQM	大连/周水子	ZYTL	DLC
石河子/花园	ZWHZ	SHF	沈阳/桃仙	ZYTX	SHE
库车/龟兹	ZWKC	KCA	延吉/朝阳川	ZYYJ	YNJ
库尔勒/梨城	ZWKL	KRL	沈阳/东塔	ZYYY	SHE
新源/那拉提	ZWNL	NLT	香港机场	VHHH	HKG
若羌/楼兰	ZWRQ	RQA	澳门机场	VMMC	MFM
莎车/叶尔羌	ZWSC	QSZ	台北/桃园	RCTP	TPE
吐鲁番/交河	ZWTL	TLQ	台北/松山	RCSS	TSA
乌鲁木齐/地窝堡	ZWWW	URC	台中/清泉岗	RCMQ	RMQ
于田/万方	ZWYT	YTW	台东/丰宁	RCFN	TTT
白城/长安	ZYBA	DBC	澎湖/马公	RCQC	MZG
白山/长白山	ZYBS	NBS			

附 录 三

航空器小于规定雷达/ADS-B 管制间隔事件危险指数评价方法

当航空器之间垂直和水平间隔小于其规定间隔,构成航空器小于规定间隔事件。

发生小于规定间隔事件时,危险指数累加计算,即危险指数应为附表 3-1 中垂直间隔 (A)、水平间隔 (B)、接近率 (C)、航迹夹角 (D) 与管制员状态 (E) 的危险指数之和。危险指数大于 90(含)为运输航空严重征候;危险指数介于 75(含)~90 之间为运输航空一般征候。见附表 3-1。

在附表 3-1 中,X 代表规定的水平间隔,Y 代表规定的垂直间隔。以下数据以雷达/ADS-B 记录数据为准,其他数据辅助。实施雷达/ADS-B 管制下的航路(线)偏置运行时,接近率和航迹夹角危险指数需乘以 $(1-G/X)$(其中 G 代表实际偏置距离)。

计算危险指数方法是当两架航空器的水平与垂直间隔同时小于局方规章规定的标准间隔时使用。接近率的计算采用余弦定理方式,即计算两机雷达/ADS-B 显示地速的矢量差值。根据余弦定理公式计算涵盖所有的情形,包括两机航迹平行以及交叉。见公式(A.1):

$$C = \sqrt{a^2 + b^2 - 2ab\cos D} \tag{A.1}$$

式中:C——接近率计算结果;

　　a——其中一架飞机的雷达/ADS-B 显示地速值,km/h;

　　b——另一架飞机的雷达/ADS-B 显示地速值,km/h;

　　D——两机航迹夹角,单位为"度"。

附表 3-1　小于雷达/ADS-B 间隔

1. 垂直间隔(A)/m			
飞行高度＞12 500m	危险指数	飞行高度 8400~12 500m(含)	危险指数
$0 < A \leqslant \frac{1}{6}Y$	35	$0 < A \leqslant \frac{1}{6}Y$	35
$\frac{1}{6}Y < A \leqslant \frac{2}{6}Y$	27	$\frac{1}{6}Y < A \leqslant \frac{2}{6}Y$	27
$\frac{2}{6}Y < A \leqslant \frac{3}{6}Y$	22	$\frac{2}{6}Y < A \leqslant \frac{3}{6}Y$	22
$\frac{3}{6}Y < A \leqslant \frac{4}{6}Y$	18	$\frac{3}{6}Y < A \leqslant \frac{4}{6}Y$	18

续表

飞行高度>12 500m	危险指数	飞行高度 8400~12 500m(含)	危险指数
$\frac{4}{6}Y<A\leqslant\frac{9}{10}Y$	15	$\frac{4}{6}Y<A\leqslant\frac{4}{5}Y$	15
$\frac{9}{10}Y<A\leqslant Y$	0	$\frac{4}{5}Y<A\leqslant Y$	0
飞行高度 6000~8400m(含)	危险指数	飞行高度<6000m(含)	危险指数
$0<A\leqslant\frac{1}{6}Y$	30	$0<A\leqslant\frac{1}{6}Y$	28
$\frac{1}{6}Y<A\leqslant\frac{2}{6}Y$	20	$\frac{1}{6}Y<A\leqslant\frac{2}{6}Y$	18
$\frac{2}{6}Y<A\leqslant\frac{3}{6}Y$	15	$\frac{2}{6}Y<A\leqslant\frac{3}{6}Y$	13
$\frac{3}{6}Y<A\leqslant\frac{4}{6}Y$	12	$\frac{3}{6}Y<A\leqslant\frac{4}{6}Y$	10
$\frac{4}{6}Y<A\leqslant\frac{4}{5}Y$	10	$\frac{4}{6}Y<A\leqslant\frac{4}{5}Y$	8
$\frac{4}{5}Y<A\leqslant Y$	0	$\frac{4}{5}Y<A\leqslant Y$	0

2. 水平间隔(B)/km

飞行高度>6000m	危险指数	飞行高度<6000m(含)	危险指数
$B<\frac{1}{10}X$	35	$B<\frac{1}{6}X$	35
$\frac{1}{10}X\leqslant B<\frac{2}{10}X$	30	$\frac{1}{6}X\leqslant B<\frac{2}{6}X$	30
$\frac{2}{10}X\leqslant B<\frac{3}{10}X$	26	$\frac{2}{6}X\leqslant B<\frac{3}{6}X$	26
$\frac{3}{10}X\leqslant B<\frac{4}{10}X$	23	$\frac{3}{6}X\leqslant B<\frac{4}{6}X$	23
$\frac{4}{10}X\leqslant B<\frac{5}{10}X$	21	$\frac{4}{6}X\leqslant B<\frac{5}{6}X$	21
$\frac{5}{10}X\leqslant B<\frac{6}{10}X$	20	$\frac{5}{6}X\leqslant B<X$	20
$\frac{6}{10}X\leqslant B<\frac{7}{10}X$	19		
$\frac{7}{10}X\leqslant B<\frac{8}{10}X$	18		
$\frac{8}{10}X\leqslant B<\frac{9}{10}X$	17		
$\frac{9}{10}X\leqslant B<X$	16		

3. 接近率(C)/(km/h)	危险指数	4. 航迹夹角(D)/(°)	危险指数
$C>1300$	15	飞行航迹相对($D\geqslant135°$)	15
$560\leqslant C\leqslant1300$	10	飞行航迹交叉($45°\leqslant D<135°$)	12
$190\leqslant C<560$	6	飞行航迹顺向($D<45°$)	5
$C<190$	4	航迹分散飞行	0

5. 管制员状态（E）	危险指数
失控	15
小于规定间隔后采取纠正措施	10
小于规定间隔前采取纠正措施	5

参 考 文 献

[1] 全国人民代表大会常务委员会公报.中华人民共和国民用航空法,2021.
[2] 中国民用航空局.CCAR-93TM-R6 民用航空空中交通管理规则[S],2022.
[3] 中国民用航空局.CCAR-70TM-R1 民用航空空中交通管制培训管理规则[S],2016.
[4] 中国民用航空局.CCAR-66TM-I-R4 民用航空空中交通管制员执照管理规则[S],2016.
[5] 中国民用航空局.CCAR-67FS-R4 交通运输部关于修改《民用航空人员体检合格证管理规则》的决定[S],2018.
[6] 中国民用航空局.CCAR-45-R3 民用航空器国籍登记规定[S],2022.
[7] 中国民用航空局.CCAR-175TM-R2 交通运输部关于修改《民用航空情报工作规则》的决定[S],2022.
[8] 中国民用航空局.CCAR-71TM 民用航空使用空域办法[S],2004.
[9] 中国民用航空局.CCAR-396-R4 民用航空安全信息管理规定[S],2022.
[10] 中国民用航空局.CCAR-395-R3 民用航空器事件技术调查规定[S],2022.
[11] 中国民用航空局.CCAR-300 航班正常管理规定[S],2016.
[12] 中国民用航空局.CCAR-289TR-R1 中国民用航空国内航线经营许可规定[S],2006.
[13] 中国民用航空局.CCAR-73 民用航空预先飞行计划管理办法[S],2006.
[14] 中国民用航空局.CCAR-91-R4 一般运行和飞行规则[S],2022.
[15] 中国民用航空局.CCAR-121-R7 大型飞机公共航空运输承运人运行合格审定规则[S],2021.
[16] 中国民用航空局.CCAR-135-R3 小型航空器商业输运营人运行合格审定规则[S],2022.
[17] 中国民用航空局.CCAR-136 特殊商业和私用大型航空器运营人运行合格审定规则[S],2022.
[18] 中国民用航空局.AC-67-FS-003 空中交通管制员体检鉴定医学标准[S],2019.
[19] 中国民用航空局.AC-115-TM-2018-02 民用航空监视技术应用政策[S],2018.
[20] 中国民用航空局.AC-115-TM-2015-03 民用航空导航技术应用政策[S],2015.
[21] 中国民用航空局.IB-ATMB-2020-011 中国民航航空器尾流重新分类(RECAT-CN)空管运行指导材料[S],2020.
[22] 中国民用航空局.AP-140-CA-2022-07 运输机场机坪运行管理规则[S],2022.
[23] 中国民用航空局.MH/T 4007—2023 民用航空空中交通服务报文格式[S],2023.
[24] 中国民用航空局.AP-93-TM-01 缩小垂直间隔空中交通管制规程[S],2007.
[25] 中国民用航空局.AC-93-TM-02 关于电子进程单应用的通告[S],2007.
[26] 中国民用航空局.AC-395-AS-01 民用航空器征候等级划分办法[S],2021.
[27] 中国民用航空局.AC-121-FS-2018-031R1 电子飞行包(EFB)运行批准指南[S],2018.
[28] 中国民用航空局.MH/T 4034—2012 数据链和话音合一的自动化航站信息通播服务[S],2012.
[29] 中国民用航空总局.MH/T 4005—1997 民用航空机场塔台空中交通管制设备配置[S],1997.
[30] 中国民用航空局.MH/T 4028.1 民用航空空中交通管制服务地空通信设备配置第 1 部分:语音通信[S],2021.
[31] 中国民用航空局.MH/T 4029.2—2012 民用航空空中交通管制自动化系统 第 2 部分:技术要求[S],2012.
[32] 中国民用航空局.MH/T 4035—2012 基于地空数据链的航空器起飞前放行服务[S],2012.
[33] 中国民用航空局.MH/T 4011—2001 飞行进程单[S],2001.
[34] 中国民用航空局.ATMB-ATCD-IFPS-002 中国民航空管飞行计划集中处理改革总体方案[S],2016.
[35] 中国民用航空局空中交通管理局.民航空局发〔2016〕12 号空管系统不安全事件标准[S],2016.
[36] 中国民用航空局.局发明电〔2020〕2594 号 中国民航空管流量管理运行规则(试行)[S],2020.
[37] 中国民用航空局.民航发〔2018〕1 号《民航航班时刻管理办法》[S],2018.

［38］中国民用航空局.民航发〔2018〕38 号《航空器机坪管制移交工作总体方案》[S],2018.

［39］中国民航局空管行业管理办公室.民航空管专业人员队伍建设情况报告(2011—2020 年)[R],2021.

［40］中国民用航空局.2022 年民航行业发展统计公报[R],2023.

［41］中国民用机场协会.T/CCAATB 0027 运输机场机坪管制设施设备配备[S],2022.

［42］民航数据通信有限责任公司.数字化自动航站情报服务系统使用手册[Z],2015.

［43］潘卫军.空中交通管理基础[M].成都：西南交通大学出版社,2005.

［44］陈亚青,唐卫贞.程序管制[M].成都：西南交通大学出版社,2011.

［45］谢进一,石丽娜.空中交通管理基础[M].北京：清华大学出版社,2012.

［46］梁曼,黄贻刚.空中交通管理概论[M].北京：中国民航出版社,2013.

［47］牛欣妙.数据链起飞前放行(DCL)系统技术应用[J].科技视界,2018(05)：51-52,76.

［48］杜月玖.D-ATIS 系统在浦东机场的应用现状及前景展望[J].电子技术与软件工程,2016(02)：91.

［49］丛野.探索实践中的空管技术 AIDC(电子移交)的主要功能及应用[J].硅谷,2010(04)：23-24.

［50］鲍梦瑶,李迅.国际民航组织出版物的体系架构及制定特征研究[J].航空标准化与质量,2017(12)：49-54.

［51］国际民航组织.Doc 4444 空中交通管理[S],2007.

［52］国际民航组织.Doc 8168 航空器运行第Ⅱ卷目视和仪表飞行程序设计[S],2014.